CATIA V5

Unser Online-Tipp
für noch mehr Wissen ...

informit.de

Aktuelles Fachwissen rund um die Uhr
– zum Probelesen, Downloaden oder
auch auf Papier.

www.informit.de

Matthias Talarczyk

CATIA V5
Einstieg und effizientes Arbeiten

2., aktualisierte Auflage

ein Imprint von Pearson Education
München • Boston • San Francisco • Harlow, England
Don Mills, Ontario • Sydney • Mexico City
Madrid • Amsterdam

Bibliografische Information Der Deutschen Bibliothek

Die Deutsche Bibliothek verzeichnet diese Publikation in der Deutschen Nationalbibliografie;
detaillierte bibliografische Daten sind im Internet über *http://dnb.ddb.de* abrufbar.

Die Informationen in diesem Buch werden ohne Rücksicht auf einen
eventuellen Patentschutz veröffentlicht.
Warennamen werden ohne Gewährleistung der freien Verwendbarkeit benutzt.
Bei der Zusammenstellung von Texten und Abbildungen wurde mit größter
Sorgfalt vorgegangen. Trotzdem können Fehler nicht ausgeschlossen werden.
Verlag, Herausgeber und Autoren können für fehlerhafte Angaben
und deren Folgen weder eine juristische Verantwortung noch irgendeine Haftung übernehmen.
Für Verbesserungsvorschläge und Hinweise auf Fehler sind Verlag und Autor dankbar.

Alle Rechte vorbehalten, auch die der fotomechanischen Wiedergabe und der
Speicherung in elektronischen Medien.
Die gewerbliche Nutzung der in diesem Produkt gezeigten Modelle und Arbeiten
ist nicht zulässig.

Fast alle Produktbezeichnungen und weitere Stichworte und sonstige Angaben,
die in diesem Buch verwendet werden, sind als eingetragene Marken geschützt.
Da es nicht möglich ist, in allen Fällen zeitnah zu ermitteln, ob ein Markenschutz besteht,
wird das ® Symbol in diesem Buch nicht verwendet.

Umwelthinweis:
Dieses Produkt wurde auf chlorfrei gebleichtem Papier gedruckt.
Die Einschrumpffolie – zum Schutz vor Verschmutzung – ist aus
umweltverträglichem und recyclingfähigem PE-Material.

10 9 8 7 6 5 4 3 2 1

10   09   08

ISBN 978-3-8273-7295-6

© 2008 Pearson Studium
ein Imprint der Pearson Education Deutschland GmbH,
Martin-Kollar-Straße 10-12, D-81829 München/Germany
Alle Rechte vorbehalten
www.pearson-studium.de
Lektorat: Irmgard Wagner, Planegg, irmwagner@t-online.de
Korrektorat: Petra Kienle, pakienle@aol.com
Einbandgestaltung: Thomas Arlt, tarlt@adesso21.net
Herstellung: Philipp Burkart, pburkart@pearson.de
Satz: mediaService, Siegen (www.media-service.tv)
Druck und Verarbeitung: Kösel, Krugzell (www.KoeselBuch.de)

Printed in Germany

Inhaltsübersicht

Vorwort		13
Kapitel 1	CATIA V5	17
Kapitel 2	Der Skizzierer (Sketcher)	29
Kapitel 3	Einzelteilkonstruktion (Part Design)	55
Kapitel 4	Zeichnungsableitung (Drawing)	93
Kapitel 5	Flächenkonstruktion (Generative Shape Design)	137
Kapitel 6	Baugruppenkonstruktion (Assembly Design)	179
Register		243

Inhaltsverzeichnis

Vorwort 13

Kapitel 1   CATIA V5 17

1.1 Einsatzmöglichkeiten und Entwicklungsstand 19
1.2 Struktur eines V5-Modells 19
1.3 Parametrische Eigenschaften 20
1.4 Warum 3D? 20
1.5 Starten des Programms 21
1.6 Die Arbeitsumgebung 21
    1.6.1 Der Arbeitsbereich 22
    1.6.2 Anordnung der Symbolleisten 23
    1.6.3 Handhabung und Tastenbelegung der Maus 23
    1.6.4 Ebenen (Planes) 24
    1.6.5 Der Strukturbaum 24
    1.6.6 Definierte Farben und ihre Bedeutung 25
1.7 CATSettings – Was ist das? 25
    1.7.1 Download der CATSettings 27
    1.7.2 CATSettings löschen 27

Kapitel 2   Der Skizzierer (Sketcher) 29

2.1 Erstellen einer Skizze 30
    2.1.1 Skizziertools 30
    2.1.2 Regeln beim Skizzieren 31
    2.1.3 Funktionen im Skizzierer 31
    2.1.4 Was gehört nicht in eine Skizze? 37
2.2 Bearbeiten einer Skizze 37
    2.2.1 Schnelles Trimmen 37
    2.2.2 Funktion Aufbrechen 38
    2.2.3 Funktion Schließen 38
    2.2.4 Funktion Ergänzen 39
    2.2.5 Funktion Spiegeln 39
    2.2.6 Funktion Symmetrie 40
    2.2.7 Funktion Verschieben 40
    2.2.8 Funktion Drehen 40
    2.2.9 Funktion Skalieren 40
    2.2.10 Funktion Offset 41
2.3 Analysieren einer Skizze 41
    2.3.1 Systematische Fehlersuche 42
    2.3.2 Fehler beheben 43

2.4		Bemaßen einer Skizze..	44
	2.4.1	Maße ändern	46
	2.4.2	Bedingungen definieren	47
	2.4.3	Maßbereiche festlegen...................................	49
2.5		3D-Elemente projizieren......................................	51

Kapitel 3 Einzelteilkonstruktion (Part Design) 55

3.1		Aufbau eines Einzelteils.......................................	56
	3.1.1	Ein neues Modell anlegen................................	57
	3.1.2	Das erste 3D-Modell	57
	3.1.3	Was ist im Strukturbaum zu sehen?......................	59
	3.1.4	Was bedeuten die einzelnen Symbole?	60
3.2		3D-Modelle bearbeiten	61
	3.2.1	Erzeugen einer Bohrung	62
	3.2.2	Erzeugen einer Tasche	65
	3.2.3	Erzeugen einer Nut	66
	3.2.4	Erzeugen einer Rippe	67
	3.2.5	Erzeugen einer Rille	69
	3.2.6	3D-Modelle aufbereiten	70
	3.2.7	Kanten abrunden.......................................	70
	3.2.8	Fase erstellen..	71
	3.2.9	Winkel der Auszugsschräge	72
	3.2.10	Schalenelemente erstellen	73
	3.2.11	Gewinde (Innen / Außen)	73
	3.2.12	Elemente spiegeln	75
	3.2.13	Muster erstellen..	76
3.3		3D-Modell speichern	79
	3.3.1	Die Wahl des Dateinamens..............................	79
	3.3.2	Welche Funktion ist anzuwenden?	80
	3.3.3	Wo werden die Daten gespeichert?	80
3.4		Betrachten eines Modells.....................................	81
	3.4.1	Alles einpassen	81
	3.4.2	Senkrechte Ansicht	81
	3.4.3	Sichtbaren Raum umschalten...........................	81
	3.4.4	Verdecken/Anzeigen....................................	82
3.5		Messen von Abständen......................................	82
	3.5.1	Messen zwischen	82
	3.5.2	Element messen.......................................	83
3.6		Abhängigkeiten durch Parameter und Formeln	83
	3.6.1	Parameter erzeugen....................................	84
	3.6.2	Parameter zuweisen	86
3.7		Einsatz einer Konstruktionstabelle	89
	3.7.1	Anlegen einer Konstruktionstabelle......................	90
	3.7.2	Konstruktionstabelle erweitern	92

Kapitel 4 Zeichnungsableitung (Drawing) 93

- 4.1 Die Arbeitsumgebung. 94
- 4.2 Neue Zeichnung anlegen 95
  - 4.2.1 Eigene Layoutdarstellung wählen 98
  - 4.2.2 Ansichten positionieren 101
  - 4.2.3 Seite einrichten. 102
  - 4.2.4 Zeichnungsrahmen erstellen 103
- 4.3 Zeichnungsableitung speichern. 106
  - 4.3.1 Was geschieht beim Speichern? 107
  - 4.3.2 Was ist zu beachten? 107
- 4.4 Zeichnungsableitung öffnen 108
- 4.5 Verknüpfungen der Zeichnung überprüfen 109
- 4.6 3D-Modell ändern 111
  - 4.6.1 Zeichnungsableitung aktualisieren 113
  - 4.6.2 Was geschieht im Strukturbaum? 114
  - 4.6.3 Ansichten aufbereiten 114
  - 4.6.4 Ansichten sperren 116
- 4.7 Unterschiedliche Ansichten erzeugen 119
  - 4.7.1 Erstellen einer Vorderansicht 120
  - 4.7.2 Die Isometrische Ansicht 121
  - 4.7.3 Darstellung verschiedener Schnitte. 121
  - 4.7.4 Projizierte Ansichten 124
  - 4.7.5 Detaillierte Ansichten erzeugen. 125
  - 4.7.6 Clipping-Ansicht 126
- 4.8 Zeichnungen bemaßen. 128
  - 4.8.1 Radius bemaßen 129
  - 4.8.2 Durchmesser bemaßen 130
  - 4.8.3 Winkel bemaßen 130
  - 4.8.4 Bemaßung einer Fase 131
- 4.9 Ableitung mehrerer Bauteile 132
  - 4.9.1 Was bedeutet UUID? 132
  - 4.9.2 Verknüpfungen zwischen Zeichnung und Bauteil ändern. 132

Kapitel 5 Flächenkonstruktion (Generative Shape Design) 137

- 5.1 Aufbau und Inhalt eines Flächenmodells. 138
  - 5.1.1 Unterschiede zum Part Design. 140
  - 5.1.2 Der Strukturbaum 141
- 5.2 Erstellen einer Drahtgeometrie 142
  - 5.2.1 Funktion Punkt. 142
  - 5.2.2 Funktion Linie 146
  - 5.2.3 Funktion Ebene. 148
  - 5.2.4 Was geschieht im Strukturbaum? 150
  - 5.2.5 Funktion Projektion 151
  - 5.2.6 Erzeugen einer Schraubenkurve (Helix) 152
  - 5.2.7 Funktion Verschneidung 156

5.3		Erzeugen von Flächen	157
	5.3.1	Funktion Extrudieren	157
	5.3.2	Funktion Drehen	158
	5.3.3	Funktion Kugel	159
	5.3.4	Funktion Zylinder	160
	5.3.5	Funktion Offset	162
	5.3.6	Funktion Translation (Sweep)	163
	5.3.7	Funktion Füllen	164
	5.3.8	Funktion Fläche mit Mehrfachschnitten (Loft)	165
	5.3.9	Funktion Übergang	169
5.4		Flächen bearbeiten	170
	5.4.1	Funktion Trennen	170
	5.4.2	Funktion Trimmen	172
5.5		Körper aus einzelnen Flächen erzeugen	174
	5.5.1	Flächen zusammenfügen	174
	5.5.2	Wenn es Probleme gibt	176
5.6		Erzeugen eines Volumenmodells (Solid)	176

Kapitel 6   Baugruppenkonstruktion (Assembly Design)   179

6.1		Aufbau eines Produkts	183
	6.1.1	Komponente einfügen	183
	6.1.2	Produkt einfügen	184
	6.1.3	Teil einfügen	187
	6.1.4	Vorhandene Komponente einfügen	188
	6.1.5	Komponente ersetzen	189
	6.1.6	Der Strukturbaum	191
	6.1.7	Der Kompass	192
6.2		Bauteile bewegen	195
	6.2.1	Funktion Manipulieren	196
	6.2.2	Funktion Versetzen	197
	6.2.3	Funktion Zerlegen	198
	6.2.4	Funktion Manipulation bei Kollision stoppen	200
6.3		Bauteile exakt positionieren	201
	6.3.1	Komponente Fixieren	202
	6.3.2	Funktion Kongruenzbedingung	204
	6.3.3	Funktion Offsetbedingung	206
	6.3.4	Funktion Kontaktbedingung	209
	6.3.5	Konstruieren in Einbaulage	211
	6.3.6	Bauteile gruppieren	214
6.4		Überschneidungen prüfen	216
	6.4.1	Clash beseitigen	219
	6.4.2	Bauteile sollen sich berühren	219
	6.4.3	Bauteile sollen einen Abstand aufweisen	220

6.5	Daten speichern		221
	6.5.1	Funktion Sichern	221
	6.5.2	Funktion Sichern unter...	221
	6.5.3	Funktion Alles sichern	222
	6.5.4	Wahl des Dateinamens	222
6.6	Die Sicherungsverwaltung		223
	6.6.1	Was geschieht beim Speichern?	225
6.7	Produkt öffnen		226
	6.7.1	Dokumentumgebungen	226
	6.7.2	Die Dokumentlokalisierung	228
	6.7.3	Modelle können nicht geladen werden	231
	6.7.4	Verknüpfungen überprüfen	234
6.8	Produkte bearbeiten		234
	6.8.1	Darstellung eines Produkts	235
	6.8.2	Bauteil innerhalb eines Produkts bearbeiten	238
	6.8.3	Bauteile löschen	240

Register 243

Vorwort

Dieses Buch richtet sich in erster Linie an Einsteiger in CATIA V5. Sie haben bis zu diesem Zeitpunkt kaum Erfahrungen in Sachen CAD sammeln können und sind somit Neuling auf diesem Gebiet. Die Kenntnisse, die Ihnen in diesem Buch vermittelt werden, machen Ihnen den Einstieg in diese Materie um ein Vielfaches leichter, da Sie von Beginn an lernen, wie methodisch richtig gearbeitet wird.

Das Buch erscheint in der zweiten Auflage und ist komplett neu geschrieben worden. Da CATIA V5 im Laufe der letzten Jahre um sehr viele Funktionen erweitert und verbessert wurde, habe ich es für notwendig gehalten, es auf Basis der Version 5 R17 neu zu verfassen.

Da diese Software in technischen Bereichen wie dem Maschinenbau immer mehr Beachtung findet und somit auch an Universitäten und Fachhochschulen gelehrt wird, ist dieses Buch für Studenten, Dozenten, aber auch für Auszubildende und Konstrukteure, die in der technischen Konstruktion tätig sind, besonders gut geeignet.

Umsteigern, die zuvor mit CATIA V4 oder einem anderen CAD-System gearbeitet haben, wird der Einstieg leichter fallen, da sie sofort mit der richtigen Arbeitsweise in Berührung kommen.

Ich selbst kann auf mehrjährige Erfahrung im Support- und Schulungsbereich zurückblicken und stelle immer wieder fest, dass die Methodik eine immer größere Rolle bei der Konstruktion spielt.

Folgende Themen und Arbeitsumgebungen werden ausführlich behandelt: *Skizzierer* (*Sketcher*), *Teilekonstruktion* (*Part Design*), *Zeichnungsableitung* (*Drawing*), *Flächenkonstruktion* (*Generative Shape Desgin*) und *Baugruppenkonstruktion* (*Assembly Design*).

Einleitung: Die Einleitung vermittelt Ihnen grundlegende Informationen, die Ihnen den Einstieg in CATIA V5 erleichtern werden: von der Philosophie der Software über den Aufbau der Arbeitsumgebungen, den Sinn und Zweck eines 3D-Modells bis zur Handhabung der Maus. Außerdem werden Sie mit den vielen Einstellungsmöglichkeiten und dem Verwalten der CATSettings vertraut gemacht.

Skizzierer: Der grundlegende Einstieg in CATIA V5 führt über den Skizzierer. In dieser Umgebung werden die entsprechenden Konturen erstellt, die später in den anderen Arbeitsumgebungen als 3D-Modell weiterverarbeitet werden. Alle notwendigen Funktionen werden hier anhand von Beispielen erläutert.

Teilekonstruktion: Die Teilekonstruktion ist der Einstieg in die 3D-Konstruktion. Hier werden dreidimensionale Einzelteile konstruiert, die später in der Produktion gefertigt werden. Diese Einzelteile werden immer dreidimensional erstellt, damit sich der Konstrukteur das Modell jederzeit aus allen erdenklichen Perspektiven anschauen kann.

Zeichnungserstellung: Mit dieser in CATIA V5 integrierten Anwendung können Sie zweidimensionale Zeichnungen erstellen. Das Hauptaugenmerk liegt allerdings darauf, dass Zeichnungen von bereits erstellten 3D-Modellen abgeleitet werden können. Denn die Informationen, die in der Fertigung benötigt werden, um ein Bauteil fertigen zu können, sind nach wie vor nur mit Hilfe einer 2D-Zeichnung sichtbar zu machen. Positionen, an denen Halterungen angebracht werden oder Bohrungen entstehen sollen, kann derjenige, der das Bauteil fertigt, auf einer 2D-Zeichnung am besten erkennen. In CATIA V5 legen Sie die Hauptansicht fest – alle anderen Ansichten resultieren daraus und können in CATIA V5 auf Knopfdruck erzeugt werden.

Flächenkonstruktion: Die Arbeitsumgebung der Flächenkonstruktion wird immer dann verwendet, wenn die Funktionen der Teilekonstruktion nicht mehr ausreichen. Bei Konstruktionen wo verschiedene Flächen mit unterschiedlichen Radien aufeinander treffen, wie zum Beispiel bei Karosserieteilen, ist der Einsatz dieses Moduls unumgänglich.

Baugruppenkonstruktion: In diesem Modul werden Baugruppen erstellt, die aus vielen Einzelteilen und Unterprodukten bestehen können. Bauteile eines Automobils bestehen aus vielen kleinen Einzelteilen, angefangen vom Gehäuse über Reflektoren, Halterungen, Kabel, usw. All diese Teile werden in den Arbeitsumgebungen der Teile- und Flächenkonstruktion erstellt und in diesem Modul zu einer Baugruppe zusammengefasst. Sie können hier geladen und entsprechend ihrer Lage positioniert werden. Da alles dreidimensional erstellt wird, lassen sich außerdem eventuelle Probleme sehr schnell erkennen und dadurch auch kostengünstiger beseitigen.

Für Leser, die mit großen Datenmengen arbeiten, gibt es die Möglichkeit, sich aus dem Internet ein weiteres Kapitel herunterzuladen:

DMU-Navigator: Die Baugruppen, die im Assembly Design entstanden sind, werden in der Arbeitsumgebung des DMU-Navigators untersucht, um der Anforderung der prozessorientierten Konstruktion gerecht zu werden. Die Möglichkeiten reichen von der Visualisierung großer Datenmengen, über Performanceoptimierungen bis hin zu Kollisionsuntersuchungen komplexer Baugruppen. Mit Hilfe dieses Moduls sind Sie in der Lage, Fehler zu vermeiden, die wäh-rend des Produktionsprozesses einen erheblichen Mehraufwand bedeuten könnten.

Die einzelnen Funktionen werden an Beispielen erläutert und jeder Bereich wird von zahlreichen Übungen begleitet. Sämtliche Beispieldateien, wie auch Übungs- und Lösungsdateien stehen Ihnen auf der Internetseite des Verlags, *www.pearson-studium*, zur Verfügung. Auf der Website sind die Dateien nach den Kapiteln im Buch geordnet.

Damit Sie Ihre Arbeit überprüfen können, werden Ihnen zu den Übungsdateien auch die entsprechenden Lösungsdateien zur Verfügung gestellt. Bei den in diesem Buch verwendeten Übungsdateien, handelt es sich um Bauteile, die in der Praxis Verwendung finden.

Vorwort

Das vorliegende Buch wurde auf Basis von CATIA V5 R17 erstellt. Die Bezeichnung *R17* bedeutet *Release 17*, also die siebzehnte Entwicklungsstufe. Wenn Sie mit der aktuelleren Version 18 arbeiten, die kurz vor Abschluss dieses Buches zur Verfügung stand, gibt es zu denen in diesem Buch beschriebenen Themen keinerlei Abweichungen, die Ihre Arbeit beeinträchtigen könnte.

Sollte in zukünftigen Versionen die eine oder andere Funktion hinzukommen oder sollte sich an der Handhabung einzelner Funktionen etwas ändern, so werden Sie diese Informationen in Verbindung mit einem Beispiel ebenfalls auf der Internetseite *www.pearson-studium* bekommen.

Bei diesem Buch handelt es sich um einen Zweifarbdruck, d. h., es stehen nur Blauschattierungen, Schwarz und Weiß zu Verfügung. Alle Modelle, die Sie mit CATIA erstellen, werden jedoch mehrfarbig dargestellt. Diese Farben wurden im Buch auf Blau, Schwarz und Weiß reduziert. Es wird aber ganz genau beschrieben, was Sie gerade auf dem Bildschirm sehen müssen, sodass es nicht zu Verwechselungen kommen kann.

Sämtliche Menünamen, Funktionen sowie Optionen erscheinen in der Zeichenformatierung KAPITÄLCHEN. Dateinamen (*Übungs- und Lösungsdatei*) und die Modulbezeichnung, wie *Teilekonstruktion*, werden in der Schriftart *Kursiv* dargestellt.

Für die Unterstützung bei der Arbeit an diesem Buch möchte ich mich bei einigen Personen bedanken. Mein Dank gilt dem Ingenieur-Büro Kötter in Sprockhövel, das mir den hier im Buch gezeigten Filtereinsatz zur Verfügung gestellt hat, sowie meinem Kollegen Axel Mohaupt für Hinweise und Tipps zum Thema Generative Shape Design. Des Weiteren danke ich Frau Petra Kienle für ihre Korrekturarbeiten sowie Herrn Dipl. Ing. Christian Kliewe, als wissenschaftlicher Mitarbeiter für Konstruktionstechnik an der Universität Rostock, für seine Hinweise und Anregungen zu den einzelnen Themen. Bedanken möchte ich mich außerdem bei Frau Irmgard Wagner vom Verlag Pearson Studium, die mich als Lektorin bei meiner Arbeit begleitet hat.

Ich wünsche Ihnen viel Spaß bei der Arbeit mit diesem Buch und einen guten Einstieg in die Software CATIA V5. Über Feedback würde ich mich freuen.

Matthias Talarczyk
info@tsd-consult.de

CATIA V5

1.1	Einsatzmöglichkeiten und Entwicklungsstand....	19
1.2	Struktur eines V5-Modells........................	19
1.3	Parametrische Eigenschaften.....................	20
1.4	Warum 3D?..	20
1.5	Starten des Programms...........................	21
1.6	Die Arbeitsumgebung.............................	21
1.7	CATSettings – Was ist das?	25

Motivation

>> Ein klassisches CAD-System wie es bis vor wenigen Jahren noch zum Einsatz kam, ist mittlerweile durch hoch entwickelte EngineeringSysteme vom Markt verdrängt worden. In der Entwicklung und Konstruktion dienen Engineering-Systeme heute der digitalen Objektdarstellung und begleiten ein Produkt während seines gesamten Lebenszyklus (*Lifecycle Management*).

Die Anforderungen in der Produktentwicklung steigen stetig und sind nur noch mit leistungsfähigen CAD-Systemen wie CATIA V5 realisierbar. Die Tätigkeit des Konstrukteurs geht heute weit über das Erstellen technischer Zeichnungen hinaus. Der Konstrukteur erzeugt mit den CAD-Modellen eine Datenbasis, die zur Zeichnungsableitung, zur Berechnung und zur Simulation und natürlich für die Produktion verwendet wird.

Die Verknüpfung der Daten insbesondere durch die hinterlegte *Parametrik* bietet den Vorteil, die Modelle zu verändern, wobei die abgeleiteten Daten automatisch angepasst werden. In der Konstruktionstätigkeit bietet CATIA dem Konstrukteur eine Vielzahl von Kontrollmechanismen an, um schon in der Entwicklungsphase Fehler auszumerzen. Die ausgereifte räumliche Darstellung ist schon an sich eine große Hilfe bei der konstruktiven Tätigkeit.

Kollisionskontrollen oder Animationen von Baugruppen helfen darüber hinaus, rechtzeitig Durchdringungen zu vermeiden oder den Bedarf an Bauraum festzustellen. Kinematische und kinetische Analysen sind ebenfalls implementiert.

Die systematische Abbildung eines Bauteils oder einer Baugruppe im Strukturbaum lässt den Aufbau und damit die Historie des Bauteils erkennen, was auch anderen Nutzern die Möglichkeit bietet, an dem Bauteil zu arbeiten. Die Ausbildung an CAD-Systemen ist an technischen Hochschulen heutzutage Standard und unverzichtbar. Dieses Buch wendet sich in erster Linie an Studierende der Fachrichtung Maschinenbau, Techniker oder Ingenieure, die sich selbstständig in CATIA V5 einarbeiten möchten. Es wird die methodisch richtige Herangehensweise vermittelt sowie an einfachen, nachvollziehbaren Beispielen erläutert. Das Buch soll dem Leser ein Grundverständnis für das räumliche Konstruieren aufzeigen, wobei der Bezug zur Fertigung nicht außer Acht gelassen wird. Die überragenden Möglichkeiten der Flächenmodellierung in CATIA V5 können hier nur angedeutet werden und sollen den Leser neugierig machen auf weiterführende Literatur.

Bei dieser Konstruktionssoftware handelt es sich um ein Tool, das sich bereits in der fünften Entwicklungsstufe befindet. Ab dem Jahr 1982 als Version 1 verfügbar, hat sich CATIA (**C**omputer **A**ided **T**hree dimensional **I**nteractive **A**pplication) erst ab der Version 4 richtig etabliert. In der Luft- und Raumfahrt, in der Automobil- sowie in der Konsumgüterentwicklung und -produktion ist CATIA V5 auf dem Vormarsch. Anfänglich nur in Pilotprojekten eingesetzt, hält diese Software immer mehr Einzug in den Bereich der Produktion.

Seit CATIA V5 ist es möglich das Betriebssystem WINDOWS zu verwenden, sodass auch kleinere Unternehmen diese komplexe Software einsetzen können. V5 wird in drei unterschiedlichen Plattformen angeboten. P1, P2 und Plattform P3. Die in den einzelnen Plattformen enthaltenden Arbeitsumgebungen (WORKBENCHES) sowie die Lauffähigkeit auf unterschiedlichen Betriebssystemen stellen die Unterschiede dar.

Die Struktur der Software ist völlig neu und stellt gegenüber CATIA V4 keine direkte Weiterentwicklung dar. Hier wurde eine Umgebung geschaffen, die das Ziel verfolgt, den Entwicklungsprozess vom Entwurf bis zum fertigen Produkt digital zu erfassen. Auch die Arbeitsweise hat sich mit der neuen Version grundlegend geändert. Die Modelle besitzen nicht nur ihre geometrischen Definitionen, sondern auch parametrische Eigenschaften.

1.1 Einsatzmöglichkeiten und Entwicklungsstand

In den Anfängen nur in Pilotprojekten eingesetzt, bietet CATIA V5 mittlerweile eine professionelle Konstruktionsplattform. Durch die *parametrische Konstruktion* kann die Software äußerst effizient eingesetzt werden. CATIA ist die marktführende CAD-Software, die sich sowohl in der Automobilindustrie als auch in vielen anderen Industriebereichen etabliert hat. Selbst im Flugzeugbau, wo höchste Ansprüche gelten, wird diese Software in den Produktionsprozess eingebunden.

In den 80er Jahren war CATIA in der Version 4 im Einsatz. CATIA V5 ist ein parametrisches CAD-System und wurde komplett neu entwickelt.

1.2 Struktur eines V5-Modells

Bei CATIA V5 werden immer wieder die Begriffe SKIZZE (Sketch), EINZELTEIL (Part), HAUPTKÖRPER (PartBody), KÖRPER (Body) und EBENEN (Planes) genannt.

Sie sind Bestandteil eines jeden Einzelteils. Ist von einem „CATPART" die Rede, handelt es sich um die Datei, in der die Konstruktion gespeichert wird.

Im PartBody, in der deutschen Umgebung als HAUPTKÖRPER bezeichnet, ist die tatsächliche Konstruktion abgelegt. In jeder Datei existiert nur ein einziger HAUPTKÖRPER. Er kann **nicht** gelöscht werden.

Jedes 3D-Modell basiert auf einer Skizze, die einer Ebene zugrunde liegt. Die spätere Ausrichtung hängt von der gewählten Ebene ab. Die XY-*Ebene*, die YZ-*Ebene* und die ZX-*Ebene* sind in jedem Modell auch nur einmal vorhanden. Sie werden auch als Hauptebenen bezeichnet. Der Konstrukteur ist zwar in der Lage, zusätzliche Konstruktionsebenen einzufügen – diese werden jedoch unter dem Eintrag GEOMETRISCHES SET im Strukturbaum abgelegt (▶ Abbildung 1.1).

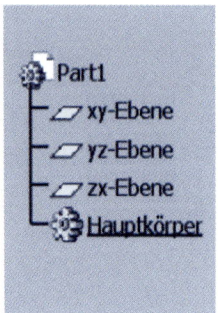 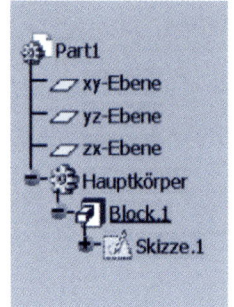 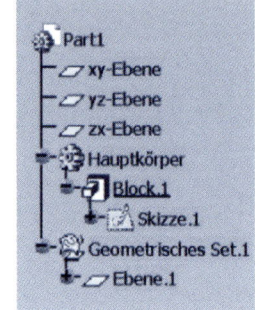

Abbildung 1.1: Strukturbaum ohne und mit Inhalt

1.3 Parametrische Eigenschaften

CATIA V5 ist ein CAD-System, das die parametrische Modellierung unter der Anwendung von Formeln ermöglicht. Jedes Formelelement besitzt bereits vordefinierte Parameter, die jederzeit veränderbar sind und auch für eigens erstellte Variablen und mathematischen Formeln verwendet werden können. Es ist außerdem möglich, Abhängigkeiten zu Maßen anderer Formelelemente zu schaffen. Dadurch besteht die Möglichkeit Konstruktionsanforderungen als auch Konstruktionswissen in das Modell einzubinden.

Für jede Art von Daten existieren spezifische Dokumentenarten. Eine zu dieser Datenart gehörige Arbeitsumgebung passt sich automatisch an, wenn artspezifische Bearbeitungen durchgeführt werden.

Beziehen sich die Daten der einzelnen Dokumentenarten auf eine gemeinsame Basis, bedeutet das, dass sich Änderungen auch auf andere Modelle auswirken.

1.4 Warum 3D?

In den Jahren, in denen die Bezeichnung CAD zum ersten Mal aufkam, wurde schnell klar, dass es bei zweidimensionalen Zeichnungen nicht lange bleiben wird. Mit Einsatz des PC sind auch die Anforderungen gestiegen. Die Konstruktionszeichnungen wurden immer komplexer und jede zusätzliche Ansicht bedarf einer weiteren Zeichnung, sodass hier schnell der Wunsch nach 3D entstand.

Die Konstruktion eines 3D-Modells bedarf nicht weniger Können oder Aufwand, jedoch bietet es weitaus mehr Möglichkeiten, wenn es erst einmal erstellt ist. Allein an Bauraumuntersuchungen lässt sich sehr schnell und präzise feststellen, ob verwendete Bauteile überhaupt zueinander passen; bleibt für Wartungsarbeiten überhaupt genügend Spielraum, um Beschädigungen zu vermeiden etc. Durch die Verwendung von 3D-Modellen kann schon im Vorfeld auf eventuelle Probleme reagiert werden, die später während der Produktion nur mit sehr großem Aufwand beseitigt werden können, was wiederum zu höheren Kosten führen würde.

1.5 Starten des Programms

Nach der Standardinstallation befindet sich das entsprechende Icon auf Ihrem Desktop. Wie unter Windows gewohnt, starten Sie das Programm und CATIA V5 öffnet die Produktumgebung.

Die einzelnen Arbeitsumgebungen werden über das Menü START aufgerufen. Abhängig von der verwendeten Lizenz werden hier die jeweiligen Sparten aufgeführt, wie zum Beispiel MECHANISCHE KONSTRUKTION, die wiederum die einzelnen Arbeitsumgebungen beinhaltet (▶ Abbildung 1.2).

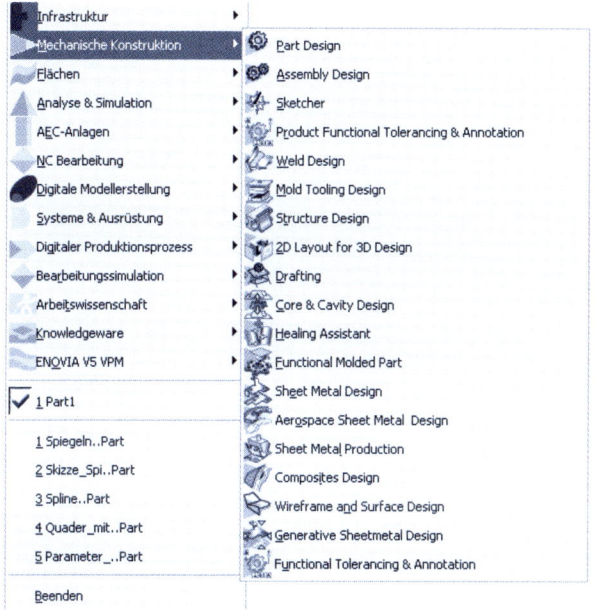

Abbildung 1.2: Menü Mechanische Konstruktion

1.6 Die Arbeitsumgebung

Die einzelnen Umgebungen sind eigenständige Anwendungen, die allerdings nur innerhalb CATIA V5 ausgeführt werden können. Für jede Konstruktionsaufgabe wird Ihnen das passende Tool zur Verfügung gestellt. Unter der Bezeichnung MECHANISCHE KONSTRUKTION befinden sich beispielsweise die Umgebungen *Einzelteilkonstruktion* (*Part Design*) und die Umgebung *Baugruppenkonstruktion* (*Assembly Design*). Die Funktionen aus den unterschiedlichen Umgebungen sind in vielen Situationen miteinander kombinierbar. Ein Wechsel zwischen den einzelnen Arbeitsumgebungen ist auch während der Bearbeitung möglich.

Wenn CATIA V5 gestartet wird, wird standardmäßig die Arbeitsumgebung der *Produktstruktur* angezeigt. Jeder Arbeitsbereich besitzt ein eigenes Icon, das auf dieser Symbolleiste angezeigt wird. Standardmäßig ist es das oberste Icon am rechten Bildschirmrand. Die aktuelle Arbeitsumgebung erkennen Sie zum Beispiel an dem Icon der Symbolleiste UMGEBUNG. Es existiert nicht für jede einzelne Arbeitsumgebung eine eigene Symbolleiste, sondern das jeweilige Icon wird auf der Symbolleiste UMGEBUNG platziert (▶ Abbildung 1.3).

Abbildung 1.3: Symbolleiste Umgebung

1.6.1 Der Arbeitsbereich

Oben beginnend und blau unterlegt, befindet sich die *Titelleiste*. Zum einen sehen Sie den Namen der Software und daneben in Klammern sehen Sie den vorläufigen Namen der Datei, PRODUCT1. Er hat solange Bestand, bis Sie beim *Sichern* einen eigenen Dateinamen festlegen. Die „*1*" bedeutet, dass es sich um die erste geöffnete Datei handelt.

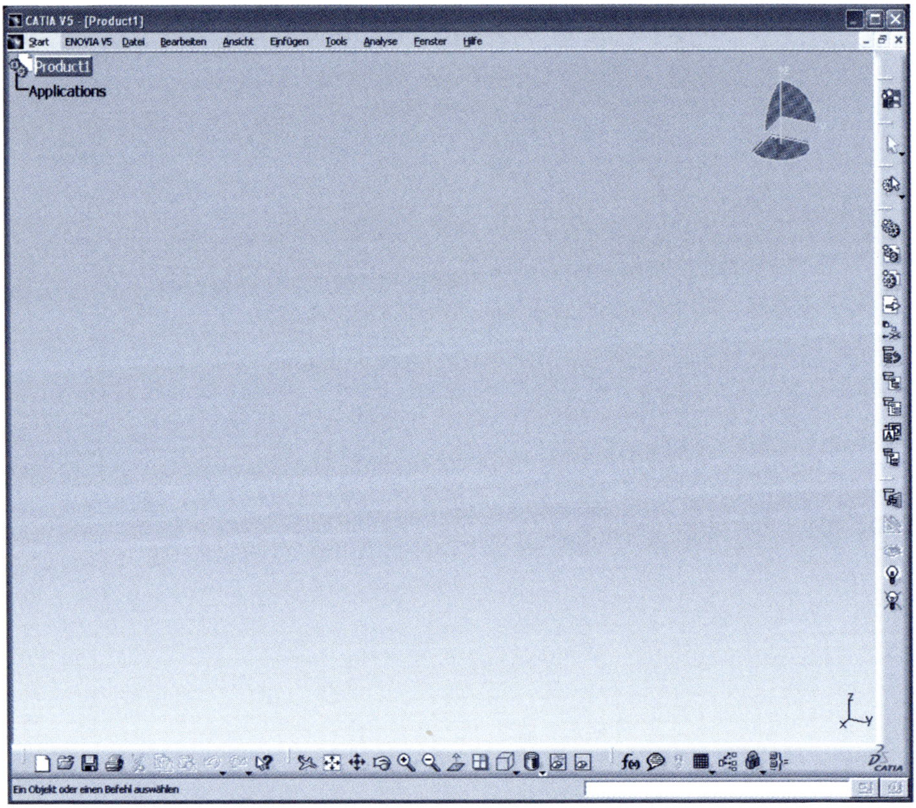

Abbildung 1.4: Die Arbeitsumgebung nachdem CATIA V5 gestartet wurde

Darunter ist die *Menüleiste* angeordnet. Diese Pull-Down-Menüs beinhalten die für die jeweilige Arbeitsumgebung zur Verfügung gestellten Funktionen. Unterhalb und eingerahmt von den Symbolleisten befindet sich der Konstruktionsbereich. Er beinhaltet den

STRUKTURBAUM, die drei HAUPTEBENEN sowie den KOMPASS, der zum Verschieben und Positionieren der Bauteile genutzt wird.

In der sich am unteren Rand befindenden *Statuszeile* wird Ihnen angezeigt, was nach Auswahl einer Funktion zu tun ist (▶ Abbildung 1.4).

1.6.2 Anordnung der Symbolleisten

Grundsätzlich sind die Symbolleisten oberhalb der *Statuszeile* horizontal und auf der rechten Bildschirmseite vertikal angeordnet. Die Positionierung ist allerdings nicht festgelegt und kann jederzeit an die eigenen Bedürfnisse angepasst werden.

Die Symbolleisten STANDARD sowie ANSICHT sind in jeder Arbeitsumgebung vorhanden und beinhalten immer dieselben Funktionen (▶ Abbildung 1.5).

Abbildung 1.5: Symbolleisten, die in jeder Arbeitsumgebung vorhanden sind.

Im Menü ANSICHT/SYMBOLLEISTEN sind alle die Ihnen zur Verfügung stehenden Symbolleisten aufgeführt – die mit einem vorangestellten Haken sind in der aktiven Arbeitsumgebung sichtbar.

1.6.3 Handhabung und Tastenbelegung der Maus

Die Maus ist das wichtigste Eingabegerät in CATIA V5. Ohne sie lässt sich die Software nicht mehr bedienen. Um alle Funktionen ausführen zu können, **muss** sie mit mindestens drei Tasten ausgestattet sein. Nachfolgend sind die Funktionen aufgeführt:

Linke Maustaste (einmal klicken)	Auswahl eines Menüpunkts, eines Elements im Strukturbaum oder direkte Auswahl des Modells
Linke Maustaste (Doppelklick)	Aktivieren eines Elements im Strukturbaum
Mittlere Maustaste (gedrückt halten)	Bewegen des Bildschirminhaltes. Mit der gleichen Funktion können Sie auch den Strukturbaum neu positionieren
Mittlere Maustaste (einmal klicken)	An der Stelle an der Sie klicken, wird das neue Rotationszentrum eines 3D-Bauteils erzeugt.
Mittlere + rechte Maustaste	Zunächst die mittlere und dann die rechte Maustaste (drücken und halten). In Kombination drehen Sie das Bauteil frei im Raum. Halten Sie die mittlere Taste gedrückt und klicken mit der rechten einmal kurz, ist die Zoom-Funktion aktiv. Führen Sie die Maus nach oben (*Zoom-In*), führen Sie die Maus nach unten (*Zoom-Out*)
Rechte Maustaste	Sie öffnen das Kontextmenü. Je nach Arbeitsumgebung und Situation sind unterschiedliche Eintragungen zu sehen.

1.6.4 Ebenen (Planes)

Die drei Ebenen, die Sie nach Öffnen eines Einzelteiles im Strukturbaum sehen können, werden als HAUPTEBENEN bezeichnet. Sie befinden sich im Ursprung eines jeden Bauteils, das heißt auf den Koordinaten X = 0, Y = 0 und Z = 0. Die Bezeichnungen XY-*Ebene*, YZ-*Ebene* und ZX-*Ebene* beziehen sich auf deren Konstruktionsausrichtung. Bevor Sie mit der Konstruktion eines Bauteils beginnen können, müssen Sie eine dieser Ebenen auswählen (▶ Abbildung 1.6).

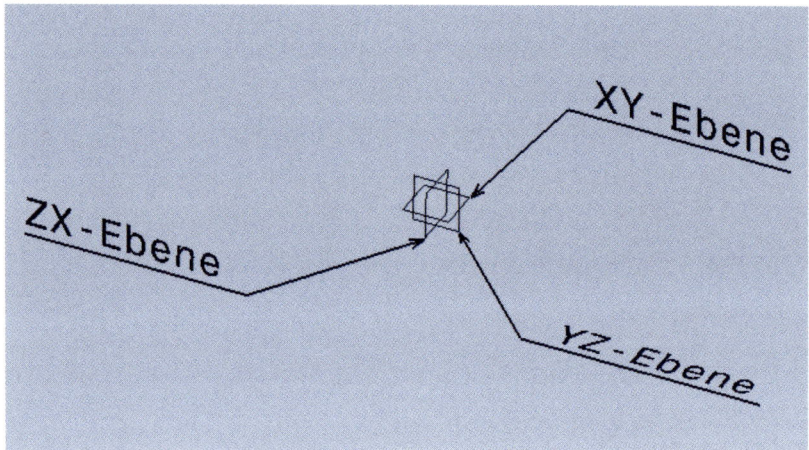

Abbildung 1.6: die auf dem Nullpunkt liegenden Hauptebenen

Diese Ebenen befinden sich auf dem absoluten Nullpunkt und können weder verschoben noch gelöscht werden.

1.6.5 Der Strukturbaum

Es ist ganz gleich, in welcher Arbeitsumgebung Sie sich befinden, der *Strukturbaum* befindet sich immer am oberen linken Bildrand. Die Standardeinstellung zeigt den klassischen Windows-Stil – nach unten aufklappend und nach rechts eingerückt.

An oberster Stelle steht zunächst einmal der vorläufige Name des Gesamtbauteils. Der Name lautet bei einem Einzelteil PART, gefolgt von einer Zahl die fortlaufend ist wie beispielsweise PART1; PART2; etc. (▶ Abbildung 1.7).

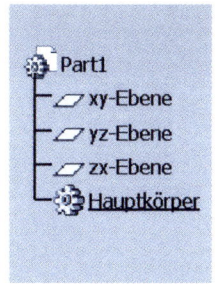
Unterhalb des Namens befinden sich die drei Konstruktionsebenen. Der HAUPTKÖRPER, indem das komplette Bauteil später abgelegt sein wird, wird mit dem Icon eines grünen Zahnrads dargestellt.

Der HAUPTKÖRPER kann **nicht** gelöscht werden.

Abbildung 1.7: Strukturbaum eines leeren Bauteils

Bezüglich der Arbeitsumgebungen *Einzelteilkonstruktion* und *Flächenkonstruktion*, lautet der vorläufige Name PART1, bei der Baugruppenkonstruktion lautet er PRODUCT1 und bei der Zeichnungsableitung DRAWING1. Zusätzlich ist der Name mit einer fortlaufenden Nummerierung ausgestattet, um auch mehrfach verwendetet Bauteile unterscheiden zu können. Fast alle Aktionen werden im Strukturbaum abgelegt. Im Kapitel der *Baugruppenkonstruktion* wird dies deutlich.

1.6.6 Definierte Farben und ihre Bedeutung

In CATIA V5 werden Ihnen Fehler, aber auch besonders gekennzeichnete Elemente nicht unbedingt mittels einer Meldung angezeigt, sondern es werden Farben verwendet, die dies verdeutlichen.

Hier sind die Wichtigsten:

überbestimmte Elemente	Violett
geschützte Elemente	Gelb
inkonsistente Elemente	Rot
korrekt bestimmte Elemente	Grün

1.7 CATSettings – Was ist das?

Die Einstellungsmöglichkeiten in CATIA V5 sind beachtlich. Mehr als 2000 Möglichkeiten gibt es bereits, und mit jedem weiteren Modul, kommen neue hinzu. Über den Menüeintrag TOOLS/OPTIONEN werden diese Einstellungen vorgenommen und bezüglich der vorhandenen Arbeitsumgebung gespeichert (▶ Abbildung 1.8).

CATIA V5

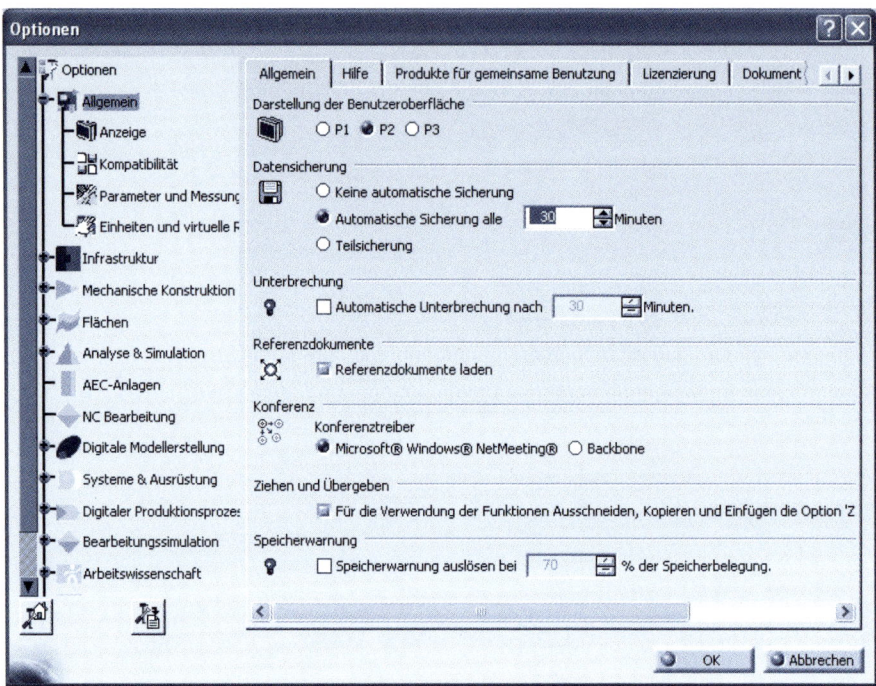

Abbildung 1.8: Dialogbox der CATSettings

Von der zu erstellenden Sicherungskopie, über die Hintergrundfarbe, die Anordnung der Symbolleisten bis hin zu Druckereinstellungen, wird alles in den dafür vorgesehenen Dateien gespeichert. Selbst nach einem Neustart von CATIA bleiben diese Einstellungen erhalten und zwar solange, bis sie von Ihnen geändert werden.

Die Ihnen hier zu Verfügung gestellten CATSETTINGS, beziehen sich auf die Arbeitsumgebungen *Teilekonstruktion*, *Flächenkonstruktion*, *Zeichnungsableitung* und die *Baugruppenkonstruktion*. In den einzelnen Kapiteln erfahren Sie natürlich, wie Sie die Einstellungen geändert können, doch es ist ein sehr großer Vorteil zu wissen, wie man den Umgang mit den CATSETTINGS beherrscht.

Diese Voreinstellungen, werden in extra dafür eingerichteten Dateien gespeichert und wenn nach der Installation keine administrativen Eingriffe vorgenommen worden sind, in folgendem Verzeichnis abgelegt:

1.7 CATSettings – Was ist das?

C:\Dokumente und Einstellungen\Benutzername*Anwendungsdaten\Dassault-Systemes\CATSettings*

Nutzen Sie CATIA V5 als *Stand-alone-Installation*, so werden diese Einstellungen nur auf einem Rechner gültig sein. Sollten Sie allerdings innerhalb eines Netzwerkes arbeiten und Ihr *Account* ist entsprechend eingerichtet, so ist es oft der Fall, dass Ihnen mit der Anmeldung am System die persönlichen CATSettings zur Verfügung gestellt werden.

1.7.1 Download der CATSettings

Die auf die jeweilige Arbeitsumgebung ausgerichteten Voreinstellungen beziehen sich ebenfalls auf die zum Download zur Verfügung stehenden Übungs- sowie Lösungsdateien.

Die Daten werden sich in einem Verzeichnis mit dem Namen *CATSettings* befinden. Die jeweiligen WinZIP-Dateien sind wie folgt benannt:
- PartDesign_CATSettings
- ShapeDesign_CATSettings
- Drawing_CATSettings
- AssemblyDesign_CATSettings

Die Dateien kopieren Sie per Download in ein von Ihnen erstelltes Verzeichnis.

> **Beachten Sie** Richten Sie das Verzeichnis bitte **nicht** im CATIA V5-Installationsverzeichnis ein.

Wenn Sie diese Einstellungen nutzen möchten, löschen Sie zunächst die Originaldateien aus dem o.g. Verzeichnis und entpacken die vorgegebenen Dateien an entsprechender Stelle. Mit erneutem CATIA V5 Start werden die Einstellungen aktiviert.

1.7.2 CATSettings löschen

Durch die vielen Einstellungsmöglichkeiten kann es vorkommen, dass CATIA V5 nicht mehr so reagiert wie erwartet. Linien im SKETCHER lassen sich nicht mehr bemaßen; die Arbeitsumgebung kann nicht mehr gewechselt werden; Drucken ist nicht möglich, Daten lassen sich nicht mehr sichern, etc.

Bei derartigem Fehlverhalten sollten Sie sich nicht allzu lange mit der Fehlersuche aufhalten, sondern lieber in Erwägung ziehen, die *CATSettings* zu löschen, in dem Sie den gesamten Inhalt des zuvor genannten Verzeichnisses entfernen.

> **Beachten Sie** Löschen Sie die *CATSettings* **niemals** während Sie mit CATIA arbeiten oder gar eine Datei noch nicht gesichert ist. Schließen Sie die Anwendung, bevor Sie die Settings löschen.

Nach dem erneuten Starten der Applikation stehen sie Ihnen mit sämtlichen Grundeinstellungen wieder zur Verfügung. Das Arbeiten mit zuvor gespeicherten Daten wird dadurch nicht beeinträchtigt.

Der Skizzierer (Sketcher)

2.1	Erstellen einer Skizze	30
2.2	Bearbeiten einer Skizze	37
2.3	Analysieren einer Skizze	41
2.4	Bemaßen einer Skizze	44
2.5	3D-Elemente projizieren	51

2 DER SKIZZIERER (SKETCHER)

Motivation

》》 Wie der Name schon andeutet, werden in dieser Umgebung Skizzen erstellt, die die Grundlage des 3D-Modells darstellen. Wie auf einem Blatt Papier ist auch hier die Sichtweise zweidimensional. Auf dem Papier wurden früher die ersten Ideen festgehalten, immer wieder verbessert, bis der Zeichner irgendwann die komplette Zeichnung vor sich liegen hatte.

Damit das Erstellen einer SKIZZE nicht allzu viel Zeit in Anspruch nimmt, wird der Entwurf auch nur mit den notwendigsten Informationen versehen. Die eigentliche Bearbeitung findet dann später am dreidimensionalen Modell statt. 《《

2.1 Erstellen einer Skizze

Bevor Sie eine SKIZZE erstellen, stellt sich die Frage, auf welcher Ebene sie basieren soll – der XY-EBENE, der YZ-EBENE oder der ZX-EBENE. Die Wahl der Ebene ist für die räumliche Orientierung maßgebend und lässt sich zu einem späteren Zeitpunkt, gerade bei umfangreichen Modellen, nur mit sehr großem Aufwand ändern.

Die Farbe dieser Ebenen ist weiß. Damit Sie sich die Ebenen einmal genauer ansehen können, habe ich die Datei *Ebenen.CATPart* vorbereitet, die Ihnen die Ebenen farbig zeigt. Die XY-EBENE ist blau, die YZ-EBENE grün und die ZX-EBENE rot eingefärbt.

Um den *Skizzierer* nutzen zu können, benötigen Sie die entsprechende Arbeitsumgebung. Diese starten Sie über das Menü START/MECHANISCHE KONSTRUKTION/SKETCHER. CATIA startet allerdings nicht den Skizzierer, sondern die Umgebung der *Einzelteilkonstruktion*. Da aus einer SKIZZE eine Datei mit der Kennung *CATPart* entsteht, wird hier direkt in die entsprechende Umgebung gewechselt.

Da Sie beim Start den *Skizzierer* gewählt haben, ist das entsprechende Icon schon markiert und mit Anklicken einer der Ebenen wechselt CATIA in die gewünschte Umgebung. Mit der Umgebung hat sich auch die Darstellung geändert. Ihre Sichtweise ist nicht mehr räumlich, sondern zweidimensional.

2.1.1 Skizziertools

Bevor wir mit dem Entwurf beginnen, möchte ich Ihnen die Symbolleiste SKIZZIERTOOLS vorstellen. Über diese Funktionen lassen sich Vorkehrungen treffen, um das Arbeiten mit dem *Skizzierer* von Anfang an effektiv zu gestalten (▶ Abbildung 2.1).

Abbildung 2.1: Symbolleiste Skizziertools

Mit der Funktion GITTER schalten Sie das sich im Hintergrund befindende Gitter ein und aus.

Mit der Funktion AN PUNKT ANLEGEN schalten Sie einen Modus ein, bei dem CATIA V5 die jeweiligen Schnittpunkte des Gitternetzes als mögliche Endpunkte der allgemeinen geometrischen Objekte verwendet.

In der Standardeinstellung ist diese Funktion ausgeschaltet. Sie dient dazu, Konstruktionselemente zu erzeugen, die im späteren 3D-Modell nicht zu sehen sind. KONSTRUKTIONS-/STANDARDELEMENTE nennt sich die Funktion.

Bei der Erstellung einer SKIZZE, gleich welcher Form, ist es sinnvoll, die Funktion GEOMETRISCHE BEDINGUNGEN einzuschalten. Sie sorgt dafür, dass Bedingungen gesetzt und eingehalten werden, wie zum Beispiel gleiche Längen, Parallelität etc. Sie werden im Strukturbaum unter dem Eintrag CONSTRAINTS festgehalten.

Sind die BEMAẞUNGSBEDINGUNGEN aktiviert, werden Informationen wie Abstand, Parallelität, Rechtwinkeligkeit und Kongruenz direkt der Linie zugewiesen.

2.1.2 Regeln beim Skizzieren

Selbstverständlich existieren keine offiziellen Vorschriften, wie eine SKIZZE zu erstellen ist, jedoch sollten Sie darauf achten, dass sich nur die wichtigsten Informationen in der SKIZZE befinden. Sie muss lediglich exakt beschreiben, das heißt ausreichend bemaßt werden. Spätere Änderungen sollten ausschließlich in der 3D-Umgebung erfolgen.

Exakt beschriebene Skizzen weisen folgende Merkmale auf:
- Skizzen sollten einfach und übersichtlich sein, das bedeutet eine einzelne Konstruktionsabsicht abbilden wie beispielsweise einen Umriss, eine Nut oder einen Freistich.
- Überschneidungen sind unzulässig.
- Eine durch Bemaßungen und Bedingungen eindeutig bestimmte Skizze wird grün dargestellt.

2.1.3 Funktionen im Skizzierer

Bei allen Funktionen – außer PROFIL – besteht die Möglichkeit, dass Sie mittels eines Doppelklicks eine Mehrfachverwendung aktivieren. Einfach angeklickt wird sie nach der Verwendung deaktiviert. Zusätzlich können Sie auf FlyOut-Menüs zurückgreifen, deren Funktionen einer Kategorie der zuvor gewählten Funktion angehören (▶ Abbildung 2.2).

2 DER SKIZZIERER (SKETCHER)

Abbildung 2.2: Symbolleiste Profil

Funktion Profil

Mittels der Funktion PROFIL können Sie die unterschiedlichsten Linienzüge erzeugen. Einmal angeklickt, ist die Funktion bis zum abschließenden Doppelklick aktiviert. In Kombination lassen sich Linien, aber auch Bögen erstellen. Da es sich zunächst um eine SKIZZE handelt, kommt es hier noch nicht auf Genauigkeit an. Die endgültige Form bekommt die Skizze erst nach Aktualisierung der Maße.

Bei Rechtecken, Kreisen oder Ellipsen kommen allerdings die extra dafür vorgesehenen Funktionen zum Einsatz.

Auch während der Nutzung der Funktion PROFIL können Bögen und Kurven erzeugt werden. Es ist nicht möglich, direkt zu Beginn mit einem Bogen zu starten. Eine Linie, egal welcher Länge, muss vorhanden sein. Soll der Bogen einen Viertelkreis darstellen, so halten Sie die linke Maustaste gedrückt, und ziehen Sie die Maus beispielsweise nach links oben. Dabei wird ein Rechteck angezeigt, das den zu erzeugenden BOGEN einrahmt.

Lassen Sie die Maustaste wieder los, wird der Bogen sichtbar und Sie können den Bogen durch Schieben der Maus noch verändern. Erst nach einem Klick mit der linken Maustaste wird der Bogen endgültig abgesetzt. Klicken Sie erneut mit der linken Maustaste, ist es wieder möglich, Linien zu zeichnen. Einen fast vollständigen Kreis können Sie auf diese Art und Weise erzeugen. Schließen lässt er sich mit dieser Funktion jedoch nicht (▶ Abbildung 2.3).

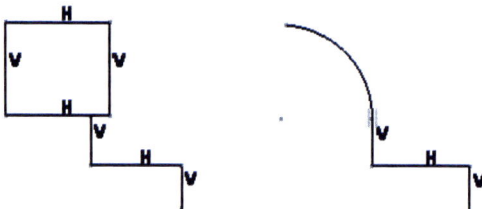

Abbildung 2.3: Funktion Profil bzw. Bogen zeichnen

Alle Funktionen, die in den Beispielen beschrieben werden, können Sie in den Dateien, die im Internet auf der Homepage von Pearson Studium zur Verfügung gestellt werden, noch einmal nachvollziehen. Die Dateien sind unter dem jeweiligen Verzeichnis im Internet zu finden.

Funktion Rechteck

Die Funktion RECHTECK steht ausschließlich für diese Art von Geometrie zur Verfügung. Wurden in den Grundeinstellungen keine Änderungen vorgenommen, sehen Sie nach Aktivierung der Funktion RECHTECK ein kleines Quadrat am Mauszeiger. Zusätzlich werden noch die Koordinaten der jeweiligen Position angezeigt. Der obere Wert bezieht sich auf die X-ACHSE, der untere auf die Y-ACHSE.

Führen Sie die Maus an eine beliebige Stelle, klicken Sie einmal mit der linken Maustaste und ziehen Sie ein Rechteck in beliebiger Größe auf. Klicken Sie mit der linken Maustaste abschließend noch einmal, wird die Geometrie erstellt. Klicken Sie in den Hintergrund, um die Markierung zu entfernen.

Funktion Linie

Mit Anklicken der Funktion LINIE ist es Ihnen möglich, eine Linie zu zeichnen. Um die Funktion nicht immer wieder starten zu müssen, bietet sich hier die Mehrfachverwendung an. Allerdings muss die nächste Linie durch einen Klick auf das Ende der zuvor gezeichneten Linie fortgesetzt werden.

Sie merken schon, es ist ziemlich umständlich, da Linie um Linie gezeichnet werden muss. Ist die Skizze erstellt und die Kontur geschlossen, kann sie auch als ein kompletter Linienzug bearbeitet werden. Allerdings ist es schon angebracht, einen kompletten Linienzug mit der Funktion PROFIL zu zeichnen.

Funktion Kreis

Um einen Kreis in beliebiger Größe zu erstellen, klicken Sie einmal auf die Funktion KREIS. Wenn die Symbolleiste SKIZZIERTOOLS aktiviert ist, wird sie um drei Felder erweitert. Diese drei Felder beschreiben die *horizontale Achse* (H), die *vertikale Achse* (V) sowie den *Radius* (R) des zu erstellenden Kreises (▶ Abbildung 2.4).

Abbildung 2.4: Erweiterte Symbolleiste Skizziertools

Sie werden über die Statuszeile aufgefordert, den KREISMITTELPUNKT zu definieren. Klicken Sie einmal und ziehen Sie einen Kreis auf. Mit nochmaligem Klicken legen Sie den *Radius* bzw. den *Durchmesser* fest. Der Kreis ist erzeugt. Sie beenden die Funktion, indem Sie einmal in den Hintergrund klicken, um die Markierung des Kreises zurückzunehmen.

Möchten Sie den Kreis verschieben, ist das nur möglich, wenn Sie den Mittelpunkt anklicken und den Kreis mit gedrückt gehaltener linker Maustaste bewegen. Das Gleiche auf dem Rand des Kreises ausgeführt, vergrößert oder verkleinert den Durchmesser.

Funktion Achse

Die Funktion ACHSE wird in der Regel bei Rotationskörpern eingesetzt. Dafür benötigen Sie lediglich einen Halbschnitt, der dann später in der Umgebung *Part Design* um eine Achse rotiert. Die Achse ist im 3D-Modell nicht zu sehen.

Funktion Spline

Hauptsächlich in der *Flächenkonstruktion* verwendet, dient die Funktion SPLINE der Kurvenmodellierung. Sie setzt sich aus mehreren Bézierkurven zusammen. Die Flexibilität der Kurve wird dadurch sichergestellt, dass nach jedem Segment ein Kontrollpunkt eingefügt wird, über den die Form der Kurve geändert werden kann (▶ Abbildung 2.5).

Klicken Sie auf einen Punkt doppelt, können Sie jedem Punkt Eigenschaften, wie zum Beispiel Tangentenstetigkeit und Krümmungsradius, zuweisen.

Abbildung 2.5: Spline mit mehreren Kontrollpunkten

Um die Kontrollpunkte eines Spline bearbeiten zu können, markieren Sie den Spline und im Kontextmenü wählen Sie den Eintrag OBJEKT SPLINE/DEFINITION. In der nachfolgenden Dialogbox sind alle gegenwärtigen Kontrollpunkte des Spline zu sehen. In der angezeigten Liste wie auch auf dem Spline wird der *Ktrl-Punkt.1* markiert dargestellt (▶ Abbildung 2.6).

2.1 Erstellen einer Skizze

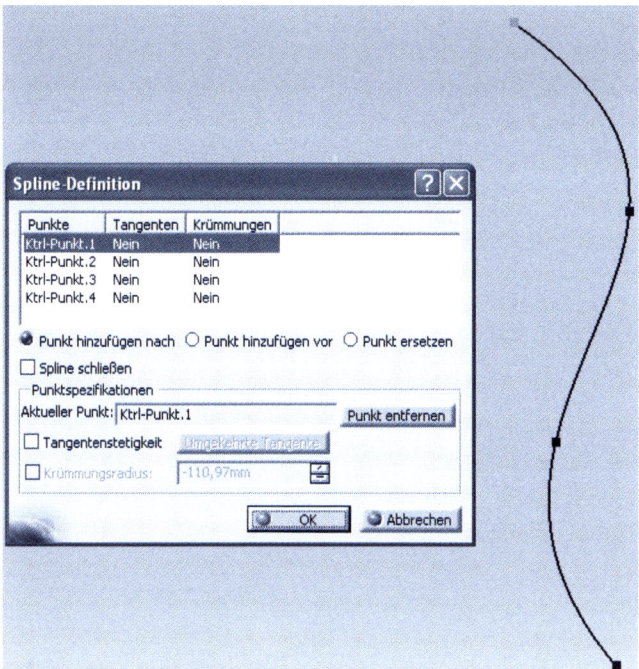

Abbildung 2.6: Vorhandene Kontrollpunkte werden angezeigt.

Sobald Sie in der Liste einen anderen Kontrollpunkt markieren, wird auch der entsprechende Punkt auf dem Spline farbig hervorgehoben.

Um jetzt einen weiteren Kontrollpunkt einfügen zu können, stehen Ihnen innerhalb der Dialogbox die Optionen PUNKT HINZUFÜGEN NACH und PUNKT HINZUFÜGEN VOR zur Verfügung. Wenn Sie beispielsweise zwischen dem zweiten und dritten Kontrollpunkt einen weiteren Punkt einfügen möchten, markieren Sie in der Liste den Eintrag *Ktrl-Punkt.2* und aktivieren die Option PUNKT HINZUFÜGEN NACH.

Im Spline wird der entsprechende Kontrollpunkt ebenfalls markiert und am Mauszeiger hängt bereits der einzufügende Kontrollpunkt. Führen Sie die Maus an die gewünschte Stelle, setzen Sie den Punkt mit einem Klick der linken Maustaste ab und bestätigen Sie die Änderung in der Dialogbox SPLINE DEFINITION mit OK (▶ Abbildung 2.7).

DER SKIZZIERER (SKETCHER)

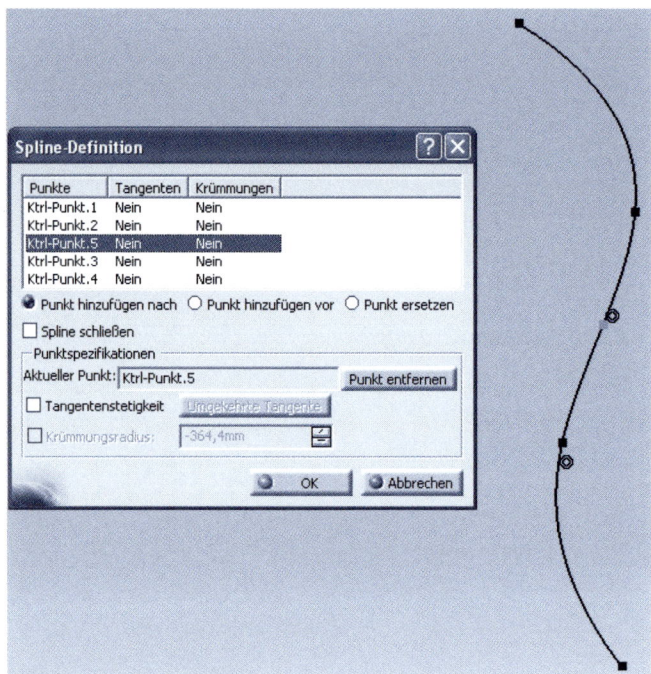

Abbildung 2.7: Zusätzlicher Kontrollpunkt eingefügt

Um einen Kontrollpunkt zu entfernen, öffnen Sie die Dialogbox SPLINE DEFINITION, indem Sie wiederum doppelt auf den Spline klicken. Markieren Sie einen Kontrollpunkt in der Liste und klicken Sie auf die Schaltfläche PUNKT ENTFERNEN und bestätigen Sie die Änderung mit OK.

Funktion Ellipse

Im Gegensatz zum Kreis müssen Sie bei der Funktion ELLIPSE drei Punkte definieren. Wählen Sie den Mittelpunkt des Elements, dann werden Sie aufgefordert, den *Endpunkt der primären Halbachse* bzw. den *Endpunkt der sekundären Halbachse* zu wählen. Auch die Ellipse lässt sich nur mithilfe des Mittelpunkts verschieben. Auch bei dieser Funktion wird die Symbolleiste SKIZZIERTOOLS entsprechend erweitert.

Funktion Punkt

Die Funktion PUNKT dient in erster Linie als Konstruktionshilfsmittel und wird im 3D-Modell ausgeblendet. Um einen Punkt zu erzeugen, aktivieren Sie die Funktion PUNKT und klicken Sie mit der linken Maustaste an eine beliebige Stelle im *Skizzierer*. Der Punkt wird als kleines weißes Kreuz dargestellt.

2.1.4 Was gehört nicht in eine Skizze?

Sämtliche Funktionen, die in der Skizze angewendet werden, wie beispielsweise das Abrunden einer Ecke, können auch nur in der Skizze geändert werden.

Damit nicht bei jeder Änderung die Skizze eines Modells bearbeitet werden muss, ist es sinnvoll, sich direkt zu Beginn daran zu gewöhnen, die folgenden Funktionen nur in der 3D-Umgebung zu verwenden:

- Bohrungen
- Verrundungen
- Fasen

2.2 Bearbeiten einer Skizze

Grundsätzlich wird der erste Entwurf so einfach wie möglich gehalten. Anschließend werden dann Feinarbeiten erledigt. Die nachfolgenden Funktionen gehören zu den wichtigsten bei der Bearbeitung einer Skizze.

Wie an dem Icon unschwer zu erkennen ist, werden sich überschneidende Linien gestutzt. Diese Funktion nennt sich TRIMMEN. Aktivieren Sie die Funktion TRIMMEN und klicken Sie die Linien auf der Seite an, die erhalten bleiben sollen. Die Reihenfolge ist unerheblich (▶ Abbildung 2.8).

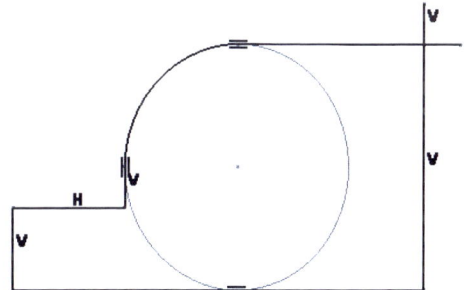 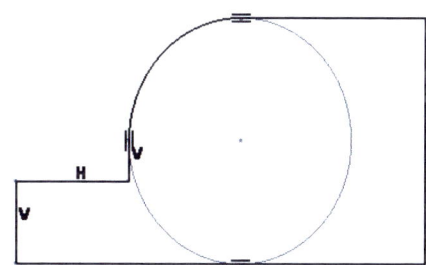

Abbildung 2.8: Sich überschneidende Linien werden getrimmt.

2.2.1 Schnelles Trimmen

Diese Funktion nennt sich SCHNELLES TRIMMEN. Im Gegensatz zum einfachen TRIMMEN genügt es, das überstehende Stück *Linie* anzuklicken, damit dieses gelöscht wird, also ein Arbeitsschritt weniger.

2.2.2 Funktion Aufbrechen

Bei dieser Funktion geht es um das AUFBRECHEN einer *Linie*. Sie wird meistens dann angewendet, wenn die Skizze nahezu fertig gestellt ist und nachträglich Änderungen durchgeführt werden sollen.

Auf einer Linie werden in einem gewissen Abstand zwei Punkte erzeugt. Das Stück *Linie*, das sich zwischen diesen beiden Punkten befindet, kann anschließend gelöscht werden.

Um mit der Funktion AUFBRECHEN Erfolg zu haben, muss sie zweimal angewendet werden. Zuerst klicken Sie die Linie an, die aufgebrochen werden soll und dann klicken Sie an die Stelle, an der die Unterbrechung der Linie beginnen soll. Um das Aufbrechen perfekt zu machen, muss auch noch ein zweiter Punkt erzeugt werden.

Aktivieren Sie die Funktion AUFBRECHEN erneut, machen Sie das Gleiche noch einmal und setzen Sie dann den zweiten Punkt in einem gewissen Abstand zum ersten (▶ Abbildung 2.9).

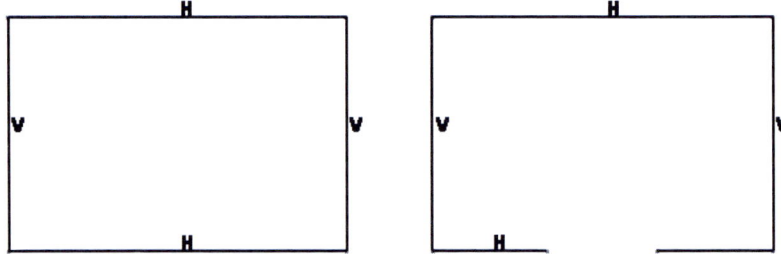

Abbildung 2.9: Die Linie wurde an zwei Stellen aufgebrochen.

2.2.3 Funktion Schließen

Um Kurven und aufgebrochene Kreise zu schließen, wird die Funktion SCHLIEßEN angewendet. Nach Aktivierung der Funktion SCHLIEßEN klicken Sie einfach auf den Kreis, der geschlossen werden soll. Der Radius wird erkannt und der Kreis wird geschlossen. Bei aufgebrochenen Linien kann die Funktion SCHLIEßEN nicht angewendet werden (▶ Abbildung 2.10).

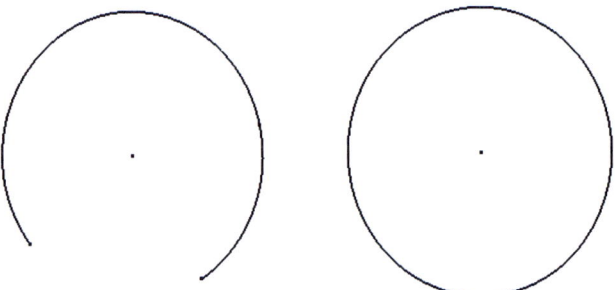

Abbildung 2.10: Die Funktion Schließen wurde angewendet.

2.2.4 Funktion Ergänzen

Bei der Funktion ERGÄNZEN wird die Skizze nicht erweitert, sondern sie wird lediglich durch das fehlende Objekt ausgetauscht. Wie auch bei der Funktion SCHLIEßEN kann diese Funktion nur bei Ellipsen und Kreisen angewendet werden (▶ Abbildung 2.11).

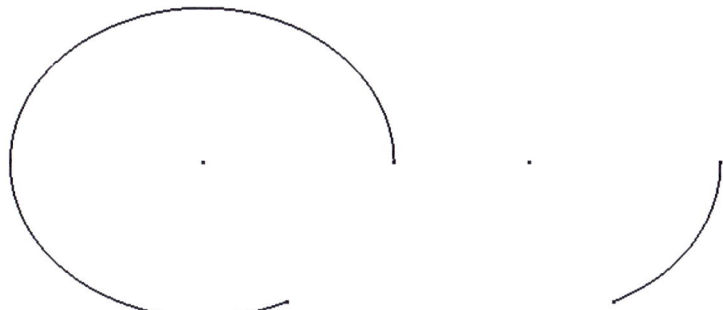

Abbildung 2.11: Das Ergebnis der Funktion Ergänzen

2.2.5 Funktion Spiegeln

Die Funktion SPIEGELN kommt immer dann zum Einsatz, wenn es sich um symmetrische Geometrien handelt. Durch die Funktion SPIEGELN lässt sich sehr viel Zeit sparen.

Wenn es folgendes Bauteil zu erstellen gilt, würden Sie sehr viel Zeit benötigen, dies so genau zu zeichnen, wie es vorgegeben ist. Stattdessen kommt die Funktion SPIEGELN zum Einsatz.

Sie zeichnen lediglich eine Seite der Kontur, markieren anschließend die Linien. Aktivieren Sie die Funktion SPIEGELN und verwenden Sie die X-ACHSE zugleich als Spiegelachse (▶ Abbildung 2.12).

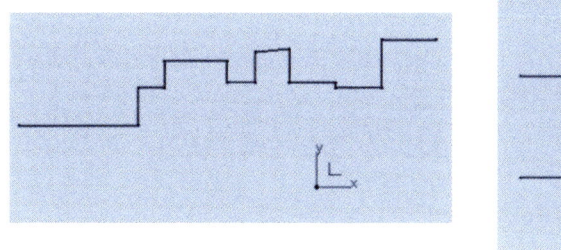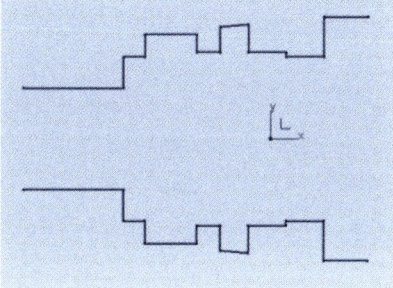

Abbildung 2.12: Kontur im Sketcher gespiegelt

Jetzt gilt es nur noch, die jeweiligen Enden miteinander zu verbinden (▶ Abbildung 2.13).

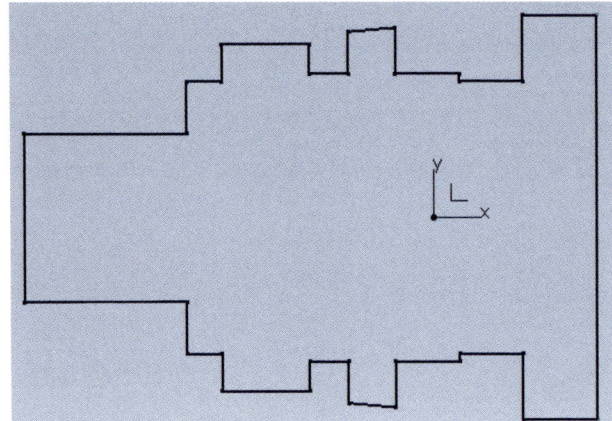

Abbildung 2.13: Geschlossene Skizze

2.2.6 Funktion Symmetrie

Mit der Funktion SYMMETRIE erzeugen Sie ein symmetrisches Element. Im Gegensatz zur Funktion SPIEGELN bleibt das „Original" **nicht** erhalten.

2.2.7 Funktion Verschieben

Ist die Skizze noch im Entwurfsstadium und es existiert noch kein 3D-Modell, bestehen keinerlei Bedenken, die Skizze mittels der Funktion VERSCHIEBEN zu bewegen. Existieren allerdings schon 3D-Modelle, bei denen Sie dieses Modell als Referenz genutzt haben, wird es fatale Folgen haben, wenn die Skizze verschoben wird.

2.2.8 Funktion Drehen

Die Nutzung der Funktion DREHEN ist auch nur dann sinnvoll, wenn noch kein 3D-Bauteil vorhanden ist, das als Referenz für ein weiteres genutzt wurde.

2.2.9 Funktion Skalieren

Mittels dieser Funktion können Sie eine Skizze skalieren. In der deutschen Arbeitsumgebung heißt sie MAßSTAB. Markieren Sie die Skizze und starten Sie anschließend die Funktion SKALIEREN.

Falls nicht schon geschehen, deaktivieren Sie den Dupliziermodus. Den Skalierungsfaktor können Sie ändern, indem Sie einen Startpunkt für die skalierte Skizze vergeben und durch das Bewegen der Maus die neue Skizze vergrößern bzw. verkleinern. Wurde die Skizze bereits bemaßt, werden die Maße entsprechend des neuen Maßstabs neu berechnet. Wenn Sie mit der Größe der Skizze einverstanden sind, klicken Sie mit der linken Maustaste einmal und die skalierte Skizze wird abgelegt.

2.2.10 Funktion Offset

Die Funktion OFFSET erstellt eine Äquidistante zu einer gewählten Geometrie. Ein Offset erfolgt jedoch nur parallel. Bei eingeschalteten BEDINGUNGEN wird Ihnen das Maß angezeigt, in welcher Entfernung das kopierte Element abgesetzt wird (▶ Abbildung 2.14).

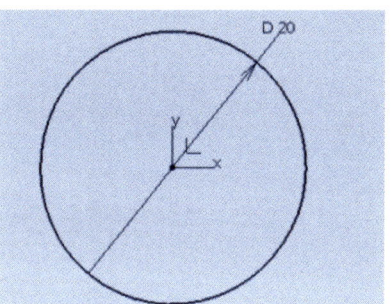
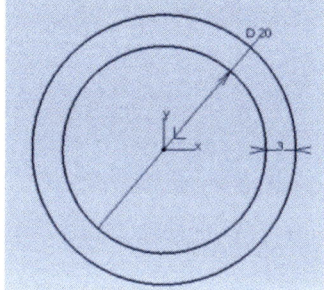

Abbildung 2.14: Im Abstand von 3 mm ist das Offset entstanden.

2.3 Analysieren einer Skizze

Die Analyse einer Skizze ist eigentlich nur dann erforderlich, wenn etwas nicht stimmt. Ob etwas nicht in Ordnung ist, merken Sie meist erst dann, wenn es gilt, aus der Skizze ein 3D-Modell zu erstellen.

Es kommt allerdings nicht selten vor, dass Probleme gar nicht so einfach zu finden sind, wie beispielsweise die Unterbrechung einer Linie. Damit Sie als Anwender nicht jede Linie akribisch auf Fehler untersuchen müssen, gibt es in CATIA V5 ein Tool, das Ihnen diese Arbeit abnimmt. In der nachfolgenden Skizze besteht der Fehler darin, dass die Linien nicht verbunden sind (▶ Abbildung 2.15).

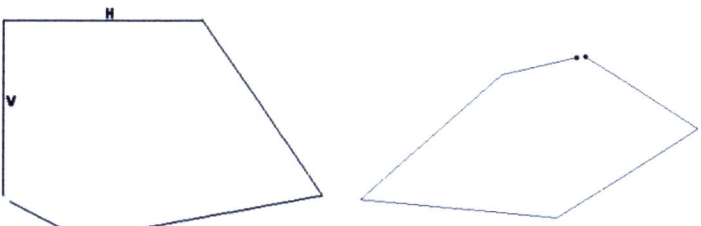

Abbildung 2.15: Fehlerhafte Skizze (2D- und 3D-Ansicht)

2 DER SKIZZIERER (SKETCHER)

Wäre die Lücke noch etwas kleiner, hätte man erhebliche Schwierigkeiten, sie auf Anhieb zu erkennen. Im rechten Bild (3D-Ansicht) sticht die Problematik schon eher ins Auge, da die Endpunkte als kleine schwarze Punkte dargestellt werden.

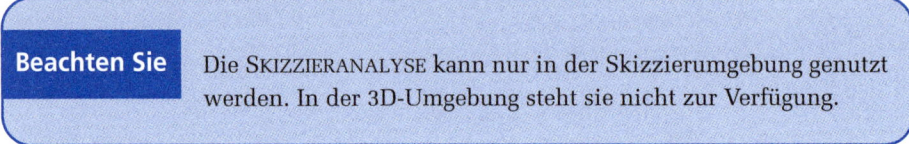

Beachten Sie — Die SKIZZIERANALYSE kann nur in der Skizzierumgebung genutzt werden. In der 3D-Umgebung steht sie nicht zur Verfügung.

Über das Menü TOOLS/SKIZZIERANALYSE starten Sie die Anwendung. Bezogen auf das linke Bild in ▶ Abbildung 2.15 erhalten Sie folgende Information, dass die SKIZZE Fehler aufweist (▶ Abbildung 2.16).

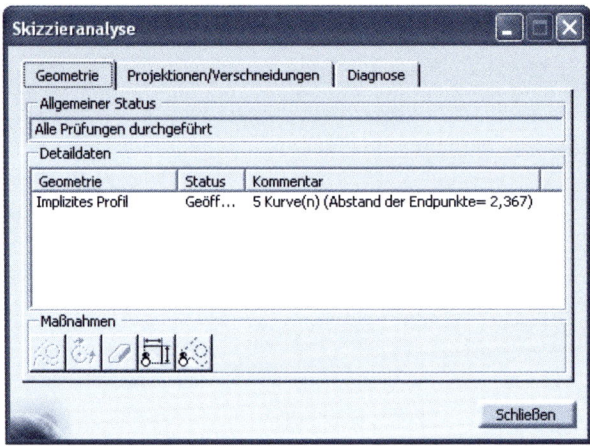

Abbildung 2.16: Fehler der Skizze werden angezeigt.

Sobald Sie die Analyse starten, wird alles, was sich momentan im Skizzierer befindet, überprüft. Es ist nicht erforderlich, die Skizze in irgendeiner Form auszuwählen oder zu markieren.

In der Spalte *Status* ist der Eintrag *Geöffnet* zu lesen und in der Spalte *Kommentar* wird zusätzlich noch einmal darauf hingewiesen, wie weit die beiden Endpunkte voneinander entfernt sind.

2.3.1 Systematische Fehlersuche

Bei der Fehlerbehebung kommt es nicht nur darauf an, dass der Fehler behoben wird, sondern es ist auch sehr wichtig zu erfahren, warum er aufgetreten ist. Weist die Analyse auf einen Fehler hin, seien Sie nicht zu sehr erschrocken und löschen die Zeichnung, sondern sehen Sie sich den Fehler ganz genau an, um zu vermeiden, ihn beim nächsten Mal erneut zu begehen.

2.3 Analysieren einer Skizze

Um sich ausschließlich auf die Skizze konzentrieren zu können, existieren zwei Funktionen, mit denen Sie einmal sämtliche Maße und sämtliche Hilfskonstruktionslinien oder -punkte aus- bzw. einblenden können.

 Mit der Funktion BEDINGUNGEN VERDECKEN können Sie sämtliche Kennzeichnungen wie *H=horizontal* und *V=vertikal* sowie die komplette Bemaßung ausblenden. Die Informationen sind nur im Hintergrund und jederzeit durch erneutes Anklicken der Funktion wieder sichtbar.

 Hilft das nicht weiter, sind Sie in der Lage, mit der Funktion HILFSGEOMETRIEN AUS- UND EINZUBLENDEN diese ein- bzw. auszublenden. Sie machen zumindest deutlich, an welcher Stelle die Skizze definitiv unterbrochen ist.

2.3.2 Fehler beheben

Durch die beiden zuvor gezeigten Funktionen ist es möglich, Fehler zu lokalisieren, wobei die nachfolgenden Funktionen Ihnen dabei helfen sollen, die gefundenen Fehler zu beheben. Das erreichen Sie, indem Sie auf eine beliebige Line klicken. Diese Funktionen sind unter der Option MAßNAHMEN aufgeführt (▶ Abbildung 2.17).

 Mithilfe dieser Funktion wandeln Sie die komplette Skizze in Konstruktionselemente um. Behandeln Sie die Funktion IM KONSTRUKTIONSMODUS FESTLEGEN an dieser Stelle bitte mit Vorsicht, denn erst einmal angewendet, ist es nicht ganz so einfach, den Ursprung wiederherzustellen.

 Das ist bei dieser Funktion ganz anders. Sie nennt sich PROFIL SCHLIEßEN. Wenn es sich wirklich nur um das Problem handelt, dass der Linienzug nicht geschlossen ist, kommen Sie mit dieser Funktion an das gewünschte Ziel.

Bevor Sie diese Funktion jedoch benutzen, sollten Sie sich darüber im Klaren sein, dass das Ergebnis auch ganz anders aussehen kann als erwartet (▶ Abbildung 2.17).

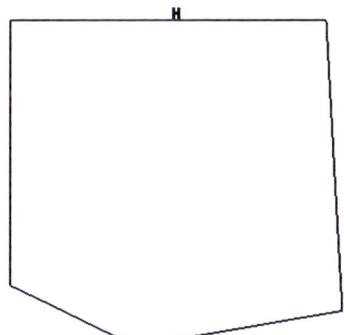
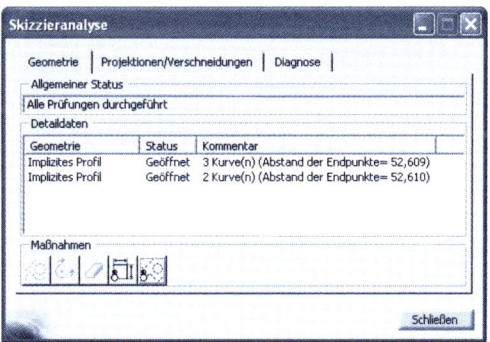

Abbildung 2.17: Die analysierten Fehler sind nicht zu erkennen.

In dieser Situation fragen Sie sich: „Was soll das? – es ist doch alles OK." Der Abstand an den Ecken ist zwar minimal, aber dennoch sind die Linien unterbrochen.

Würden Sie hier die Warnung ignorieren und versuchen, das obere bzw. das untere Profil zu markieren, um die Funktion PROFIL SCHLIEßEN nutzen zu können, würden Sie hier nicht zum gewünschten Ergebnis kommen. Die Warnung in der SKIZZIERANALYSE rührt daher, dass hier letztendlich zwei Profile gezeichnet worden sind, die überhaupt nichts miteinander zu tun haben, da sie nicht verbunden sind.

In diesem Fall wäre die Funktion TRIMMEN angebracht, um das Profil zu schließen und anschließend die SKIZZIERANALYSE erneut durchzuführen (▶ Abbildung 2.18).

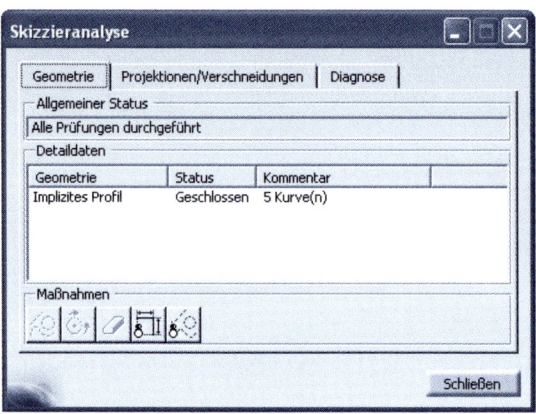

Abbildung 2.18: Das geschlossene Profil weist keinen Fehler mehr auf.

 Die Funktion PROFIL LÖSCHEN sollte wirklich nur dann zum Einsatz kommen, wenn Sie sicher sind, dass es mehr Zeit in Anspruch nimmt, den Fehler zu suchen, als die Skizze neu zu erstellen. Bitte verwechseln Sie diese Funktion nicht mit der Funktion SCHNELLES TRIMMEN aus dem *Skizzierer*. Das Icon sieht dem anderen zum Verwechseln ähnlich.

2.4 Bemaßen einer Skizze

Selbstverständlich ist es möglich, aus einer Skizze ohne jegliche Maße ein 3D-Modell zu erstellen. Diese Variante sollten Sie aber nur zu reinen Testzwecken in Betracht ziehen. Eine Skizze nicht zu bemaßen, hat den ganz entscheidenden Nachteil, dass es zu großen Problemen kommen kann, wenn Änderungen durchgeführt werden müssen bzw. dieses Modell als *Referenz* genutzt wird.

 Um eine Linie zu bemaßen, klicken Sie einmal auf die Funktion BEDINGUNG. Anschließend klicken Sie einmal auf die zu bemaßende Linie. Das der Linie zugehörige Maß können Sie anschließend sehen. Jetzt geht es noch um den Abstand zum Objekt. Schieben Sie die Maus in die gewünschte Richtung und klicken Sie wieder einmal mit der linken Maustaste. Das Maß einschließlich Maßlinie ist somit erstellt. Sie brauchen nicht darauf zu achten, ob die Linien *vertikal*, *horizontal* oder *diagonal* verlaufen. Diese Eigenschaft wird von der Funktion erkannt.

2.4 Bemaßen einer Skizze

Ist es jedoch erforderlich, eine diagonale Linie horizontal oder vertikal zu bemaßen, nutzen Sie wie zuvor beschrieben, die Funktion BEDINGUNG. In dem Moment, wo Sie das Maß sehen können, wählen Sie im Kontextmenü den entsprechenden Eintrag (▶ Abbildung 2.19).

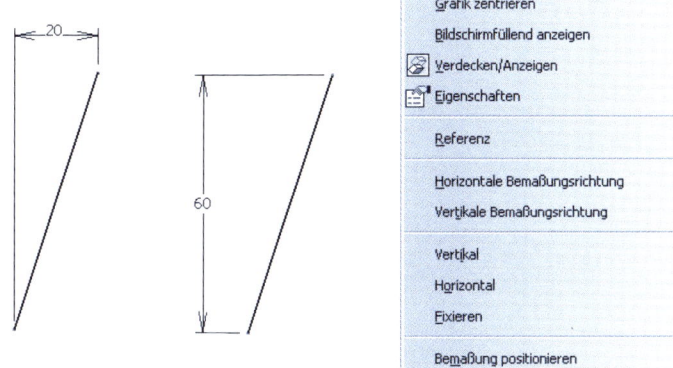

Abbildung 2.19: Horizontale und vertikale Bemaßung

Bei der Bemaßung oder bei späteren Änderungen darf es auf keinen Fall passieren, dass sich der Ursprung der Skizze ändert. Das heißt aber auch, dass das zu sehende Achsenkreuz in die Bemaßung einbezogen werden muss.

Als Beispiel nehmen wir ein Rechteck mit den Kantenlängen von 100x90 mm. Mit der Funktion RECHTECK erstellen Sie die Skizze. Ziehen Sie das Rechteck so auf, dass sich das Achsenkreuz etwa in der Mitte befindet. Die Kantenlänge ist erstmal unerheblich (▶ Abbildung 2.20).

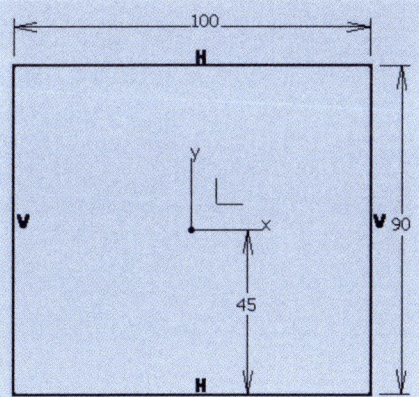

Abbildung 2.20: Komplett bestimmte Skizze

Erst wenn die Abstände zum Achsenkreuz genau definiert sind, nimmt die Skizze die grüne Farbe an. Jedes weitere Maß ist überflüssig. Das Einfügen weiterer Maße führt zu einer Überbestimmung, das heißt, Maße und Bedingungen können sich widersprechen. Die Überbestimmung wird in CATIA violett dargestellt.

2.4.1 Maße ändern

Um ein Maß ändern zu können, ist es nicht erforderlich, dass die Skizze komplett grün dargestellt wird. In nahezu jeder Situation ist das möglich. Sie klicken doppelt auf das zu ändernde Maß und erhalten eine kleine Dialogbox, wo der aktuelle Wert angezeigt wird. Überschreiben Sie das Maß und bestätigen Sie die Änderung entweder mit der ⏎-Taste oder mit einem Klick auf OK (▶ Abbildung 2.21).

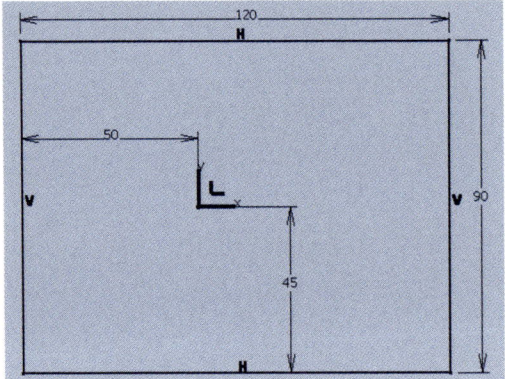
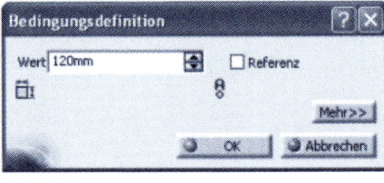

Abbildung 2.21: Änderung eines Maßes

Da das Profil geschlossen ist und die *Maßbedingungen* eingeschaltet sind, werden beide Seiten den geänderten Wert annehmen.

Wenige Seiten zuvor haben Sie gelernt, dass der Bezug zum Achsenkreuz vorhanden sein muss. Deshalb ist es ganz besonders wichtig, dass der einmal definierte Nullpunkt eines Bauteils nicht verändert wird.

Bezogen auf die ▶ Abbildung 2.21 sind die Abstände zum Ursprung des Rechtecks festgelegt. Die Breite wurde auf 120 mm geändert. Allerdings befindet sich jetzt der Ursprung nicht mehr im Mittelpunkt der Geometrie.

Das Rechteck wurde so erstellt, dass sich der Ursprung genau in der Mitte des Profils befindet. Da dieses Bauteil auch später einmal Basis für weitere Bauteile sein könnte, darf sich der Ursprung eines Modells niemals ändern. Damit das nicht passiert, besteht in CATIA V5 die Möglichkeit, Maße voneinander abhängig zu machen.

2.4.2 Bedingungen definieren

Bleiben wir bei dem Beispiel des Rechtecks. Die Kantenlänge beträgt jetzt 120x90 mm. Der Mittelpunkt – also der Nullpunkt – soll sich genau in der Mitte der Skizze befinden. Der horizontale Abstand beträgt 50 mm, der vertikale 45 mm.

Bezogen auf die Länge und Breite, soll der Abstand zur Mitte immer um die Hälfte kleiner sein. Hier müssen Beziehungen erstellt werden, die unter Verwendung von Formeln eingehalten werden (▶ Abbildung 2.22).

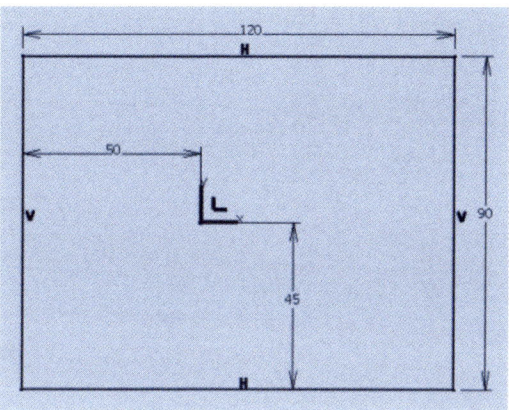

Abbildung 2.22: Der Abstand zum Mittelpunkt muss angepasst werden.

In diesem Beispiel beziehe ich mich auf die 50 mm, die den horizontalen Abstand zum Mittelpunkt festlegen. Im Strukturbaum finden Sie unter dem Eintrag /SKIZZE/BEDINGUNGEN/ den internen Parameter für dieses Maß. Er wird als OFFSET mit einer fortlaufenden Nummerierung benannt.

Dieses Maß, das unter dem Parameter OFFSET.21 abgelegt ist, soll jetzt bearbeitet werden. Klicken Sie mit der rechten Maustaste auf das entsprechende Maß und sehen Sie im aufklappenden Kontextmenü den zugehörigen Namen. Anschließend wählen Sie den Eintrag FORMEL BEARBEITEN (▶ Abbildung 2.23).

Im sich jetzt öffnenden Formeleditor sehen Sie den kompletten Pfad des Parameters mit dem abschließenden Namen der Funktion: HAUPTKÖRPER\SKIZZE.1\OFFSET.21\OFFSET. Diese Formel, die den vertikalen Abstand von 50 mm zum Mittelpunkt beschreibt, muss jetzt in Beziehung zur Körperlänge gebracht werden, die 120 mm beträgt.

2 DER SKIZZIERER (SKETCHER)

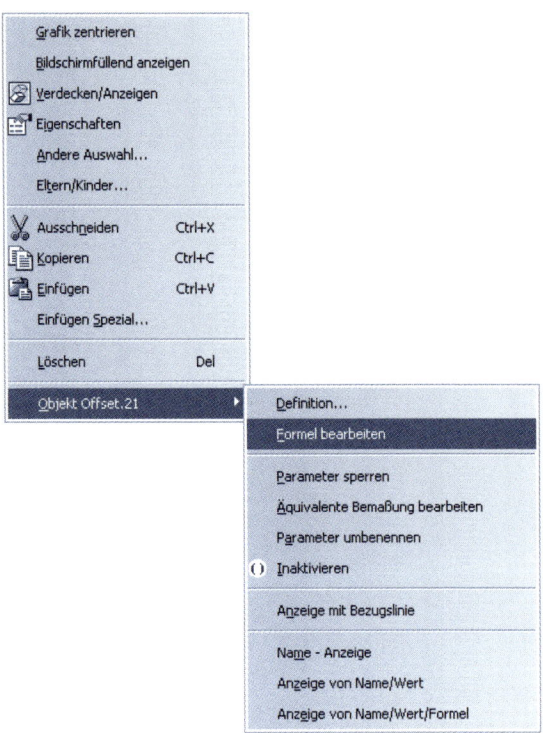

Abbildung 2.23: Formelbearbeitung wird über das Kontextmenü gestartet.

Klicken Sie in der Skizze auf das Längenmaß. Die Formel HAUPTKÖRPER\SKIZZE.1\ LÄNGE.18\LÄNGE wird im Editor in die nächste Zeile gesetzt. Allerdings soll der Abstand zur Mitte immer die Hälfte der Körperlänge betragen – also fügen Sie dieser Zeile folgenden Eintrag hinzu: „/2" und bestätigen Sie die Änderungen mit OK (▶ Abbildung 2.24).

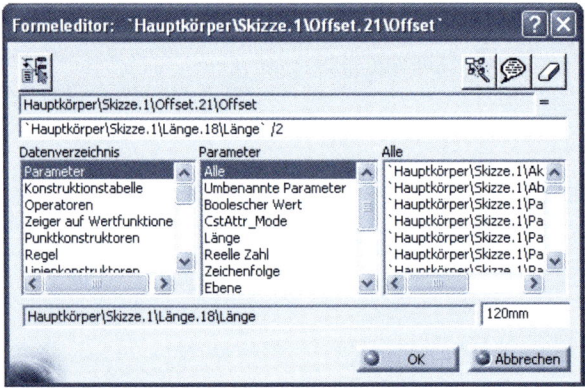

Abbildung 2.24: Erstellte Funktion im Formeleditor

2.4 Bemaßen einer Skizze

 In der Skizze sehen Sie dieses Symbol, das die Abhängigkeit zu einem anderen Maß darstellt. Ein derart gekennzeichnetes Maß kann *nicht* geändert werden. Um es zu testen, führen Sie einen Doppelklick auf das Maß aus. In der nachfolgenden Dialogbox ist das Maß grau unterlegt (▶ Abbildung 2.25).

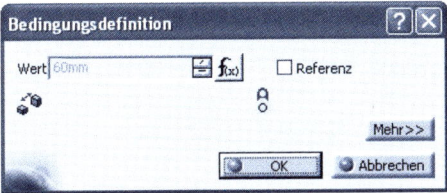

Abbildung 2.25: Abhängigkeit zu einem Maß ist vorhanden.

Übung 2.1 Erstellen Sie die Skizze, die in ▶ Abbildung 2.26 zu sehen ist. Bestimmen Sie die Skizze eindeutig und überprüfen Sie die Skizze anschließend auf Fehler. Speichern Sie die Datei bitte unter dem Namen *Skizze_Ueberwurfmutter.CATPart*.

2.4.3 Maßbereiche festlegen

Um zu verhindern, dass Maße utopische Werte annehmen bzw. von Dritten eingegeben werden können, lässt sich ein Bereich definieren, der weder über- noch unterschritten werden kann. Ich beziehe mich auf die Skizze, die Sie zuvor in der Übung konstruiert haben (▶ Abbildung 2.26).

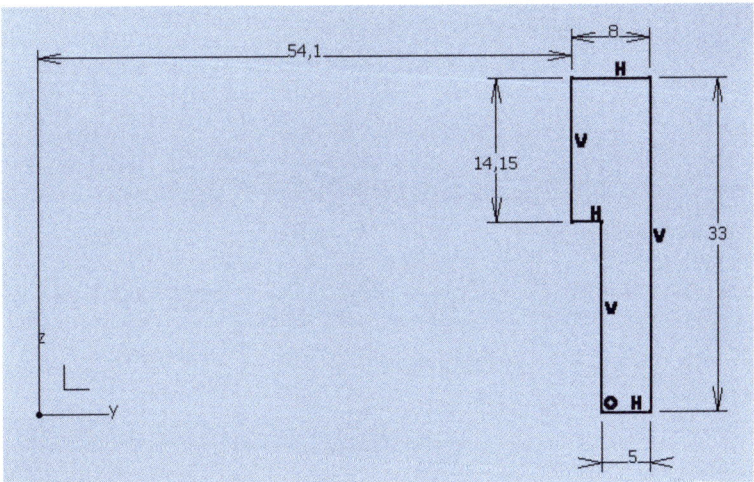

Abbildung 2.26: Eindeutig bestimmte Skizze

Hier soll festgelegt werden, dass die gesamte Körperhöhe von 33 mm nicht unterschritten, aber auch nicht über 37 mm hinausgehen kann wobei die innere Höhe von 14,15 mm nicht verändert wird.

Parameter sperren

Zunächst einmal können Sie schon im Vorfeld den Parameter für das Maß von 14,15 mm sperren, so dass es nicht geändert werden kann. Öffnen Sie das Kontextmenü und wählen Sie den Eintrag OBJEKT LÄNGE.12/PARAMETER SPERREN. Anschließend ist rechts neben dem Maß ein Schloss zu sehen (▶ Abbildung 2.27).

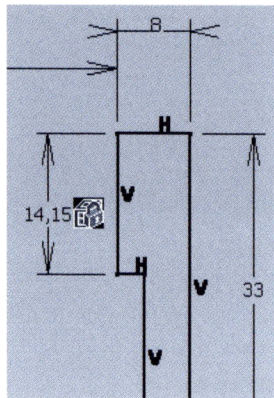

Abbildung 2.27: Parameter gesperrt

Jetzt werden wir der Bauteilhöhe einen Bereich zuweisen. Dazu klicken Sie doppelt auf das entsprechende Maß. In der Dialogbox BEDINGUNGSDEFINITION wird Ihnen das gegenwärtige Maß angezeigt (▶ Abbildung 2.28).

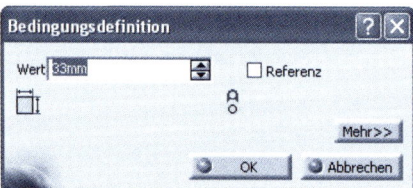

Abbildung 2.28: Bedingungsdefinition

Führen Sie die Maus direkt in die Zeile der Maßangabe, öffnen Sie das Kontextmenü und wählen Sie den Eintrag BEREICH/BEARBEITEN.... Sie werden aufgefordert, den unteren sowie den oberen Wert anzugeben, und bestätigen diese Eintragungen mit OK (▶ Abbildung 2.29).

2.5 3D-Elemente projizieren

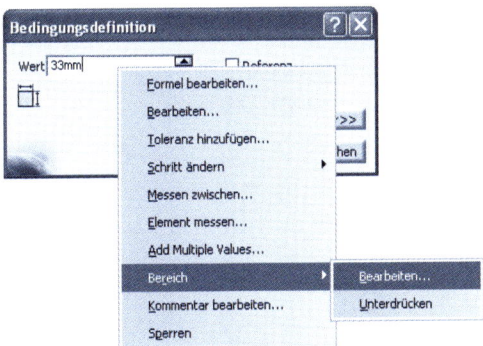
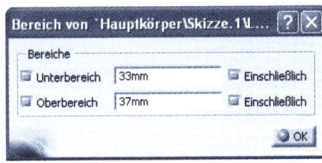

Abbildung 2.29: Maßbereich festlegen

Nach Bestätigung dieser Werte ist es so ohne weiteres nicht mehr möglich, Maße in beliebiger Höhe einzutragen. Beim Versuch, diese Werte zu über- bzw. zu unterschreiten, werden Sie darauf hingewiesen, dass die angegebenen Maße außerhalb des von Ihnen festgelegten Bereichs liegen (▶ Abbildung 2.30).

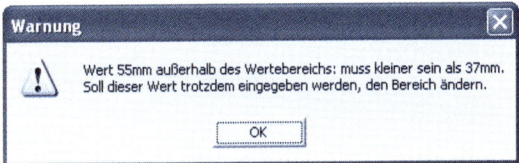

Abbildung 2.30: Warnung bezüglich des definierten Bereichs

2.5 3D-Elemente projizieren

Mithilfe der Funktion 3D-ELEMENTE PROJIZIEREN ist es möglich, Konturen vorhandener Körper in die Skizzierebene zu übernehmen. Damit Sie in der Lage sind, diese Kante für die Konstruktion eines angrenzenden Bauteils nutzen zu können, muss sie projiziert werden. Das bedeutet, sie ist anschließend im *Skizzierer* nutzbar (▶ Abbildung 2.31).

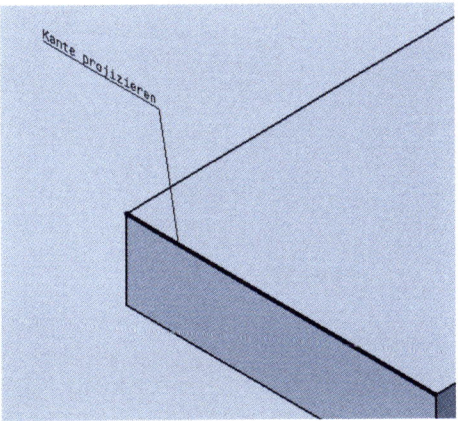

Abbildung 2.31: Projizierung der Kante eines 3D-Objekts

2 DER SKIZZIERER (SKETCHER)

Mithilfe der Funktion 3D-ELEMENTE PROJIZIEREN klicken Sie auf die Kante, die dazu dienen soll, weitere Elemente zu erstellen. Um die Kante, die in ▶ Abbildung 2.31 gekennzeichnet ist, projizieren zu können, klicken Sie auf das Symbol des *Sketcher* und anschließend auf die obere Fläche des Quaders. CATIA V5 wechselt die Arbeitsumgebung und Sie sehen den Körper jetzt von oben (▶ Abbildung 2.32).

> **Beachten Sie**   Diese projizierte Kante wird in CATIA V5 in Gelb dargestellt und somit handelt es sich um ein geschütztes Element, das nach wie vor zum 3D-Modell gehört. Ich kann nur davon abraten, geschützten Elementen eine andere Farbe zu geben, da es bei eventuellen Fehlerbeschreibungen an Dritte schnell zu Verwechslungen kommen kann.

Abbildung 2.32: Projizierte Kante hervorgehoben

Jetzt sind Sie in der Lage, mithilfe der Funktion PROFIL eine angrenzende Skizze zu erzeugen. Die projizierte Kante hat wie jede andere Linie auch zwei Endpunkte, die mit der Funktion AN PUNKT ANLEGEN „gefangen" werden können (▶ Abbildung 2.33).

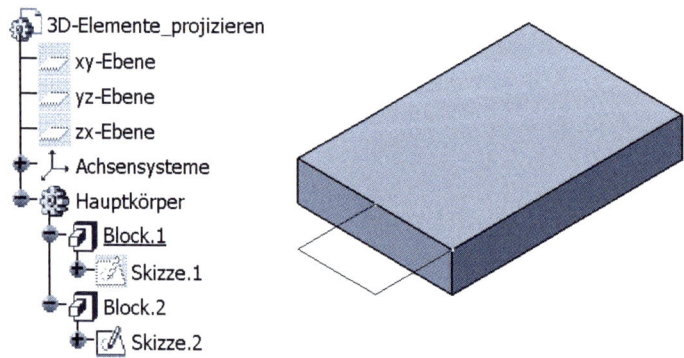

Abbildung 2.33: Kante projiziert für angrenzendes 3D-Objekt

2.5 3D-Elemente projizieren

Nach Erstellungen des 3D-Objekts wird die SKIZZE.2 ebenfalls in den NO SHOW-Bereich gestellt. Da sich die Körper BLOCK.1 und BLOCK.2 gemeinsam im HAUPTKÖRPER befinden, werden sie nach Fertigstellung als ein einzelner Körper dargestellt (▶ Abbildung 2.34).

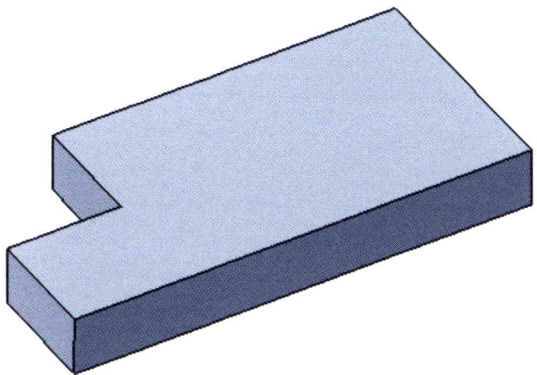

Abbildung 2.34: Beide Körper sind zu einem einzelnen vereinigt.

Einzelteilkonstruktion (Part Design)

3.1 **Aufbau eines Einzelteils** 56
3.2 **3D-Modelle bearbeiten** 61
3.3 **3D-Modell speichern** 79
3.4 **Betrachten eines Modells** 81
3.5 **Messen von Abständen** 82
3.6 **Abhängigkeiten durch Parameter und Formeln** ... 83
3.7 **Einsatz einer Konstruktionstabelle** 89

3 EINZELTEILKONSTRUKTION (PART DESIGN)

Motivation

>> In diesem Modul werden Sie Ihre zukünftigen dreidimensionalen Bauteile entwerfen. Voraussetzung für ein 3D-Modell ist eine SKIZZE, die in einer extra dafür vorgesehenen Umgebung, dem *Sketcher* erstellt wird. Aus dieser Skizze entstehen dann mit den entsprechenden Funktionen, die jeweiligen Bauteile.

Wie eine Arbeitsumgebung grundsätzlich aufgebaut ist, kennen Sie bereits aus der Einleitung. Da hier EINZELTEILE erzeugt werden, unterscheidet sich diese Umgebung von den anderen nur an den Ihnen zur Verfügung stehenden Funktionen. <<

3.1 Aufbau eines Einzelteils

Wie Sie es aus dem *Sketcher* bereits kennen, bietet die SKIZZE die Grundlage eines jeden Einzelteils.

Um aus der Skizze ein 3D-Modell zu erstellen, klicken Sie auf das Icon UMGEBUNG VERLASSEN. CATIA V5 wechselt direkt in die Umgebung PART DESIGN, in der jetzt die Funktionen der 3D-Erstellung sowie –bearbeitung zur Verfügung stehen.

CATIA richtet sich jetzt nach der im *Sketcher* gewählten Konstruktionsebene aus. In diesem Beispiel ist es die XY-EBENE (▶ Abbildung 3.1).

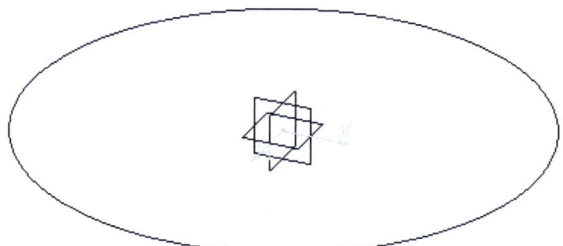

Abbildung 3.1: Dreidimensionale Ansicht einer Skizze

Wie ein EINZELTEIL (PART) aufgebaut ist, entnehmen Sie immer dem Strukturbaum, der grundsätzlich auf der linken Bildschirmseite angezeigt wird. Er lässt sich mit der Maus frei positionieren. Mit der Funktionstaste F3 können Sie ihn aus- bzw. einblenden.

Zunächst ist der Aufbau eines Einzelteils immer gleich. Der Name des gesamten Bauteils wird zunächst mit dem vom Programm festgelegten Namen PART1 benannt. Es handelt sich hier um einen vorläufigen Dateinamen. Sie sollten es allerdings vermeiden, ihn als Dateiname zu verwenden.

Neben den Hauptebenen (XY; YZ; ZX) ist auch der HAUPTKÖRPER (PARTBODY) immer Bestandteil eines Einzelteils. Die Skizze, der daraus entstehende 3D-Körper sowie alle verwendeten Funktionen, werden unterhalb dieses Hauptkörpers angeordnet.

3.1.1 Ein neues Modell anlegen

Ein komplett neues Modell anzulegen, bedeutet, dass zunächst einmal eine *Skizze* erzeugt werden muss, damit diese dann weiter bearbeitet werden kann.

Im Menü START wählen Sie den Eintrag MECHANISCHE KONSTRUKTION/PART DESIGN und erhalten mittels einer Dialogbox die Aufforderung, einen neuen Namen für ein NEUES TEIL zu vergeben. Der vorläufige Name lautet „Part1" und sollte so schnell wie möglich in einen sprechenden Namen geändert werden, da es bei weiteren neuen Bauteilen schnell zu Verwechselungen kommen kann. Vergeben Sie den Namen *Eigene_Uebung_01* und bestätigen die Änderung mit OK.

Die Titelzeile wie auch das Bauteil weisen jetzt den Namen auf, den Sie gerade vergeben haben.

Die Datei ist allerdings noch nicht gespeichert. Das erkennen Sie daran, dass der Name in der Titelzeile noch keine Dateikennung hat – die Endung CATPART fehlt.

3.1.2 Das erste 3D-Modell

In welcher Umgebung eine Skizze entsteht und welche Funktionen dazu eingesetzt werden, haben Sie bereits im Sketcher kennen gelernt. In dem zuvor neu angelegten Einzelteil erzeugen Sie auf Basis der XY-EBENE einen Kreis mit einem Durchmesser von 100 mm und wechseln in die 3D-Umgebung.

Die entsprechenden Funktionen befinden sich auf der Symbolleiste AUF SKIZZEN BASIERENDE KOMPONENTEN (▶ Abbildung 3.2).

Abbildung 3.2: 3D-Funktionen

 Da die SKIZZE in der 3D-Umgebung immer noch markiert ist, können Sie den Kreis direkt mit der Funktion BLOCK extrudieren.

In einer Vorschau wird der Körper um das Standardmaß von 20 mm in Z-Richtung gestreckt, was zusätzlich mit einem in die entsprechende Richtung zeigenden Pfeil deutlich gemacht wird. Über den in CATIA angezeigten orangefarbigen Pfeil besteht die Möglichkeit, die Richtung der Extrudierung zu ändern. In der Dialogbox DEFINITION DES BLOCKS ist dies ebenfalls möglich.

Neben der Länge haben Sie hier außerdem die Möglichkeit eine Begrenzung festzulegen, was dann natürlich eine entsprechende Fläche oder Ebene voraussetzt. Da in diesem Beispiel keine Begrenzung angegeben ist, wird die Länge des Zylinders durch das angegebene Maß bestimmt. Da die Vorgabe meist geändert wird, ist die Maßvorgabe markiert und kann mit einem neuen Wert überschrieben werden. Bestätigen Sie die Änderungen mit OK (▶ Abbildung 3.3).

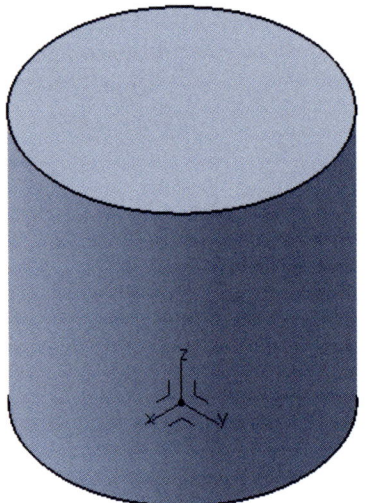
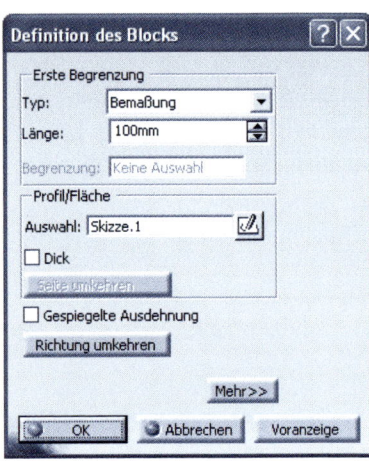

Abbildung 3.3: Blockdefinition aufgrund von Standardeinstellungen

Zu diesen und zu allen nachfolgenden Beispielen können Sie die beschriebenen Funktionen an den zur Verfügung gestellten Dateien nachvollziehen. Bezogen auf die jeweiligen Kapitel sind die Dateien im Internet zu finden.

Bei diesem Icon handelt es sich um die Funktion WELLE. Sie wird hauptsächlich dann eingesetzt, wenn Rotationskörper erstellt werden müssen. Hier wird lediglich eine Kontur gezeichnet, die dann mittels dieser Funktion um eine Achse rotiert. Die nachfolgende Kontur soll als dreidimensionale Welle dargestellt werden (▶ Abbildung 3.4).

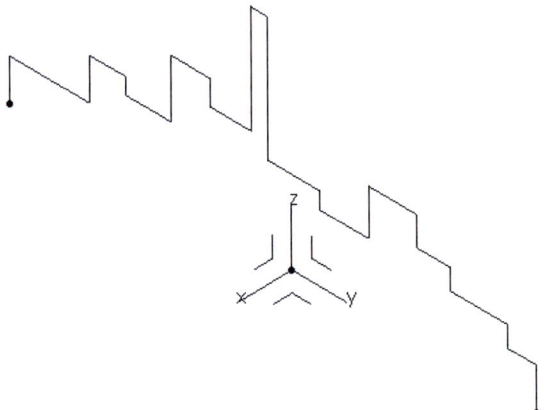

Abbildung 3.4: Kontur einer Welle

Beim Start der Funktion WELLE werden Sie über eine Dialogbox aufgefordert anzugeben, um wie viel Grad die SKIZZE rotieren soll. In diesem Beispiel sollen es 360 Grad sein. Im Anschluss ist zunächst die SKIZZE und abschließend die Rotationsachse „Y" zu wählen (▶ Abbildung 3.5).

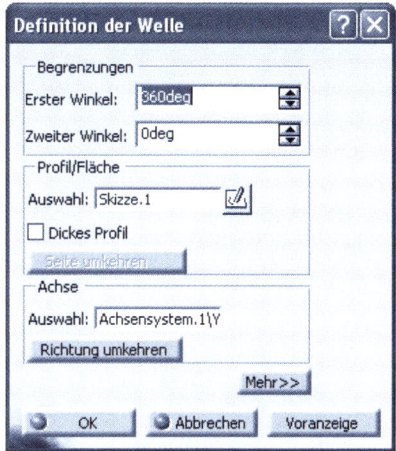
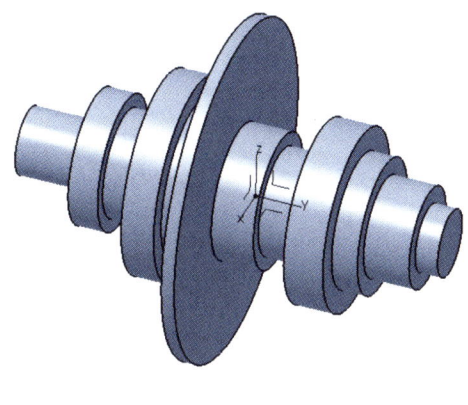

Abbildung 3.5: Das Ergebnis einer um 360 Grad rotierenden Kontur

3.1.3 Was ist im Strukturbaum zu sehen?

Sobald Sie damit beginnen eine Skizze zu erstellen, wird die Funktion Skizze unterhalb des Hauptkörpers eingefügt und aktiviert. Die Unterstreichung macht dies deutlich. Wenn Sie den Skizzierer verlassen und erstellen das 3D-Modell, wird die Funktion mit der das Modell erstellt wurde, unterhalb des Hauptkörpers angeordnet. Die Skizze wiederum ist dann unterhalb der Funktion zu sehen.

Da die Skizze nicht benötigt wird, wird sie automatisch verdeckt. Das bedeutet sie befindet sich im NICHT SICHTBAREN BEREICH. Umgangssprachlich wird dieser Bereich auch NO SHOW genannt (▶ Abbildung 3.6).

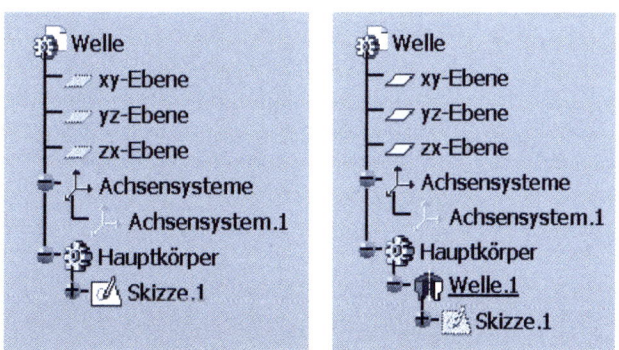

Abbildung 3.6: Strukturbaum mit aktivierter Skizze, bzw. mit aktivierter 3D-Funktion

3.1.4 Was bedeuten die einzelnen Symbole?

Anhand der Symbole, die jeder Funktion und jedem Objekt im Strukturbaum vorangestellt sind, lässt sich zu jedem Zeitpunkt feststellen um welche Art von Funktion es sich handelt (▶ Tabelle 3.1).

Tabelle 3.1

Symbolerklärung der Abbildung 3.6

Symbol	Bedeutung
	Symbol für ein EINZELTEIL (PART)
	Konstruktionsebenen, die in jedem Einzelteil vorhanden sind.
	Symbol des HAUPTKÖRPERS. In dieser Art und Weise, ist er in jedem PART nur einmal vorhanden.
	Die Funktion WELLE wird dann verwendet, wenn aus einer Skizze ein Rotationskörper erzeugt werden soll.
	Ein grau hinterlegtes Icon, zeigt an, dass dieses Element im NO SHOW-Bereich abgelegt wurde. Ist das 3D-Modell aktiviert, befindet sich die Skizze **immer** im NO SHOW.

Bei der täglichen Konstruktion ist es nur selten der Fall, dass 3D-Körper aus einem einzigen Profil entstehen. Sollen unterschiedliche Profile miteinander kombiniert werden, wie beispielsweise bei einem Kegelstumpf, dessen eine Seite ellipsenförmig und die andere hingegen rund ist, kommt die Funktion VOLUMENKÖRPER MIT MEHRFACHSCHNITTEN zum Einsatz (▶ Abbildung 3.7).

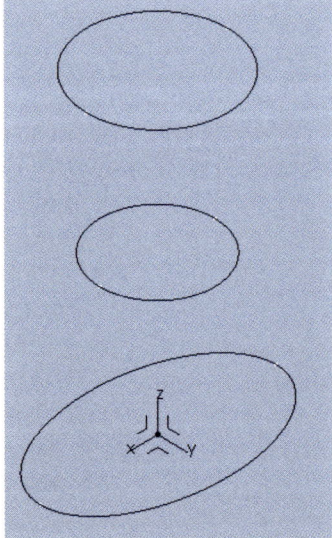

Abbildung 3.7: aus unterschiedlichen Skizzen entsteht ein Volumenkörper

Um innerhalb eines Einzelteils weitere Skizzen oberhalb der vorhandenen konstruieren zu können müssen Sie weitere *Ebenen* einfügen. Diese werden dann mit einem OFFSET versehen. Dieses Offset bedeutet, dass Sie die neue Ebene in einem bestimmten Abstand zur Ursprungsebene platzieren.

Für die Erstellung der Skizze kicken Sie zunächst die Funktion Skizze an und wählen anschließend die neu eingefügte Ebene. CATIA V5 wird den *Skizzierer* entsprechende Ihrer Wahl ausrichten und Sie sind in der Lage die neue Skizze zu erstellen.

Klicken Sie die Skizzen mit gedrückt gehaltener [STRG]-Taste nacheinander an und aktivieren dann die Funktion VOLUMENKÖRPER MIT MEHRFACHSCHNITTEN. In der nachfolgenden Dialogbox wird Ihre Auswahl noch einmal aufgezeigt (▶ Abbildung 3.8).

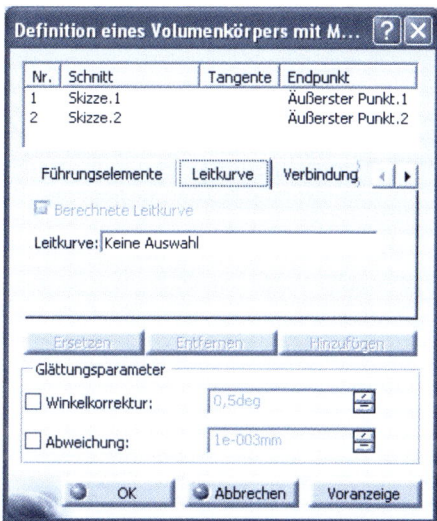
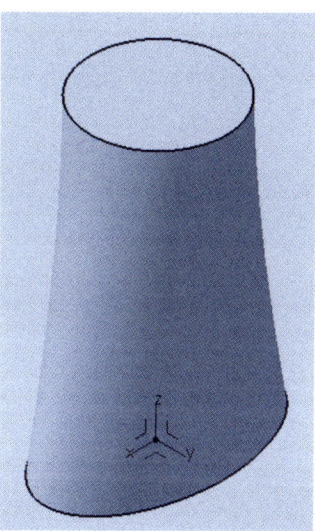

Abbildung 3.8: Volumenkörper aus unterschiedlichen Skizzen

3.2 3D-Modelle bearbeiten

Erst wenn das 3D-Modell eine grundlegende Form erhalten hat, kommen Funktionen wie Bohrung, Fasen, Kantenverrundung etc. zum Einsatz. Dadurch wird der Speicherbedarf nicht allzu groß und nachträgliche Änderungen können ganz gezielt erfolgen. Die nachfolgenden Funktionen sind Bestandteil der Symbolleiste AUF SKIZZEN BASIERENDE KOMPONENTEN (▶ Abbildung 3.9).

Abbildung 3.9: Funktionen zur Bearbeitung von 3D-Modellen

3.2.1 Erzeugen einer Bohrung

Wenn Sie die Funktion BOHRUNG bei einem Zylinder anwenden, geht CATIA davon aus, dass die Bohrung in der Mitte entstehen soll. Mittels eines Pull-Down-Menüs können Sie den eingestellten Bohrtyp ändern. Bei der Auswahl *Sackloch* ist es möglich die Tiefe explizit festlegen. Sollte sich die Größe des Modells einmal ändern und die Bohrungstiefe soll erhalten bleiben, wählen Sie den Eintrag Sackloch mit dem entsprechenden Maß.

Wird davon ausgegangen, dass die Bohrung, unabhängig von der Größe, immer durchgehend sein soll, wählen Sie besser den Eintrag BIS ZUM LETZTEN, was soviel bedeutet, wie bis zur letzten Fläche oder Ebene (▶ Abbildung 3.10).

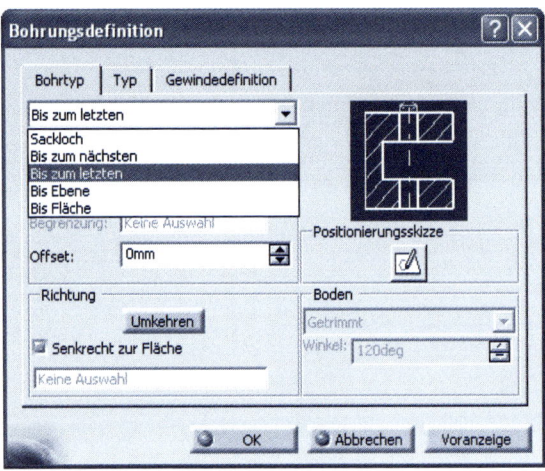

Abbildung 3.10: Unabhängig von der Höhe des Körpers, ist die Bohrung durchgehend

Ist es erforderlich, dass die Bohrung nicht mittig angeordnet werden soll, sondern in der Nähe des Randes, haben Sie innerhalb der Dialogbox BOHRUNGSDEFINITION die Möglichkeit, die Position der Bohrung zu ändern.

Über die Option POSITIONIERUNGSSKIZZE wechselt CATIA V5 in den Sketcher. Der Mittelpunkt der Bohrung ist durch ein kleines weißes Kreuz gekennzeichnet. Unter Verwendung der Bemaßungsfunktion können Sie die Position der Bohrung festlegen (▶ Abbildung 3.11).

Verlassen Sie den SKETCHER und kehren zum 3D-Modell zurück. Die Bohrung ist erstellt (▶ Abbildung 3.12).

3.2 3D-Modelle bearbeiten

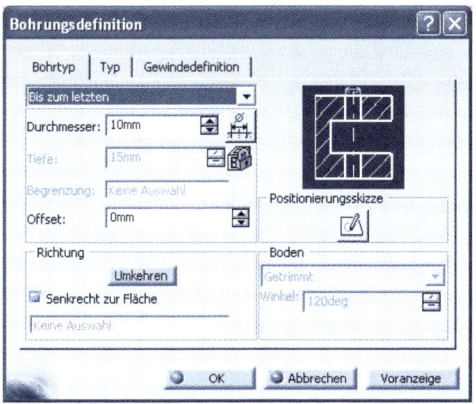
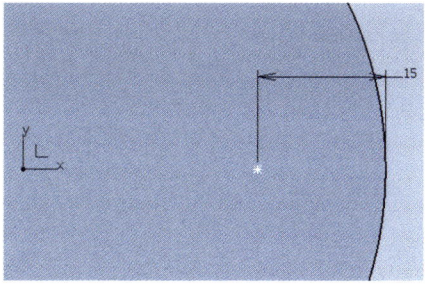

Abbildung 3.11: Definition des Bohrungsmittelpunkts

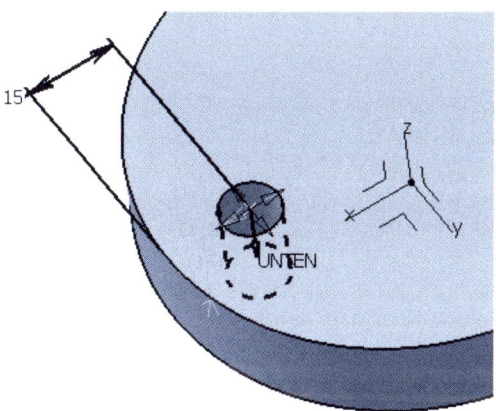

Abbildung 3.12: Bohrung außerhalb der Mitte positioniert

Was Bohrungen angeht, ist es sehr oft gar nicht möglich direkt mit der Funktion Bohrung zu arbeiten, da benötigte Bezugspunkte fehlen um die *Bohrung* exakt positionieren zu können. Zu diesem Zweck existiert in CATIA V5 eine Symbolleiste, die solche REFERENZELEMENTE beinhaltet (▶ Abbildung 3.13).

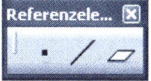

Abbildung 3.13: Referenzelemente als Konstruktionshilfsmittel

Der REFERENZPUNKT ist ein solches Element. Er wird beispielsweise auf einer Fläche, einer Kante oder einer Ebene positioniert, exakt bestimmt und kann dann als Mittelpunkt der Bohrung genutzt werden. Im nachfolgenden Beispiel soll die Bohrung in der Mitte des Quaders befinden. Da der Mittelpunkt mit der Funktion Bohrung allein nicht gefunden werden kann, muss zuerst ein Referenzpunkt an der entsprechenden Stelle erzeugt und eindeutig bestimmt werden.

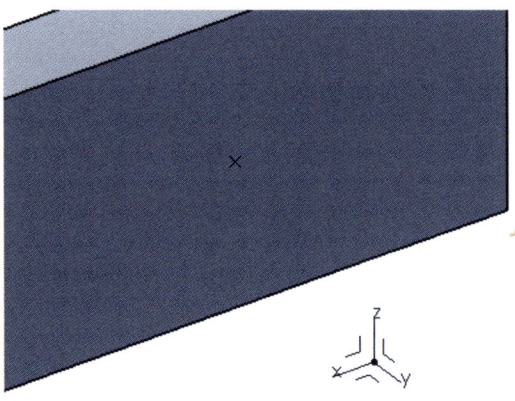

Abbildung 3.14: Referenzpunkt in der Mitte eines Quaders erzeugt

Nach Aktivierung der Funktion BOHRUNG sind allerdings zuerst der Referenzpunkt anzuwählen und anschließend die Oberfläche. Der Bohrungsmittelpunkt liegt dann genau auf dem Referenzpunkt (▶ Abbildung 3.15).

> **Beachten Sie** Konstruktionshilfsmittel sind nach Verwendung nicht Bestandteil des HAUPTKÖRPERS, sondern sie werden im Strukturbaum in einem GEOMETRISCHEN SET abgelegt. Demnach befinden Sie sich nach der Anwendung nicht automatisch im NO SHOW

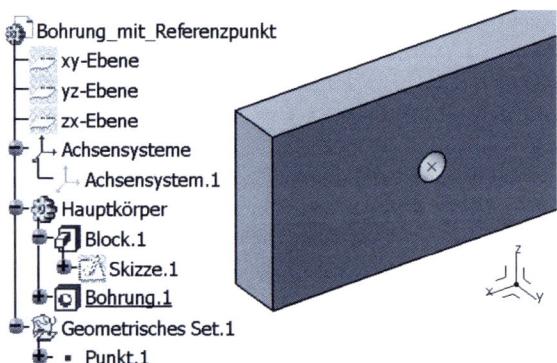

Abbildung 3.15: Bohrung auf Basis eines Referenzpunktes

> **Übung 3.1** In der Datei *Ueberwurfmutter.CATPart* bemaßen Sie bitte die Skizze und erstellen einen Rotationskörper. Zusätzlich erstellen Sie bitte eine Bohrung mit einem Durchmesser von 10 mm und einem Abstand von 26 mm vom oberen Rand.

3.2 3D-Modelle bearbeiten

3.2.2 Erzeugen einer Tasche

Eine TASCHE ist eine Art Durchbruch, die allerdings nicht zwingend durchgehend ist und im Gegensatz zu einer Bohrung nicht rund sein muss. Außerdem basiert die Tasche immer auf einer zuvor angefertigten Skizze, deren Form dann den Durchbruch beschreibt. Auf Basis der Skizze wird ein Abzugskörper erzeugt, der dann in Verbindung von Begrenzungsebenen oder –flächen vom HAUPTKÖRPER abgezogen wird (▶ Abbildung 3.16).

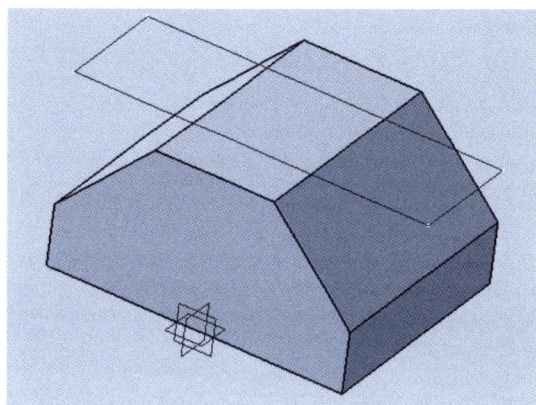
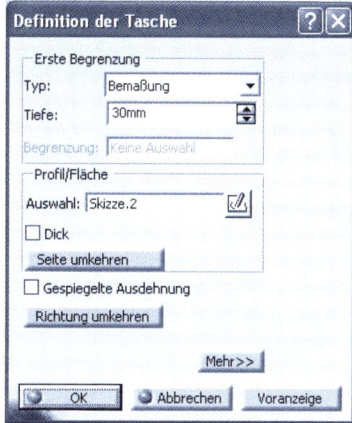

Abbildung 3.16: Aus einer weiteren Skizze entsteht der Abzugskörper

Nach Auswahl der SKIZZE entsteht in diesem Beispiel ein Abzugskörper in Form eines Quaders und wird nach Bestätigung aus dem Ursprungskörper heraus geschnitten (▶ Abbildung 3.17)

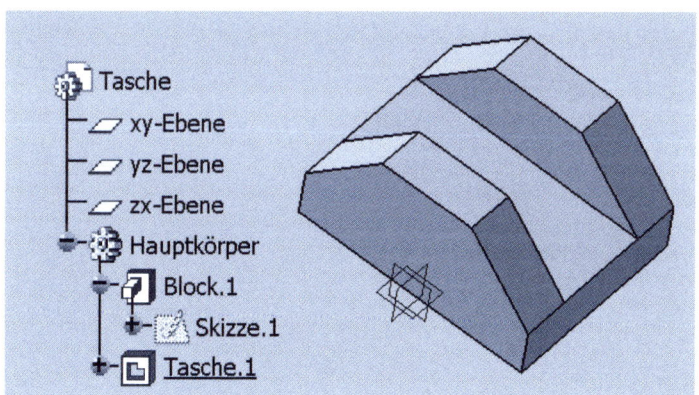

Abbildung 3.17: Die Tasche basiert auf einer weiteren Skizze

3.2.3 Erzeugen einer Nut

Auch die NUT wird auf Basis einer zuvor erstellten SKIZZE erzeugt. Nach dem Sie die Funktion NUT gestartet haben, werden Sie aufgefordert die Gradzahl anzugeben, um die die Skizze rotierten soll (▶ Abbildung 3.18).

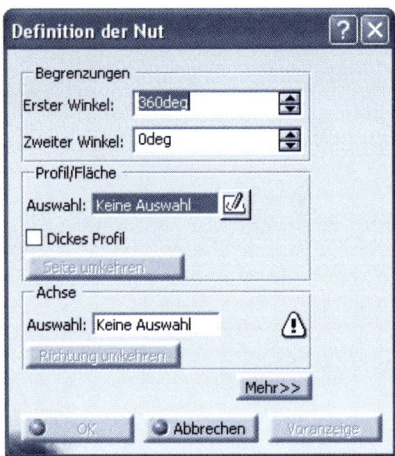

Abbildung 3.18: Skizze sowie die Rotationsachse müssen gewählt werden

Das Beispiel zeigt einen Zylinder mit einem Radius von 50 mm, so dass die Skizze aus der die Nut entstehen soll, um 2 mm in den Körper hinein ragt (▶ Abbildung 3.19).

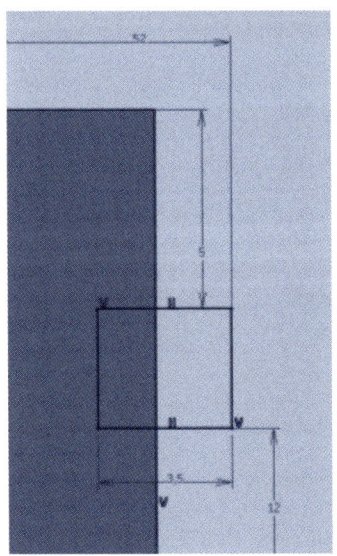
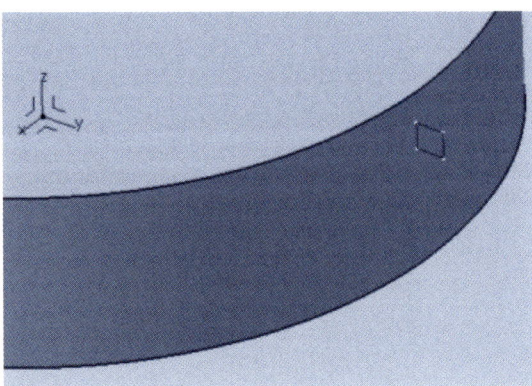

Abbildung 3.19: zwei- und dreidimensionale Ansicht der Skizze

3.2 3D-Modelle bearbeiten

Nach dem Sie die Skizze und die Achse in vertikaler Richtung gewählt haben, rotiert die Skizze um die angegebene 360 Grad und die Nut ist sofort zu sehen (▶ Abbildung 3.20).

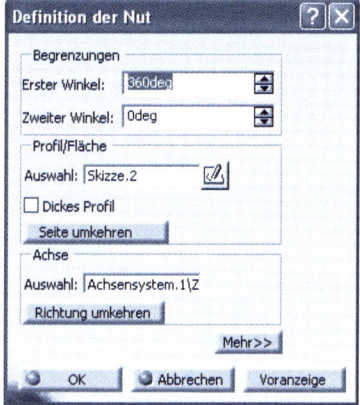 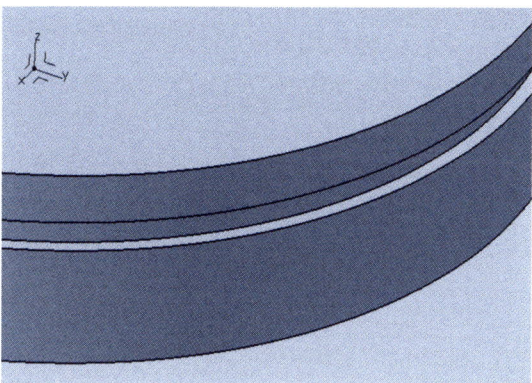

Abbildung 3.20: Erzeugte Nut an einem Zylinder

3.2.4 Erzeugen einer Rippe

Bei der Funktion RIPPE handelt es sich um einen Strangkörper, der mittels einer Führungslinie erzeugt werden kann. Diese Führungslinie kann durchaus auch Richtungswechsel beinhalten. Entlang einer ZENTRALKURVE wird der Querschnitt eines *Profils* gestreckt (▶ Abbildung 3.21).

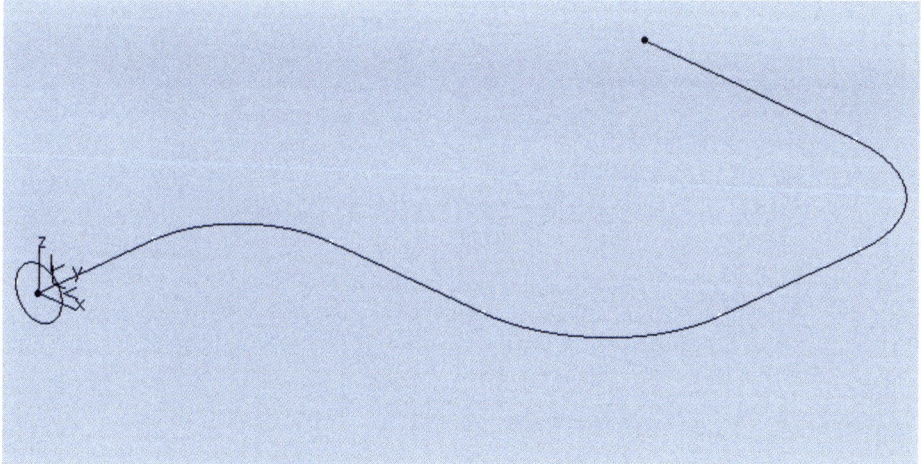

Abbildung 3.21: Skizze und Führunglinie

Sie können die Führungslinie beispielsweise im Sketcher mittels der Funktion PROFIL oder mit der Funktion SPLINE erzeugen. Obwohl beide Skizzen auf unterschiedlichen Ebenen basieren, sind sie Bestandteil des Hauptkörpers.

Nach Aktivierung der Funktion RIPPE werden Sie nacheinander aufgefordert das Profil und die Zentralkurve auszuwählen. Der Winkel der Zentralkurve soll beibehalten werden, was in der Option Profilsteuerung als Standard vorgegeben ist. Bestätigen Sie die Eingaben mit OK (▶ Abbildung 3.22).

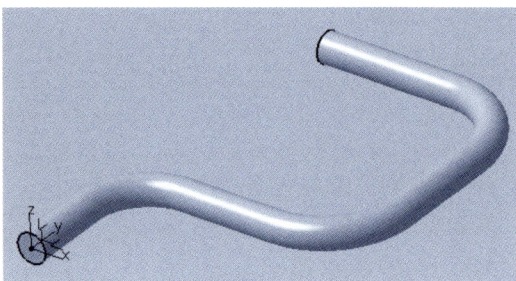

Abbildung 3.22: Dargestellte Rippe als Volumenmodell

Um mittels der Funktion RIPPE einen hohlen Körper mit einer entsprechenden Wandstärke zu erzeugen, aktivieren Sie die Option DICKES PROFIL innerhalb der Dialogbox DEFINITION EINER RIPPE (▶ Abbildung 3.23).

Abbildung 3.23: Erzeugtes Aufmaß durch die Option Dickes Profil

Bei der Auswahl AUFMAß1 wird der Außendurchmesser beibehalten, bei der Auswahl AUFMAß2 vergrößert sich der Außendurchmesser des 3D-Modells. Die ursprüngliche Skizze bleibt von dieser Einstellung unberührt.

3.2 3D-Modelle bearbeiten

3.2.5 Erzeugen einer Rille

Mit der Funktion RILLE erzeugen Sie mittels einer Skizze einen Abzugskörper, der ebenfalls unter Verwendung einer Führungslinie erzeugt wird. Die Führungslinie muss allerdings nicht erzeugt werden, sondern Sie können durchaus eine Aussenkante des Modells nutzen, bei dem die Funktion angewendet wird (▶ Abbildung 3.24).

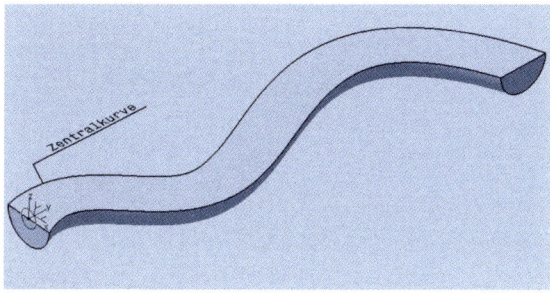

Abbildung 3.24: Skizzenprofil als Basis der Rille

Klicken Sie zunächst auf die Skizze und nutzen anschließend die Außenkante des 3D-Modells als Führungslinie. Nach Bestätigung durch OK wird direkt das Ergebnis angezeigt. Der Abzugskörper selbst ist lediglich durch die verwendete Funktion RILLE im Strukturbaum zu sehen (▶ Abbildung 3.25).

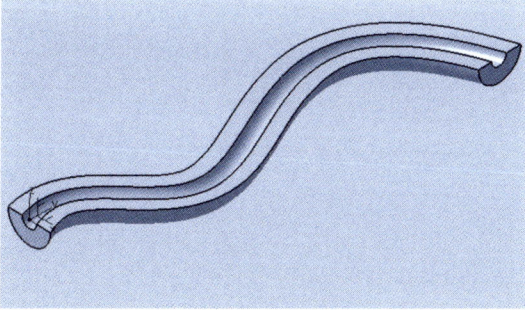

Abbildung 3.25: Erzeugte Rille aufgrund einer kreisförmigen Skizze

3 EINZELTEILKONSTRUKTION (PART DESIGN)

3.2.6 3D-Modelle aufbereiten

Die nun folgenden Funktionen dienen zwar auch der Modellbearbeitung bzw. -änderung, aber sie sind auf einer anderen Symbolleiste zu finden. Sie nennt sich AUFBEREITUNGSKOMPONENTEN (▶ Abbildung 3.26).

Abbildung 3.26: Symbolleiste Aufbereitungskomponenten

3.2.7 Kanten abrunden

Nach Aktivierung der Funktion KANTENVERRUNDUNG wird die gleichnamige Dialogbox eingeblendet und Sie sind aufgefordert die abzurundende Kante sowie den gewünschten Radius anzugeben. Klicken Sie auf die gewünschte Kante und bestätigten die Eingabe mit OK. Die Abrundung erfolgt und ist im Strukturbaum unter dem jeweiligen Objekt, an dem die Funktion angewendet wird, angeordnet. Die Option TANGENTENSTETIGKEIT ist als Standardeinstellung vorgegeben (▶ Abbildung 3.27).

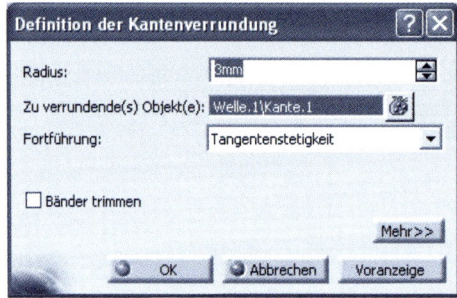
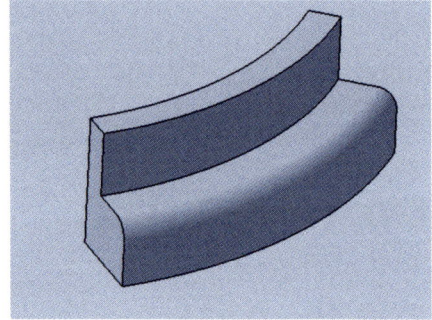

Abbildung 3.27: Kante abgerundet

Über die Schaltfläche *Mehr>>*, bestehen weitere Einstellungsmöglichkeiten. Sie können beispielsweise festlegen, welche Kanten in jedem Fall erhalten bleiben sollen, wenn sich der Radius einmal ändern wird.

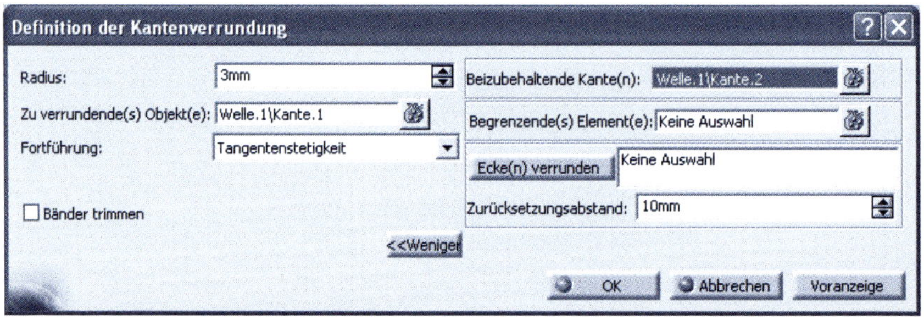

Abbildung 3.28: Beizubehaltende Kante auswählen

3.2 3D-Modelle bearbeiten

Möchten Sie beispielsweise die Kante, die durch den inneren Ring erzeugt wird, in jedem Fall beibehalten, aktivieren Sie die Option BEIZUBEHALTENDE KANTE(N). Anschließend klicken Sie die entsprechende Kante im 3D-Modell an (▶ Abbildung 3.29).

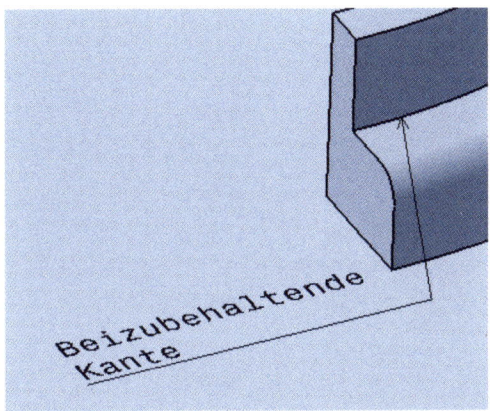

Aufgrund der Einstellung, wie sie in ▶ Abbildung 3.28 zu sehen ist, wird die gekennzeichnete Kante beibehalten.

Abbildung 3.29: Die Kante wird bei einer Radiusänderung berücksichtigt

Bei der KANTENVERRUNDUNG müssen Sie sich keineswegs auf nur eine Kante beschränken. Alle Kanten, die den gleichen Radius bekommen sollen, können Sie bei aktivierter Funktion nacheinander anklicken und mit OK bestätigen. Der Eintrag im Strukturbaum bleibt allerdings der gleiche wie bei nur einem einzigen verrundeten Element.

3.2.8 Fase erstellen

Ähnlich wie bei der Kantenverrundung gehen Sie bei der Erstellung einer FASE vor. Zunächst aktivieren Sie die Funktion FASE. Im nachfolgenden Menü können Sie zwischen zwei Modi wählen, wobei die vorgegebene Auswahl wohl die am häufigsten verwendete ist. Es wird unterschieden zwischen LÄNGE1/WINKEL oder LÄNGE1/LÄNGE2. Wenn Sie die Standardeinstellungen übernehmen möchten, beträgt die *Länge1* 10 mm und der *Winkel* 45 Grad. Jetzt müssen Sie nur noch die Kante anklicken, wo die Fase erzeugt werden soll und die Eingaben mit OK bestätigen (▶ Abbildung 3.30).

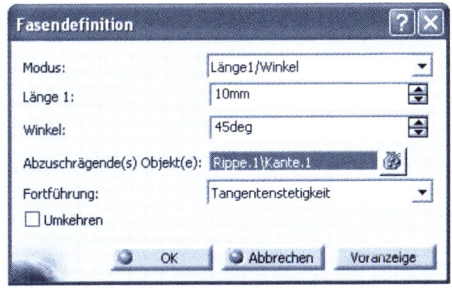 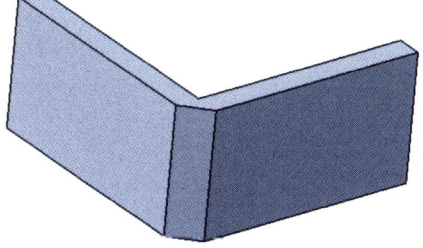

Abbildung 3.30: Erstellung einer Fase

3 EINZELTEILKONSTRUKTION (PART DESIGN)

Auch bei der Funktion FASE ist es möglich, bei gleichen Einstellungen, mehrere Fasen gleichzeitig zu erstellen. Mit der Option UMKEHREN können Sie erreichen, dass CATIA die Richtung der Fase ändert. Bei der Aktivierung dieser Option schlägt CATIA eine Referenzfläche vor und kennzeichnet diese mit einem orangefarbigen Pfeil. Die Richtung der FASE können Sie durch anklicken des Pfeils ändern. Dies macht allerdings nur dann Sinn, wenn der Winkel nicht 45 Grad beträgt.

3.2.9 Winkel der Auszugsschräge

Die Funktion WINKEL DER AUSZUGSSCHRÄGE kommt sehr häufig bei der Herstellung von Gussteilen zum Einsatz. Sie dient zum Erzeugen von geneigten Flächen. Zum einen ist anzugeben, welche Fläche um wie viel Grad geneigt werden soll, und zum anderen ist die neutrale Fläche zu wählen, die ihren Urzustand beibehalten soll.

In diesem Beispiel soll die vordere Fläche um 15 Grad nach hinten geneigt werden. Allerdings darf die untere Fläche nicht verändert werden und soll ihre jetzige Form beibehalten (▶ Abbildung 3.31).

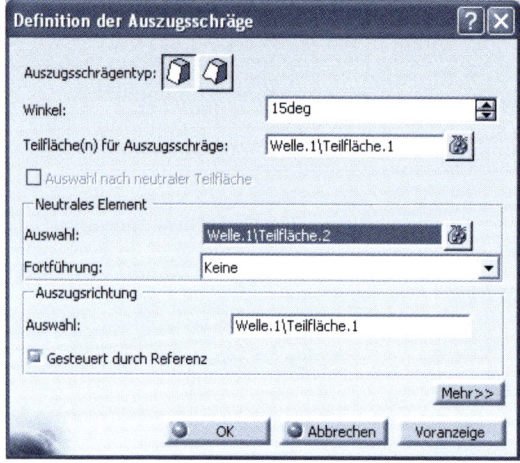
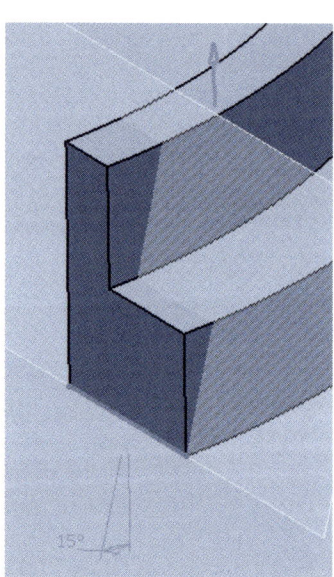

Abbildung 3.31: Auswahl der entsprechenden Elemente ausgeführt

Die Fläche, die um einen Winkel geneigt werden soll, wird als TEILFLÄCHE FÜR AUSZUGSSCHRÄGE bezeichnet. Der im Bild angezeigt Winkel von 15 Grad zeigt an, in welche Richtung die gewählte Fläche geneigt wird. Durch Anklicken des Pfeils können Sie die Richtung der Neigung ändern. Die Grundfläche gilt in diesem Beispiel als NEUTRALES ELEMENT. Demnach ändert sie sich nicht (▶ Abbildung 3.32).

3.2 3D-Modelle bearbeiten

Abbildung 3.32: Auszugsschräge mit einer Neigung von 15 Grad

3.2.10 Schalenelemente erstellen

Mit der Funktion SCHALENELEMENT erzeugen Sie aus einem Volumenkörper einen Hohlkörper mit einer entsprechenden Wandstärke.

Nach der Aktivierung der Funktion SCHALENELEMENT wählen Sie zunächst wie viel Millimeter Wandstärke Sie einstellen möchten. Sie können zwischen der *inneren* und der *äußeren Standardstärke* wählen. Die innere Standardstärke ist mit einem Millimeter vorgegeben.

Nach Festlegung des Maßes klicken Sie auf die Fläche, die bis auf die Wandstärke entfernt werden soll. Die Auswahl wird in violettem Farbton dargestellt und mit der Bestätigung durch OK wird die Funktion ausgeführt (▶ Abbildung 3.33).

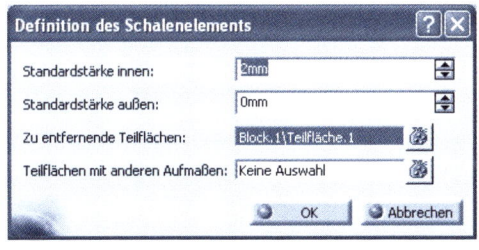 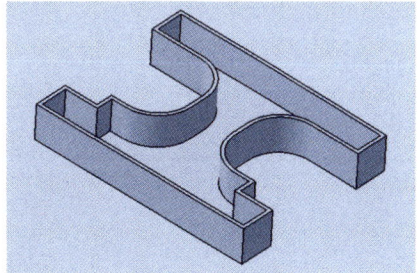

Abbildung 3.33: Erzeugtes Schalenelement mit einer Wandstärke von 1 mm

3.2.11 Gewinde (Innen / Außen)

Mit der Funktion GEWINDE stehen Ihnen die Möglichkeiten für INNEN- und für AUSSEN-GEWINDE zur Verfügung. Ob Sie ein Außen- oder Innengewinde erstellen, ist im 3D-Modell nicht zu sehen. In diesem Menü legen Sie zum einen fest, ob es sich um ein

Innen- oder Außengewinde handelt, Sie legen die Verlaufsrichtung fest, die Gewindetiefe und die Steigung. Der Durchmesser des Gewindes ergibt sich von selbst. Er ist vom Durchmesser des Bauteils abhängig (▶ Abbildung 3.34).

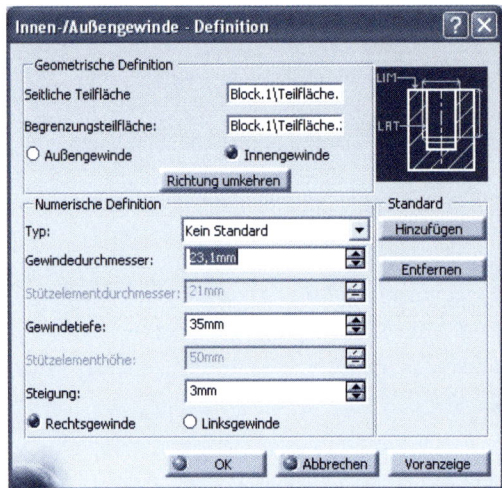 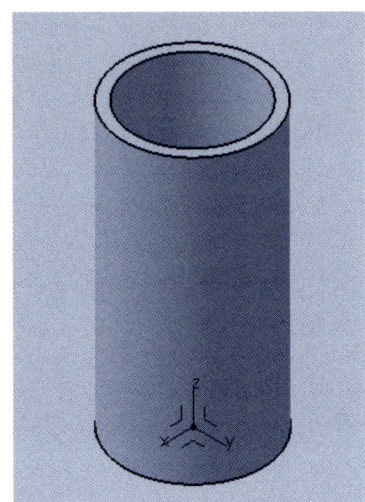

Abbildung 3.34: Definition der Gewindeeinstellungen für das 3D-Modell

Um ein Innengewinde zu definieren wählen Sie als SEITLICHE TEILFLÄCHE die Innenseite des Zylinders. Wenn das Gewinde oben beginnen soll, dann ist die BEGRENZUNGSTEILFLÄCHE der obere Rand des Zylinders. Mit Bestätigung durch OK wird lediglich ein entsprechender Eintrag im Strukturbaum zu sehen sein, dass ein Gewinde hinzugefügt worden ist (▶ Abbildung 3.35).

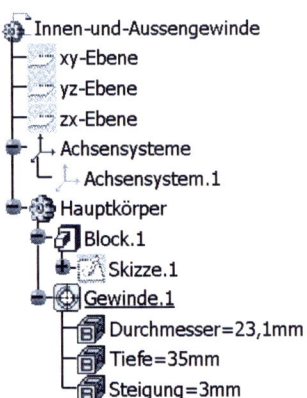

Abbildung 3.35: Die Gewindedefinition ist nur im Strukturbaum sichtbar

Möchten Sie eine Gewindedefinition an eine bereits bestehende Bohrung anhängen, klicken Sie doppelt auf die bereits im Strukturbaum vorhandene Funktion BOHRUNG und wählen den Reiter GEWINDEDEFINITION (▶ Abbildung 3.36).

3.2 3D-Modelle bearbeiten

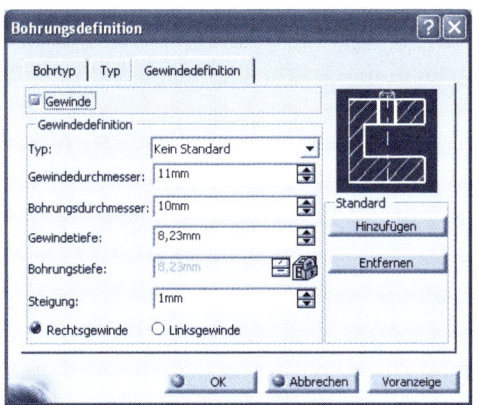
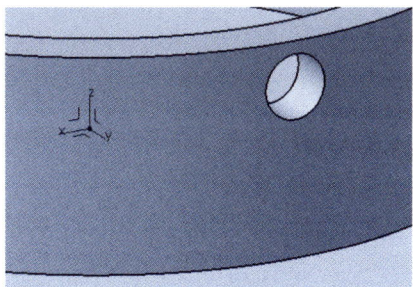

Abbildung 3.36: Gewindedefinition einer bestehenden Bohrung

Da die Bohrung schon im Vorfeld erzeugt worden war, handelt es sich hier nicht um einen *Standard-Typ*. Des Weiteren haben Sie noch die Auswahl zwischen einem Standard- und einem Feingewinde.

Aufgrund der bereits erstellten Bohrung erfolgen die Eintragungen bezüglich des Gewindedurchmessers automatisch. Auch diese Informationen sind nicht im 3D-Modell sondern nur im Strukturbaum zu sehen.

3.2.12 Elemente spiegeln

Immer dann, wenn es darum geht symmetrische Bauteile zu konstruieren, kommt die Funktion SPIEGELN zum Einsatz. Um ein Element spiegeln zu können, bedarf es einer Spiegelfläche, oder einer Spiegelachse. Selbst Flächen eines anderen Bauteils können dazu verwendet werden (▶ Abbildung 3.37).

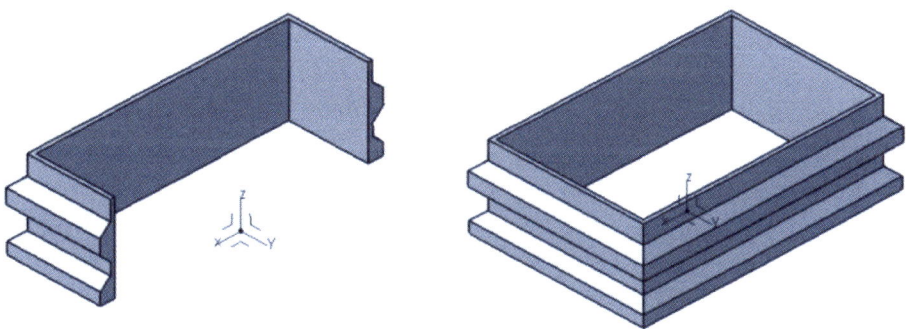

Abbildung 3.37: Symmetrisches Elemente an der ZX-Ebene gespiegelt

Nachdem Sie die Funktion SPIEGELN aktiviert haben, wird Ihnen lediglich in der *Statuszeile* angezeigt, dass Sie eine EBENE oder eine TEILFLÄCHE auswählen sollen. In diesem Fall klicken Sie auf die ZX-EBENE. Das gesamte Bauteil wird gespiegelt. Bestätigen Sie die nachfolgende Dialogbox mit OK.

> **Beachten Sie** Da diese Funktion innerhalb eines einzigen Körpers ausgeführt wird, werden beide Körper zu einem gesamten vereinigt.

3.2.13 Muster erstellen

In CATIA V5 ist die Anwendung der Funktion MUSTER so zu verstehen, dass gleiche Elemente nach einem bestimmten Schema angeordnet werden. Auf der gleichnamigen Symbolleiste stehen Ihnen drei Funktionen zur Verfügung: das RECHTECKMUSTER, das KREISMUSTER und das BENUTZERMUSTER. Die wichtigsten stelle ich Ihnen einmal vor (▶ Abbildung 3.38).

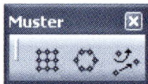

Abbildung 3.38: Symbolleiste Muster

Das Rechteckmuster

Möchten Sie beispielsweise auf einer rechteckigen Grundplatte Bohrungen mit gleichen Abständen horizontal sowie vertikal anordnen, so bedienen Sie sich der Funktion RECHTECKMUSTER. Es muss allerdings mindestens eine Bohrung vorhanden sein, um die Funktion anwenden zu können. Als Beispiel nehmen wir eine Grundplatte mit einer Länge von 150 mm und einer Breite von 100 mm. Die vorhandene Bohrung dient als Grundlage für das Muster. Auf der Platte sollen neun Bohrungen entstehen (▶ Abbildung 3.39).

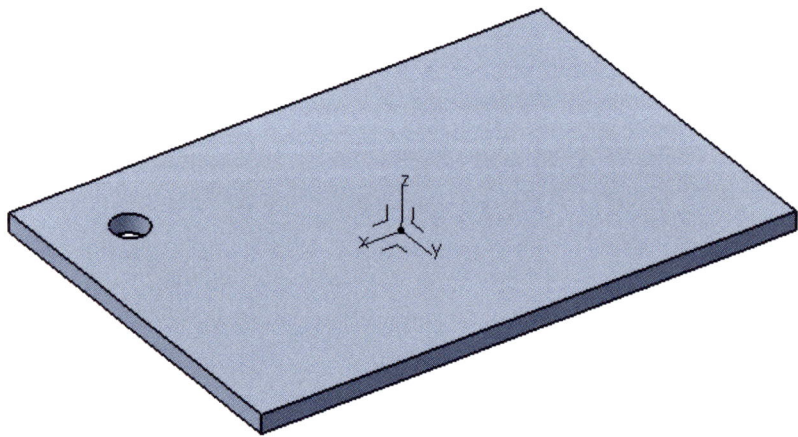

Abbildung 3.39: Vorhandene Bohrung dient als Grundlage für das Muster

3.2 3D-Modelle bearbeiten

Nach dem Sie die Funktion RECHTECKMUSTER gestartet haben, wird Ihnen eine Dialogbox angezeigt, in der Sie zum einen die Anzahl der Bohrungen und zum anderen deren Abstand zueinander festlegen müssen.

Bei Angabe der Anzahl ist die Ausgangbohrung mitzuzählen. Der „Reiter" ERSTE RICHTUNG bezieht sich auf die Länge der Grundplatte. Der Abstand zwischen den Bohrungen beträgt im Beispiel 55 mm. Der „Reiter" ZWEITE RICHTUNG bezieht sich dagegen auf die Breite des Bauteils. Hier beträgt der Bohrungsabstand 30 mm (▶ Abbildung 3.40).

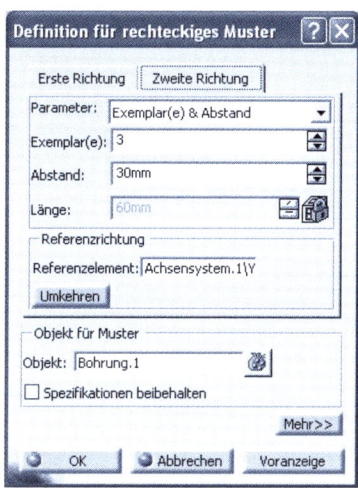

Abbildung 3.40: Mustereinstellungen für zwei Richtungen

Durch das Anklicken der X-ACHSE legen Sie die Referenzrichtung fest. Die Richtung wird durch einen orangefarbigen Pfeil gekennzeichnet. Zeigt er nicht in die gewünschte Richtung, klicken Sie ihn einmal an und die Richtung wird geändert. Zu guter Letzt fehlt noch die Bohrung, die das Objekt für das Muster ausmacht. Klicken Sie auf OK um die Funktion abzuschließen (▶ Abbildung 3.41).

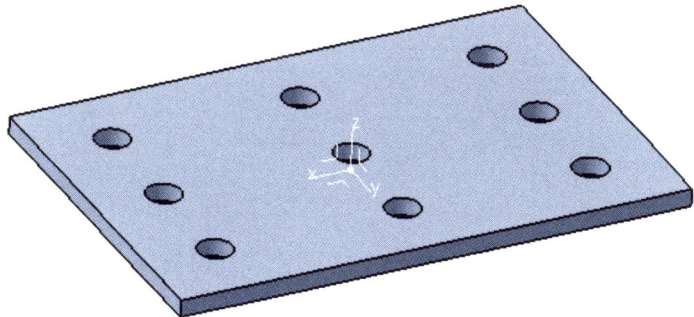

Abbildung 3.41: Bohrungsmuster mit neun Bohrungen

Das Kreismuster

Wie auch beim Rechteckmuster, muss beim KREISMUSTER ebenfalls mindestens eine Bohrung vorhanden sein. Es sollen acht Bohrungen im gleichen Winkelabstand kreisförmig erzeugt werden. In der Dialogbox sind folgende Angaben zu machen (▶ Abbildung 3.42).

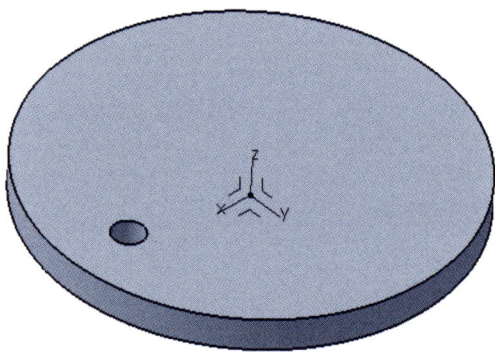

Abbildung 3.42: Ausgangsbohrung für Kreismuster

Bei dem Parameter EXEMPLAR(E) & WINKELABSTAND handelt es sich um die Standardvorgabe. Im Feld *Exemplare* ist zu berücksichtigen, dass die Ausgangbohrung mitgezählt werden muss. Der Winkelabstand von Mittelpunkt zu Mittelpunkt beträgt in diesem Beispiel 45 Grad

Als Referenzelement wird hier die Z-ACHSE des Achsensystems verwendet. Am Schluss ist nur noch die Bohrung zu wählen. Sie können sie entweder im Strukturbaum oder direkt im Modell anklicken. Mit OK bestätigen Sie ihre Eingaben (▶ Abbildung 3.43).

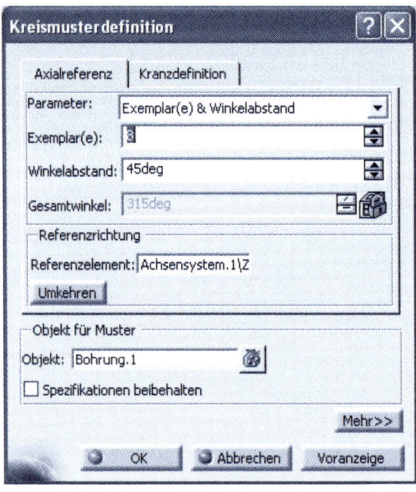
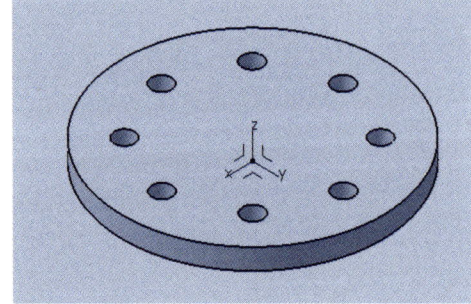

Abbildung 3.43: Kreismuster mit acht Bohrungen erzeugt

3.3 3D-Modell speichern

Übung 3.2 In der Datei UEBERWURFMUTTER.CATPART, die Sie in der ersten Übung bearbeitet haben erstellen Sie bitte vier Bohrungen in kreisförmiger Anordnung. Weisen Sie den erstellten Bohrungen Gewindeinformationen zu.

Des Weiteren, runden Sie bitte alle Kanten des Modells mit einem Radius von 1 mm ab.

3.3 3D-Modell speichern

Neu angelegte bzw. geänderte Dateien müssen in gewissen Abständen gesichert werden. In CATIA V5 stehen Ihnen mehrere Möglichkeiten zur Verfügung. Im Menü DATEI gibt es vier Menüpunkte, die etwas mit der Funktion SICHERN zu tun haben, demnach kann das eine so leichte Aufgabe nicht sein. Im Hinblick auf große Baugruppen und ZEICHNUNGSABLEITUNGEN sollten Sie sich jetzt schon daran gewöhnen, dass das *Speichern* von CATIA-Daten nicht einfach nur ein Klick auf die Funktion SICHERN bedeutet.

3.3.1 Die Wahl des Dateinamens

Bei der Vergabe des Dateinamens sollten Sie darauf achten, die Umlaute „ä; ü; ö" zu vermeiden. Sollte es sich nicht vermeiden lassen, wählen Sie „ae; ue; oe". Normalerweise werden die Umlaute von CATIA **nicht** akzeptiert. Normalerweise bedeutet aber auch, dass es Ausnahmen gibt, was den Datenaustausch schwierig gestalten kann, da zum Beispiel das Betriebssystem *UNIX* mit diesen Umlauten überhaupt nicht anfangen kann und das Öffnen dieser Dateien verweigert.

Als Zweites kommt noch hinzu, dass auch Leerzeichen tunlichst vermieden werden sollten. Auch dies wird beim Datenaustausch mit anderen Systemen große Probleme bereiten. Anstatt eines Leerzeichens bedienen Sie sich des Binde- bzw. Unterstrichs.

Beim Anlegen einer neuen Datei ist es sehr wichtig, dass Sie den vorläufigen Dateinamen wie beispielsweise PART1 beim Sichern nicht übernehmen, sondern sofort durch einen „*sprechenden Namen*" ersetzen, was soviel bedeuten soll, dass der Dateiname auf den Inhalt der Datei hindeutet.

Über die Optionen ist es möglich ein Fenster einblenden zu lassen, das Sie beim Anlegen einer neuen Datei auffordert einen neuen Namen anzugeben. Diese Einstellung finden Sie unter dem Menü TOOLS/OPTIONEN/INFRASTRUKTUR/TEILEINFRASTRUKTUR/ TEILE-DOKUMENT. Die Option DAS DIALOGFENSTER `NEUES TEIL` ANZEIGEN, ist zu aktivieren (▶ Abbildung 3.44).

3 EINZELTEILKONSTRUKTION (PART DESIGN)

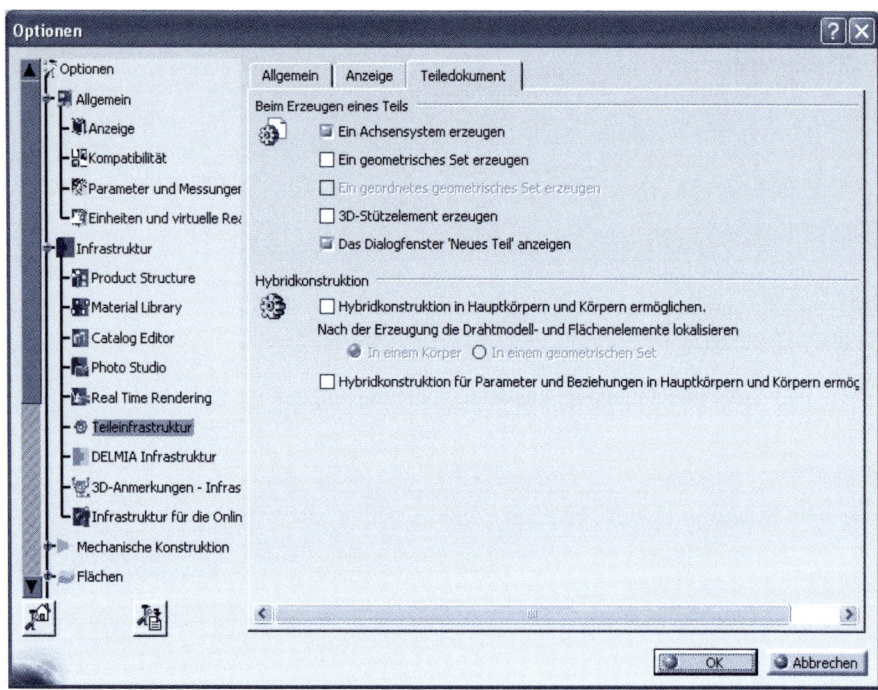

Abbildung 3.44: diese Option sorgt für die Aufforderung einen anderen Namen anzugeben

3.3.2 Welche Funktion ist anzuwenden?

Selbstverständlich ist es bei einem Einzelteil überhaupt gar kein Problem den Menüpunkt DATEI/SICHERN zu benutzen. Handelt es sich um eine neue gerade angelegte Datei, wird bei der Wahl SICHERN automatisch die Funktion SICHERN UNTER... ausgeführt. Das Sichern von verknüpften Daten wird im Kapitel ASSEMBLY DESIGN ausführlich behandelt.

Ist die Datei bereits einmal gesichert worden und Sie nehmen anschließend Änderungen vor, so klicken Sie auf die Funktion SICHERN und die Datei wird lediglich aktualisiert.

Sind nach der Installation von CATIA V5 keine Änderungen vorgenommen worden, so wird CATIA zunächst versuchen in dem Ordner *Eigene Dateien* zu speichern. Wie gewohnt, suchen Sie sich ein anderes Verzeichnis, vergeben einen Namen und bestätigen die Eingabe mit SPEICHERN. Bei Änderungen und erneutem Speichern wird die Datei aktualisiert. Bei einer komplett neu angelegten Datei wird das zuletzt verwendete Verzeichnis übernommen und Ihnen als Speicherort vorgeschlagen.

3.3.3 Wo werden die Daten gespeichert?

Bei der Wahl eines Dateinamens werden Ihnen keinerlei Verzeichnisse vorgegeben, sondern Sie können Ihre Daten in jedes beliebige Verzeichnis speichern. Das ist die Theorie – die Praxis sieht etwas anders aus.

3.4 Betrachten eines Modells

Was Sie auf jeden Fall vermeiden sollten ist, dass Arbeitsdaten ganz gleich welcher Herkunft **nie** im *CATIA-Installationsverzeichnis* gesichert werden. Legen Sie sich nach Möglichkeit unterschiedliche Verzeichnisse an – nach Möglichkeit benennen Sie die Verzeichnisse so, dass die Zuordnung schnell und einfach geschehen kann.

Damit Sie Ihre Daten auch ohne Probleme in allen Verzeichnissen und Unterverzeichnissen ablegen und auch wieder öffnen können, ist in den Optionen eine Einstellung zu überprüfen, die dies ermöglicht.

Im Menü TOOLS/OPTIONEN.../ALLGEMEIN/DOKUMENT muss in dem Listenfeld LOKALISIERUNG VERKNÜPFTER DOKUMENTE der Eintrag RELATIVER ORDNER aktiviert sein. Das bedeutet, Sie sind berechtigt Ihre Daten aus jedem Verzeichnis heraus zu öffnen. Nach Aktivierung dieser Option, muss CATIA V5 neu gestartet werden, damit diese Einstellung wirksam wird.

3.4 Betrachten eines Modells

Die räumliche Betrachtung eines Modells steuern Sie als Anwender mit der Maus. Aufgrund der Tastenbelegung, wie sie in der Einleitung beschrieben ist, kennen Sie bereits die wichtigsten Funktionen. Aber eben nicht alle lassen sich direkt mit der Maus ausführen. Weitere Funktionen finden Sie auf der Symbolleiste ANSICHT, die in nahezu jeder *Arbeitsumgebung* vorhanden ist (▶ Abbildung 3.45).

Abbildung 3.45: Symbolleiste Ansicht

3.4.1 Alles einpassen

Mit dieser Funktion wird Ihnen der Bildschirminhalt größtmöglich angezeigt. Sie wird als ALLES EINPASSEN bezeichnet.

3.4.2 Senkrechte Ansicht

Die SENKRECHTE ANSICHT bezieht sich immer auf eine EBENE und nie auf die räumliche Sichtweise. Die Funktion wird eingesetzt, wenn die Fläche eines Körpers die Grundlage für ein weiteres Bauteil darstellt.

3.4.3 Sichtbaren Raum umschalten

In CATIA V5 existieren zwei Berciche. Zum einen der „*Sichtbare Bereich*" und zum anderen der „*Nicht sichtbare Bereich*". Der nicht sichtbare Bereich wird umgangssprachlich auch als „*No Show*" bezeichnet. Alle sich im Strukturbaum befindenden

Objekte, bei denen ein vorangestelltes verblasstes Icon zu sehen ist, befinden sich im „No Show". Das bedeutet, sie werden für die Ansicht im 3D-Bereich nicht benötigt. Die Funktion dieses Icons nennt sich SICHTBAREN RAUM UMSCHALTEN.

Wenn Sie in den „Nicht sichtbaren Bereich" umschalten, sehen Sie die Skizze eines Bauteils. Bei nochmaligem Anklicken der Funktion verlassen Sie diesen Bereich wieder.

3.4.4 Verdecken/Anzeigen

Um vorhandene Konstruktionshilfslinien oder –punkte für weitere Konstruktionen verwenden zu können, besteht die Möglichkeit die sich im „No Show" befindenden Objekte, im 3D-Bereich anzeigen zu lassen. Schalten Sie in den „No Show-Bereich" und aktivieren die Funktion ANZEIGEN/VERDECKEN. Wählen Sie das Objekt. Ohne Ihr Vorhaben bestätigen zu müssen, wechselt das Objekt den Bereich.

Wenn es gewünscht ist, einzelne Objekte ins „No Show" zu stellen, klicken Sie auf das Icon ANZEIGEN/VERDECKEN und anschließend auf das betreffende Objekt. Auch in diesem Fall verlangt CATIA keine Bestätigung. Um es zurück zu holen, wechseln Sie in den Bereich „No Show" und führen die gleiche Aktion noch einmal durch.

3.5   Messen von Abständen

Die entsprechenden Funktionen dienen einmal dazu, um sämtliche Abmessungen eines Bauteils zu erhalten und außerdem können Sie die Abstände zu anderen Bauteilen messen. Die Funktionen befinden sich auf der Symbolleiste MESSUNG (▶ Abbildung 3.46).

Abbildung 3.46: Symbolleiste Messung

3.5.1   Messen zwischen

Bei der Funktion MESSEN ZWISCHEN haben Sie die Möglichkeit Abstände zwischen zwei Elementen zu messen. Nach Aktivierung der Funktion MESSEN ZWISCHEN öffnet sich die entsprechende Dialogbox, die standardmäßig folgende Eintragungen beinhaltet.

Im Bereich *Definition* können Sie zwischen unterschiedlichen Bemaßungsmodi wählen, wobei Sie hier jede beliebige Geometrie anklicken können um das gewünschte Maß zu erhalten. Bei einem einzelnen 3D-Modell klicken Sie beispielsweise die erste Kante und anschließend die zweite Kante an. Das Maß wird angezeigt und kann verschoben werden. Sollen die Maße nach Bestätigung durch OK angezeigt werden, so ist die Option MESSUNG BEIBEHALTEN zu aktivieren.

3.6 Abhängigkeiten durch Parameter und Formeln

Über die Schaltfläche „Anpassen..." können Sie festlegen, ob zusätzlich Informationen wie beispielsweise der Winkel angezeigt werden soll (▶ Abbildung 3.47).

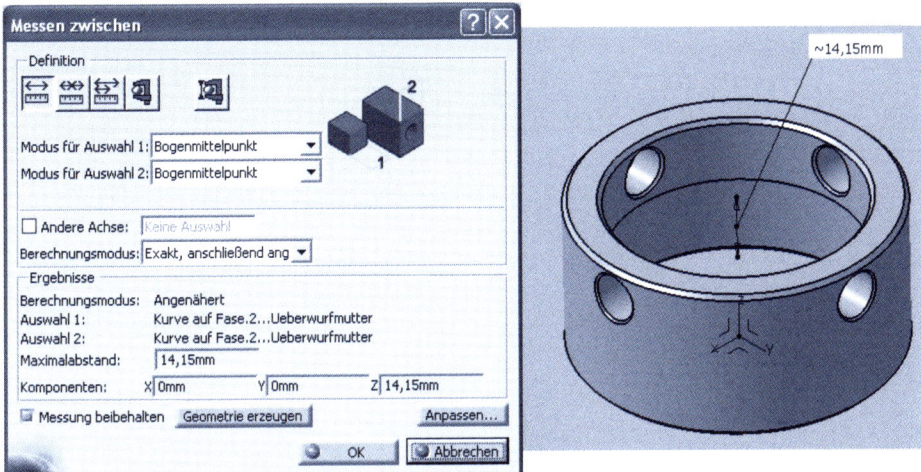

Abbildung 3.47: Abstandmessung über den jeweiligen Bogenmittelpunkt

3.5.2 Element messen

Bei der Funktion ELEMENT MESSEN, messen Sie nicht den Abstand, sondern Sie klicken die zu messende Kante direkt an. Nach der Aktivierung öffnet sich die Dialogbox ELEMENT MESSEN. Im Prinzip das gleiche wie zuvor bei der Funktion MESSEN ZWISCHEN, nur mit dem Unterschied, dass hier nur ein einziger Auswahlmodus zur Verfügung steht.

3.6 Abhängigkeiten durch Parameter und Formeln

Mit dem Einsatz von *Parametern* und *Formeln* sind Sie in der Lage 3D-Modelle zu ändern, ohne das Modell direkt bearbeiten zu müssen. An einem kleinen Beispiel werde ich es Ihnen einmal erläutern.

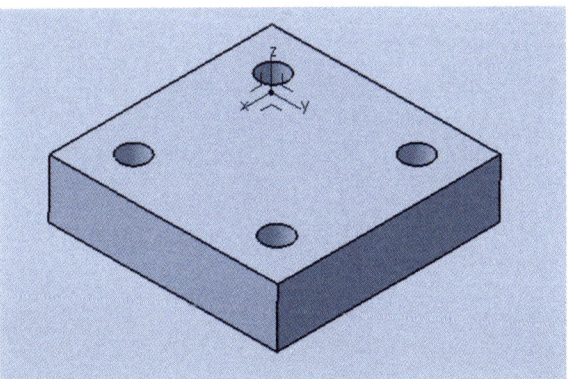

Abbildung 3.48: Positionierung der Bohrungen sollen an Formeln gekoppelt sein

Sie sehen einen Quader mit einer Seitenlänge von jeweils 80 mm und einer Höhe von 20 mm. Ziel ist es, dass die Seitenlängen immer gleichlang sind und sich die Lage der Bohrungen nicht verändert. Die Bohrungen sind durchgehend und haben einen Abstand von 15 mm in X- bzw. Y-Richtung zum Rand (▶ Abbildung 3.48).

3.6.1 Parameter erzeugen

In der 3D-Umgebung besteht bei diesem Modell lediglich die Möglichkeit die Höhe sowie den Durchmesser der Ausgangsbohrung zu ändern. Um die Außenmaße des Körpers oder die Positionierung der Bohrungen zu ändern, ist eine Änderung der jeweiligen SKIZZE notwendig. Durch den Einsatz eines zusätzlichen *Parameters*, soll die Positionierung der Bohrungen an das Außenmaß des Körpers gekoppelt werden. Die entsprechende Funktion finden Sie auf der Symbolleiste RATGEBER (▶ Abbildung 3.49).

Abbildung 3.49: Symbolleiste Ratgeber

Mit der Funktion FORMEL sind Sie in der Lage, zusätzliche Parameter zu erzeugen und einer vorhandenen Bemaßung zuzuweisen.

Damit die Parameter und die später damit verbundenen Formeln im Strukturbaum zu sehen sind, überprüfen Sie bitte folgende Einstellung. Im Menü TOOLS/OPTIONEN/ALLGEMEIN/PARAMETER UND MESSUNGEN müssen die Optionen „Mit Wert" und „Mit Formel" hinter dem „Reiter" *Ratgeber* in der Strukturbaumansicht aktiviert sein.

Aktivieren Sie die Funktion FORMEL, öffnet sich die gleichnamige Dialogbox (▶ Abbildung 3.50).

Da die Größe des Quaders sowie die Positionierung der Bohrungen über die Breite und Länge gesteuert werden sollen, gilt es hier einen Parameter zu erstellen, der dann mit den entsprechenden Formeln belegt wird.

Damit Sie nicht den Überblick verlieren wählen Sie im Listenfeld *Filtertyp* den Eintrag *Benutzerparameter*. Da noch kein Parameter angelegt worden ist, ist die Liste leer.

Klicken Sie auf *Neuer Parameter des Typs*. Da der Parametertyp eine Zeile darüber zunächst einmal mit *Laenge.1* bezeichnet wird, sollte dieser Eintrag sofort mit einem „sprechenden Namen" versehen werden, wie beispielsweise „Breite".

3.6 Abhängigkeiten durch Parameter und Formeln

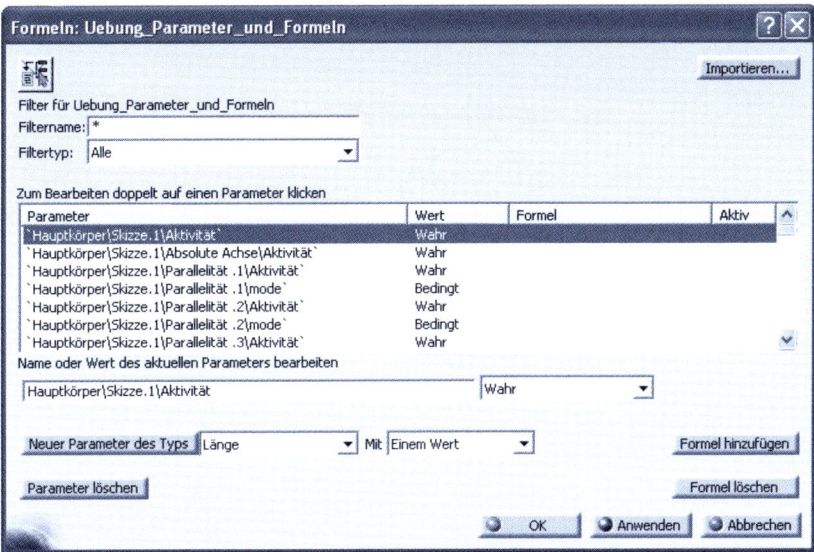

Abbildung 3.50: Hier können Sie Parameter erzeugen und bearbeiten

Der Typ des Parameters soll *Länge* sein und mit *Einem Wert* ausgestattet werden.

Im Feld rechts können Sie dem neuen Parameter „*Breite*" direkt ein Maß vorgeben, wie beispielsweise „80mm" Die Bezeichnung „mm" muss direkt hinter der Zahl stehen. (▶ Abbildung 3.51).

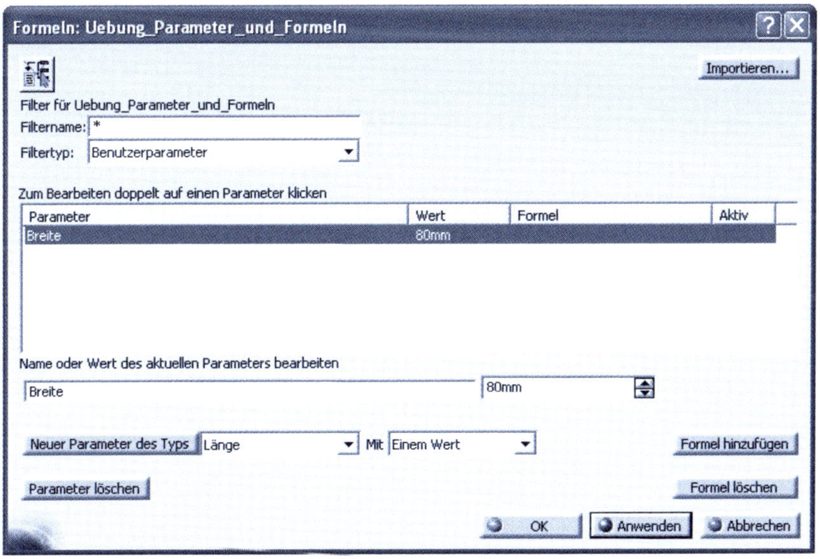

Abbildung 3.51: der neue Parameter „BREITE" wurde erstellt

3 EINZELTEILKONSTRUKTION (PART DESIGN)

Diese Änderungen sind mit OK zu bestätigen und der neue Parameter ist im Strukturbaum zu sehen (▶ Abbildung 3.52).

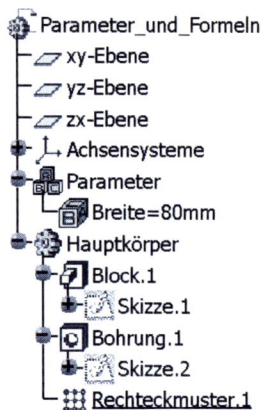

Abbildung 3.52: Der neue Parameter wird im Strukturbaum angezeigt

3.6.2 Parameter zuweisen

Jetzt gilt es den erstellten Parameter *Breite* mit den entsprechenden Maßen in der Skizze zu verknüpfen. In der Skizze öffnen Sie das Kontext-Menü des vertikalen Maßes und wählen den Eintrag OBJEKT LÄNGE.11/FORMEL BEARBEITEN. Im nachfolgenden FORMELEDITOR wird Ihnen der Parameter dieses Maßes angezeigt. Diesem wird jetzt der Parameter *Breite* zugeordnet, in dem Sie in die darunter liegende Zeile klicken und den Parameter *Breite* im Strukturbaum wählen (▶ Abbildung 3.53).

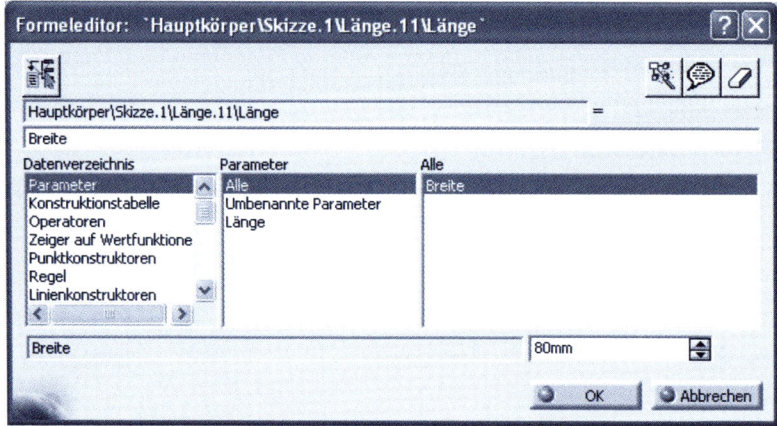

Abbildung 3.53: Neuer Parameter „Breite" wird zugewiesen

3.6 Abhängigkeiten durch Parameter und Formeln

Das Maß in der Skizze erhält das Zeichen des Icons FORMEL. Die Änderungen sind mit OK zu bestätigen. Mit dem horizontalen Maß muss genauso verfahren werden (▶ Abbildung 3.54).

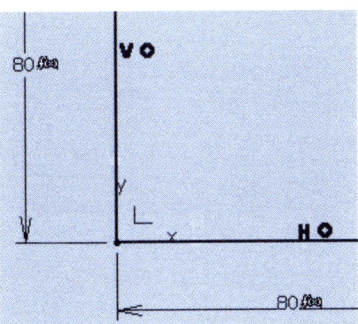

Abbildung 3.54: Parameter wurde zugewiesen

Die Verknüpfung wird ebenfalls im Strukturbaum unter dem Eintrag BEZIEHUNGEN aufgeführt (▶ Abbildung 3.55).

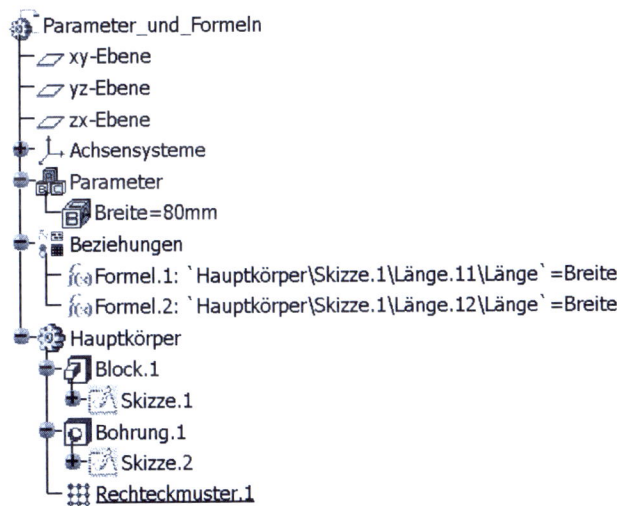

Abbildung 3.55: Parameter und Beziehungen werden aufgeführt

Die Außenmaße des Quaders können jetzt über den Parameter *Breite* gesteuert werden. Jetzt muss die Positionierung der Bohrungen mit einer Formel verknüpft werden, dass einmal die Abstände vom Außenrand und die Abstände zueinander gleich bleiben.

Die Abstände der Bohrungen zu einander wurden einzig und allein mit der Funktion RECHTECKMUSTER definiert. Hier gilt es anzusetzen.

Mit einem Doppelklick auf RECHTECKMUSTER öffnen Sie die Dialogbox, in der Sie Ihre Einstellungen sehen können. In beiden Richtungen sind jeweils zwei Bohrungen in einem Abstand von 50 mm angeordnet. Diesen Abstand gilt es jetzt mit einer Formel zu versehen, die zwar vom Außenmaß abhängig ist, ihre Gültigkeit aber nie verliert (▶ Abbildung 3.56).

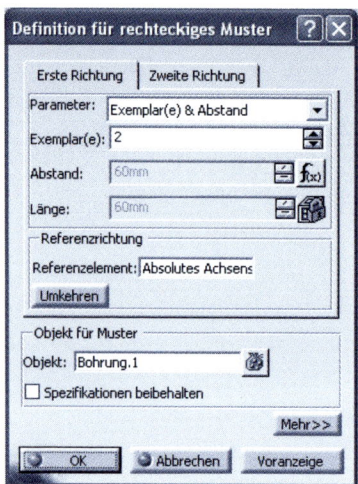

Abbildung 3.56: Musterdefinition für beide Richtungen

Beginnen Sie mit dem Reiter *Erste Richtung* und setzen die Maus auf den Eintrag „50 mm", öffnen das Kontext-Menü und wählen *Formel bearbeiten*. Der *Formeleditor* wird geöffnet.

Der Parameter, der bei der Konstruktion durch CATIA V5 erzeugt worden ist, muss jetzt durch eine Formel ersetzt werden, die bezüglich der Breite, den Abstand der Bohrungen zum Rand berücksichtigt. Da die Bohrungen in beiden Richtungen jeweils 15 mm vom Rand entfernt sind, klicken Sie hier im Baum auf den Parameter *Breite* und geben zusätzlich „-30mm" ein.

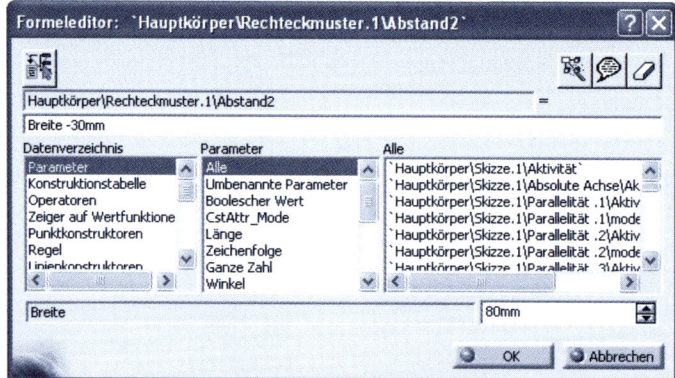

Abbildung 3.57: Abstand der Bohrungen zum Rand festlegen

Achten Sie darauf, dass zwischen den einzelnen Zeichen kein Leerzeichen vorhanden sein darf. Für die *Zweite Richtung* verfahren Sie genauso (▶ Abbildung 3.57).

Wenn Sie die Formel für beide Richtungen zugewiesen haben werden im Strukturbaum zwei weitere BEZIEHUNGEN hinzugekommen sein (▶ Abbildung 3.58).

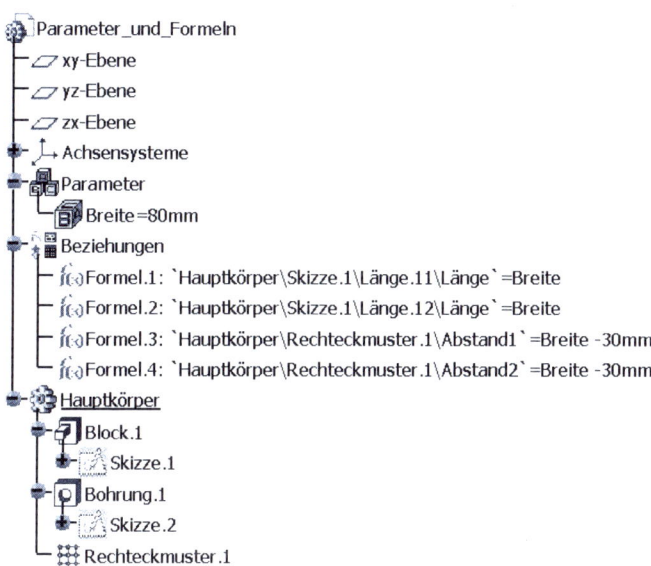

Abbildung 3.58: Parameter und Beziehungen wurden mit dem Modell verknüpft

3.7 Einsatz einer Konstruktionstabelle

Die Konstruktionstabelle kommt zum Einsatz, wenn es sich um Variantenkonstruktionen handelt. Um einmal bei dem vorherigen Beispiel zu bleiben, wird diese Grundplatte mit den Bohrungen nur einmal konstruiert und durch den Einsatz einer Konstruktionstabelle können Außenmaße, Bohrungsdurchmesser und –positionen variieren. Diese Tabelle kann unterschiedlichen Ursprungs sein. Zum einen kann sie auf reinem Text und zum anderen auf einer Excel-Tabelle basieren. Die Funktion befindet sich ebenfalls auf der Symbolleiste RATGEBER.

Nach Aktivierung der Funktion KONSTRUKTIONSTABELLE können Sie wählen, welche Art von Tabelle Sie einsetzen möchten. Eine bereits existierende Tabelle können Sie genauso gut verwenden, wie eine, die aus aktuellen *Parametern* besteht. Je nach Bedarf können Sie die Ausrichtung festlegen und im unteren Teil des Menüs wird Ihnen angezeigt, dass die Tabelle anschließend im Strukturbaum unter dem Eintrag BEZIEHUNGEN zu sehen sein wird.

3 EINZELTEILKONSTRUKTION (PART DESIGN)

3.7.1 Anlegen einer Konstruktionstabelle

Wenn Sie eine Konstruktionstabelle aus CATIA heraus anlegen, wird aufgrund Ihrer erzeugten Parameter eine entsprechende Tabelle angelegt. Jeder einzelne Parameter wird als eigene Spaltenüberschrift definiert. Sie werden dabei durch ein Menü geführt und können festlegen, ob Sie die Parameter verwenden möchten oder nicht. Zur Fertigstellung können Sie wählen, ob die Tabelle als *xls-Datei* (Excel) oder als *txt-Datei* (Text) gesichert werden soll.

> **Beachten Sie** Eine Konstruktionstabelle basierend auf einer existierenden Datei setzt voraus, dass die Parameter im Modell und die der Tabelle hundertprozentig identisch sind.

Den vorhandenen Parametern werden beispielsweise in einer Excel-Tabelle unterschiedlich hohe Werte zugewiesen, sodass die einzelnen Varianten über die Konstruktionstabelle gesteuert werden können

Aktivieren Sie die Funktion KONSTRUKTIONSTABELLE. Im nachfolgenden Menü ERZEUGEN EINER KONSTRUKTIONSTABELLE ändern Sie den von CATIA vorgegebenen Namen. Dieser Eintrag wird als Name für die Konstruktionstabelle übernommen. Um eine Konstruktionstabelle aus aktuellen Parameterwerten zu erzeugen, ist die entsprechende Option zu wählen. Die Tabelle ist in diesem Beispiel horizontal ausgerichtet. Bestätigen Sie anschließend mit OK. (▶ Abbildung 3.59).

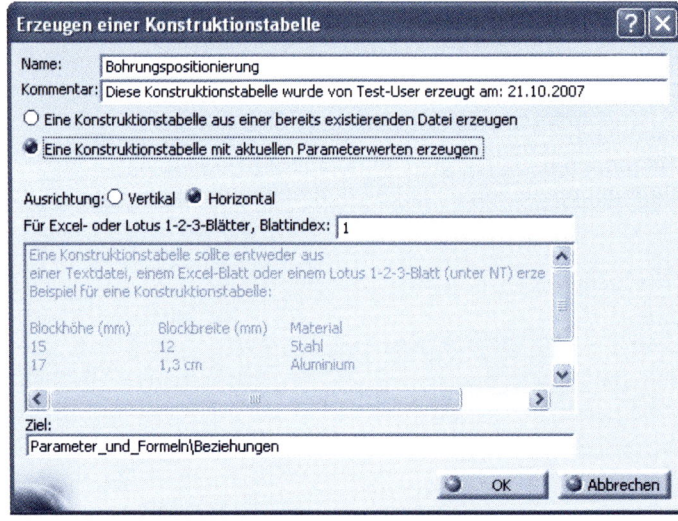

Abbildung 3.59: Eingangsmenü für die Erstellung einer Konstruktionstabelle

3.7 Einsatz einer Konstruktionstabelle

Im nachfolgenden Menü sehen Sie die alle Parameter, die zuvor im Modell erstellt worden sind. Über den Filtertyp *Benutzerparameter* können Sie eigens erstellten Parameter gezielt auswählen.

In diesem Beispiel wird der Parameter *Breite* angezeigt. Der Parameter ist zu markieren und über den nach rechts zeigenden Pfeil wird er in das Listenfeld EINGEFÜGTE PARAMETER verschoben (▶ Abbildung 3.60).

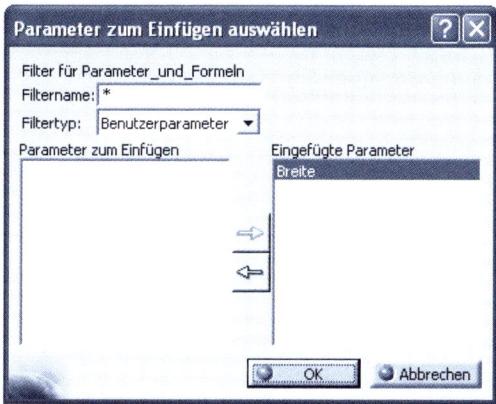

Abbildung 3.60: gewählter Parameter für die Konstruktionstabelle

Mit Bestätigung durch OK muss die Excel-Datei gesichert werden. Um später einmal längeres Suchen zu vermeiden, ist es sinnvoll, die Datei in dem Verzeichnis zu speichern, wo sich das 3D-Modell befindet. Anschließend wird die Konstruktionstabelle in einem eigenen für CATIA lesbaren Format angezeigt (▶ Abbildung 3.61).

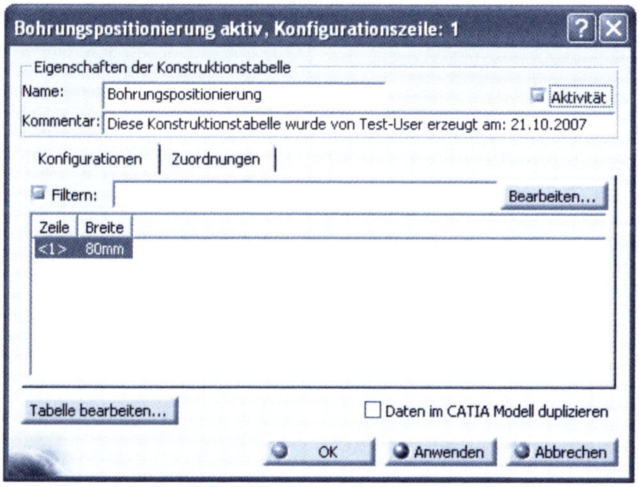

Abbildung 3.61: Inhalt der gespeicherten Excel-Tabelle

3.7.2 Konstruktionstabelle erweitern

Zum einen besteht die Möglichkeit die Tabelle innerhalb Excel zu ändern, zum anderen können Sie dies auch aus CATIA V5 heraus erledigen. Klicken Sie in der Dialogbox (▶ Abbildung 3.61) auf die Schaltfläche TABELLE BEARBEITEN.... Excel öffnet die Tabelle und Sie können die Tabelle um die gewünschten Werte ergänzen. Speichern Sie die Datei in Excel und verlassen die Anwendung. Nach kurzer Zeit wird sich die Tabelle in CATIA aktualisieren (▶ Abbildung 3.62).

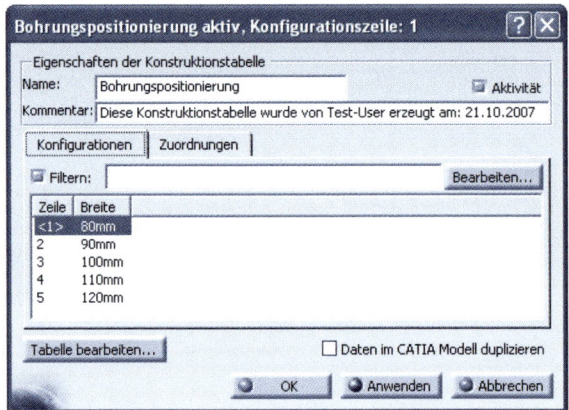

Abbildung 3.62: Inhalt der erweiterten Excel-Tabelle

Zusätzlich wird noch einen *Wissensbericht* eingeblendet, der Sie noch einmal darauf hinweist, dass Sie die Daten der Konstruktionstabelle geändert haben, und dass die Inhalte mit dieser Anzeige synchronisiert werden. Bestätigen Sie die Ansicht mit OK und die Fenster werden geschlossen.

Um die Tabelle zu testen, klicken Sie im Strukturbaum doppelt auf die KONSTRUKTIONSTABELLE, wählen in der nachfolgenden Liste einen anderen Wert und bestätigen mit OK. Die Werte werden auf das Modell übertragen und im Strukturbaum können Sie die Änderung des Parameters erkennen.

Übung 3.3 In der Datei QUADER_MIT_BOHRUNGSMUSTER.CATPART erzeugen Sie bitte drei weitere Parameter die wie folgt benannt sein sollen: *AbBohrung*, *Hoehe* und *DurchmBoh*.

Den Parameter *Hoehe* verknüpfen Sie bitte mit der Körperhöhe des Quaders; der Parameter *DurchmBoh* soll als Parameter für den Bohrungsdurchmesser definiert werden und der Parameter *AbBohrung* soll die Abstände der Bohrungen untereinander steuern.

Unter Verwendung dieser Parameter erstellen Sie eine Konstrukstionstabelle, sodass die Änderungen über diese Tabelle erfolgen können.

Zeichnungsableitung (Drawing)

4

4.1	**Die Arbeitsumgebung**	94
4.2	**Neue Zeichnung anlegen**	95
4.3	**Zeichnungsableitung speichern**	106
4.4	**Zeichnungsableitung öffnen**	108
4.5	**Verknüpfungen der Zeichnung überprüfen**	109
4.6	**3D-Modell ändern**	111
4.7	**Unterschiedliche Ansichten erzeugen**	119
4.8	**Zeichnungen bemaßen**	128
4.9	**Ableitung mehrerer Bauteile**	132

ÜBERBLICK

4 ZEICHNUNGSABLEITUNG (DRAWING)

Motivation

>> Nach wie vor ist es notwendig, von Bauteilen zweidimensionale Zeichnungen zu erzeugen, um denjenigen, die das Bauteil fertigen, die notwendigen Informationen für die Herstellung zu geben. Die Schnittstellen der heutigen CAD-Systeme sind schon sehr umfangreich, sodass beispielsweise die Datenübertragung an CNC-Maschinen möglich ist.

Dennoch beinhaltet die technische Zeichnung weit mehr als nur die Zwei- oder Mehrtafelprojektion des Zeichnungsobjektes. Dem Fertiger werden Informationen zum Werkstoff, zur Qualität, zur Oberflächengüte etc. angegeben.

Ein großer Vorteil der CAD-Systeme ist die bidirektionale Assoziativität zwischen Modell und Zeichnung. Das bedeutet, bei einer Änderung des Modells wird die Zeichnung automatisch angepasst.

Bei der Zeichnungserstellung haben wir uns an die einschlägigen DIN-Normen zu halten. Eine Zeichnung soll dem Betrachter das Zeichnungsobjekt mit wenigen, eindeutigen Darstellungen beschreiben.

Die Arbeitsumgebung *Drafting*, wie sie im Menü bezeichnet wird, ist dafür ausgelegt, dass Sie Zeichnungen zweidimensionaler Art selbst erstellen, speichern und bearbeiten können. Das Hauptaugenmerk liegt allerdings darin, dass hier Ableitungen von 3D-Objekten erstellt werden.

Eine Ableitung kann sowohl über einen Assistenten als auch mittels einzelner Funktionen erfolgen. Nutzen Sie den Assistenten, werden Sie durch ein Menü geführt, in dem Sie die Ansichten, die Sie sehen möchten, selbst festlegen. Ob *Vorder-*, *Seiten-* oder *Draufsicht*, bis hin zu verschiedenen *Schnittdarstellungen* ist alles möglich. <<

> **Beachten Sie** Der ASSISTENT ZUR ANSICHTSERSTELLUNG steht nur dann zur Verfügung, wenn bereits ein 3D-Modell geöffnet wurde.

4.1 Die Arbeitsumgebung

Wie auch in den Umgebungen des *Skizzierers* oder der *Einzelteilkonstruktion* befindet sich der Arbeitsbereich, umgeben von Symbolleisten, in der Mitte des Bildschirms. Neben den Ihnen bereits bekannten Symbolleisten STANDARD und ANSICHT, sind noch andere Funktionen sichtbar, die zum Teil ausschließlich für die Zeichnungsableitung zur Verfügung stehen (▶ Abbildung 4.1).

4.2 Neue Zeichnung anlegen

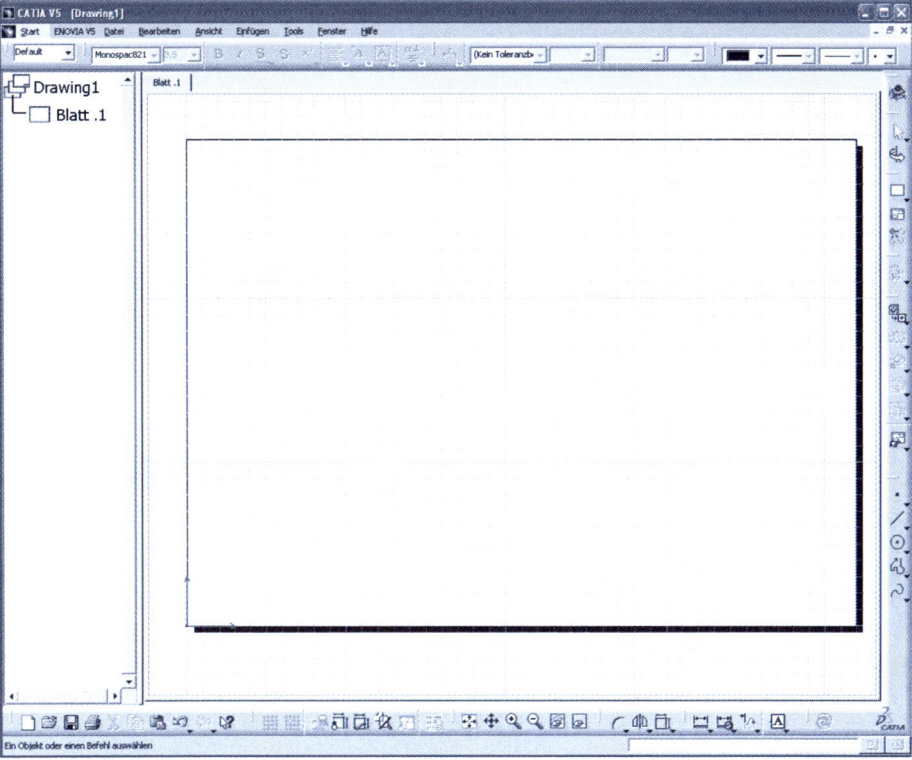

Abbildung 4.1: Arbeitsumgebung der Zeichnungsableitung

4.2 Neue Zeichnung anlegen

Wie Sie bei der Zeichnungsableitung vorgehen, bleibt Ihnen überlassen. Ob zuerst das 3D-Modell geöffnet wird oder ob Sie zuerst die Arbeitsumgebung mit den gewünschten Einstellungen starten ändert nichts am Ergebnis.

Bei der Wahl des Assistenten werden Sie schrittweise durch ein Menü geführt, wo Sie angeben müssen, welche Ansichten Sie erstellen möchten. Sie können außerdem festlegen, wie die zu erstellenden Ansichten auf dem Blatt positioniert sein sollen.

Anhand des nachfolgenden 3D-Modells werde ich Ihnen erläutern, wie Sie mittels des Assistenten eine Zeichnungsableitung erstellen können (▶ Abbildung 4.2).

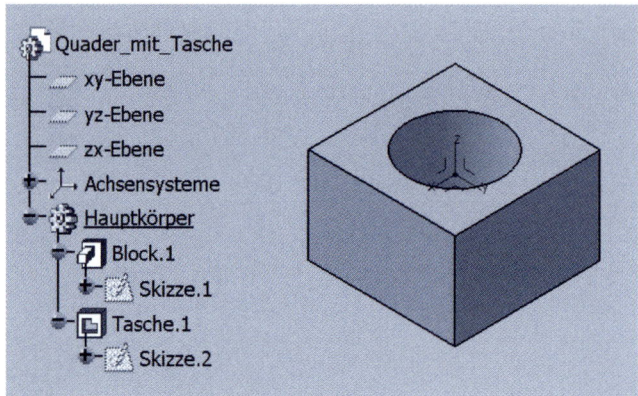

Abbildung 4.2: 3D-Modell für die erste Zeichnungsableitung

Um von dem in ▶ Abbildung 4.2 dargestellten Bauteil eine Zeichnungsableitung zu erstellen, müssen Sie die Arbeitsumgebung wechseln. Die extra dafür vorgesehene Umgebung wird in CATIA V5 DRAFTING genannt. Über das Menü START/MECHANISCHE KONSTRUKTION/DRAFTING wechseln Sie in den entsprechenden Arbeitsbereich.

Direkt im Anschluss wird die Dialogbox NEUE ZEICHNUNGSERSTELLUNG eingeblendet, wo Sie die Möglichkeit besitzen auf ein automatisches Layout zurückzugreifen. Gemäß der gezeigten Abbildung werden die einzelnen Ansichten später in der Zeichnung dargestellt (▶ Abbildung 4.3).

Abbildung 4.3: Ein Layout der späteren Zeichnung gilt es zu wählen

Klicken Sie auf eines der angezeigten Layouts wird es orange markiert. Im Listenfeld darunter wird Ihnen ein Format vorgeschlagen. Mittels der Schaltfläche ÄNDERN...ist an dieser Stelle möglich, ein anderes Format zu wählen (▶ Abbildung 4.4).

4.2 Neue Zeichnung anlegen

Im *Standard ISO* sind unter anderem die *Strichstärke*, die *Schriftart*, die *Schriftgröße*, die *Größe der Maßpfeile* etc. festgelegt.

Firmenspezifische Standard können ebenfalls implementiert werden

Abbildung 4.4: Vorgaben der Blattdarstellung ändern

Bestätigen Sie Ihre Änderungen über die Schaltfläche OK und Sie kehren zurück zur Layoutauswahl, wie in ▶ Abbildung 4.3 zu sehen ist. Bestätigen Sie Ihre Layoutwahl mit OK und die Zeichnungsableitung wird ohne jegliche Rückfrage automatisch erstellt (▶ Abbildung 4.5).

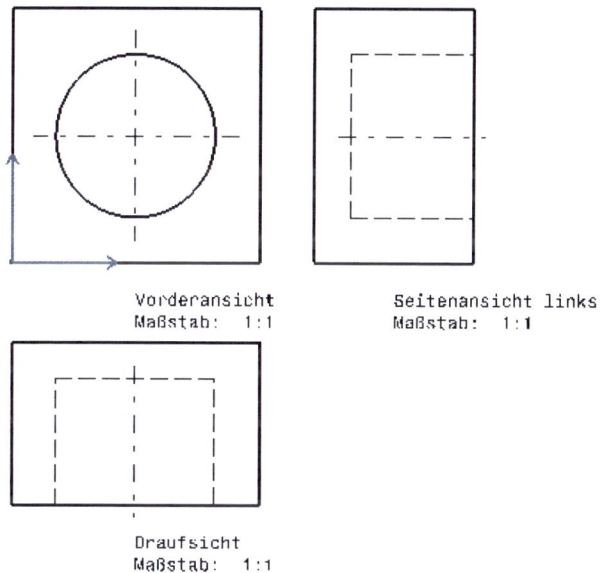

Abbildung 4.5: Darstellung gemäß automatischem Layout

4.2.1 Eigene Layoutdarstellung wählen

Das automatische Layout wird oft dazu verwendet, um „mal eben schnell" eine Ableitung zu erstellen, um diese beispielsweise für Tests nutzen zu können. Selbstverständlich haben Sie auch die Möglichkeit, das Layout einer Zeichnung zu beeinflussen. Die entsprechenden Funktionen befinden sich auf der Symbolleiste ANSICHTEN (▶ Abbildung 4.6).

Abbildung 4.6: Funktionen zur Ansichtserstellung

Die Funktion ASSISTENT FÜR ANSICHTSERZEUGUNG führt Sie durch ein Menü in dem Sie das Layout selbst gestalten können und gemäß Ihrer Wahl wird die Zeichnungsableitung dargestellt.

Nach Aktivierung der Funktion öffnet sich der ANSICHTENASSISTENT und Sie können die gewünschten Ansichten selbst definieren. Nachträgliche Änderungen sind auch nach Fertigstellung der Zeichnungsableitung jederzeit möglich.

Im ersten Schritt legen Sie fest, welchen Arten von Ansichten zu sehen sein sollen. Es werden Ihnen unterschiedliche Kombinationen angeboten. Die klassische Ansicht, wie sie aus der manuellen Zeichnungsableitung bekannt ist, besteht auch der Vorder-, der Seitenansicht und der Draufsicht. Wählen Sie die KOMBINATION 3 (das dritte Symbol von oben) und die entsprechenden Ansichtstypen werden in die *Voranzeige* kopiert (▶ Abbildung 4.7).

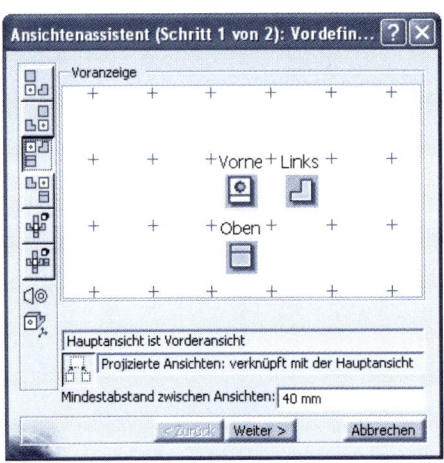

Bei dieser Darstellung handelt es sich nur um Sinnbilder, die mit dem abzuleitenden Modell nichts zu tun haben.

Abbildung 4.7: Erste Vorauswahl getroffen

Sind Sie mit der Auswahl nicht zufrieden und möchten eine andere treffen, können Sie die Voranzeige durch Anklicken der anderen Kombinationen ändern. Haben Sie die richtige Darstellung gefunden, klicken Sie auf WEITER.

4.2 Neue Zeichnung anlegen

Im nachfolgenden Schritt besteht die Möglichkeit, Ansichten hinzuzufügen, die in den vorherigen Kombinationen nicht aufgeführt waren, wie beispielsweise die ISOMETRISCHE ANSICHT.

Klicken Sie auf das Icon der ISOMETRISCHEN ANSICHT und führen Sie die Maus in die Voranzeige. Das Symbol der gewählten Ansicht sehen Sie gelb eingerahmt. Sie sind jetzt in der Lage, es in der Voranzeige zu positionieren. Klicken Sie an eine beliebige Stelle und das Icon wird abgesetzt (▶ Abbildung 4.8).

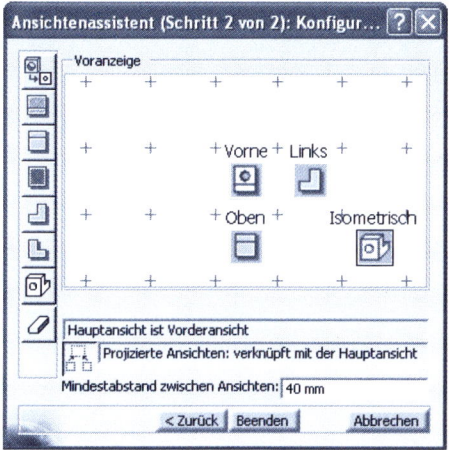

Um die Positionierung innerhalb der Voranzeige zu ändern, klicken Sie auf das betreffende Icon und verschieben es mit gedrückt gehaltener linker Maustaste.

Die Positionierung der einzelnen Ansichten kann auch später noch korrigiert werden.

Abbildung 4.8: Getroffene Vorauswahl für Zeichnungsableitung

Klicken Sie auf BEENDEN. Noch immer sehen Sie ein weißes Blatt, denn CATIA V5 weiß noch nicht was als *Referenzelement* für die Vorderansicht gelten soll. In der Statuszeile werden Sie darauf aufmerksam gemacht, dass ein *Referenzelement* auf einer 3D-Geometrie gewählt werden muss.

Über das Menü FENSTER wechseln Sie zum 3D-Modell und klicken mit der linken Maustaste auf eine der Seitenflächen. Die gewählte Funktion auf der Symbolleiste ANSICHTEN ist nach wie vor aktiviert.

Nach Auswahl einer Geometrie wechselt CATIA V5 automatisch zurück in die Umgebung der ZEICHNUNGSABLEITUNG und stellt die von Ihnen gewählte Ansicht dar. Um die einzelnen Ansichten anderweitig auszurichten können Sie die oben rechts angezeigten Pfeile nutzen, die allerdings nur während der Erstellung einer Ansicht aktiviert sind (▶ Abbildung 4.9).

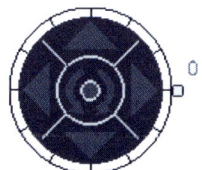

Abbildung 4.9: Dient zum Drehen einer Ansicht

4 ZEICHNUNGSABLEITUNG (DRAWING)

Um die Zeichnungsableitung fertig zu stellen, klicken Sie mit der linken Maustaste einmal in den Hintergrund und die Ableitung wird erstellt.

So wie Sie die Ansichten im zweiten Schritt des Assistenten festgelegt haben, werden die Ansichten jetzt dargestellt. Demnach wird beispielsweise die ISOMETRISCHE ANSICHT nicht auf dem Arbeitsblatt zu finden sein, sondern über den Rand hinausragen.

Im Assistenten war zu lesen, dass es sich bei der **Vorderansicht** um die Hauptansicht handelt. Aufgrund des von Ihnen festgelegten Referenzelementes haben Sie die Vorderansicht festgelegt.

Aus dieser Vorderansicht resultieren alle weiteren Ansichten. Sie wird in CATIA nach der Fertigstellung durch eine rot gestrichelte Linie eingerahmt und somit als aktive Ansicht gekennzeichnet. Alle übrigen Ansichten sind von einer blau gestrichelten Line umgeben.

Führen Sie die Maus auf die aktive Ansicht, und schieben die gesamte Ansicht mit gedrückt gehaltener linker Maustaste auf das vordefinierte Arbeitsblatt (▶ Abbildung 4.10).

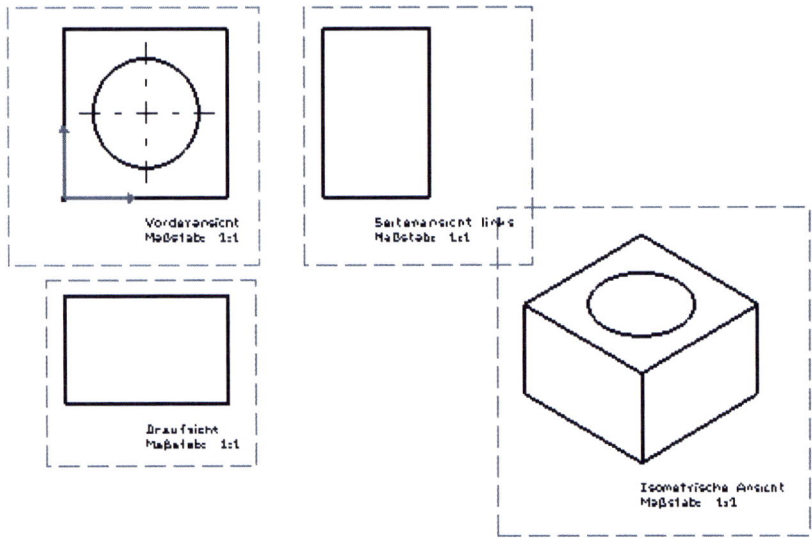

Abbildung 4.10: Zeichnungsableitung nach selbst definiertem Layout

> **Beachten Sie** Die Ansichtsrahmen sind weder in der Druckvorschau, noch nach dem Druck auf dem Blatt zu sehen. Sie dienen einzig und allein zur Positionierung der Ansichten auf dem Arbeitsblatt.

4.2.2 Ansichten positionieren

Auch die einzelnen Ansichten lassen sich verschieben. Allerdings ist die Positionierung von der Hauptansicht abhängig. Die Abhängigkeit wird dadurch deutlich, dass Sie die Draufsicht nur in vertikaler Richtung und die Seitenansicht nur in horizontaler Richtung schieben können.

Die ISOMETRISCHE ANSICHT hingeben lässt sich nur diagonal schieben. Dies ist abhängig von der Positionierung innerhalb des Assistenten. Da sie auf der rechten Seite positioniert wurde, können Sie die Ansicht nur nach links oben beziehungsweise nach rechts unten schieben. Möchten Sie die Ansicht frei positionieren können, müssen Sie die Abhängigkeit zur Referenzansicht lösen.

Abhängigkeit zur Referenzansicht lösen

Wenn Sie die Abhängigkeit zur Referenzansicht lösen möchten, klicken Sie auf die Ansichtsumrahmung der betreffenden Ansicht, öffnen das Kontext-Menü und wählen den Eintrag ANSICHTSPOSITIONIERUNG/POSITIONIERUNG UNABHÄNGIG VON DER REFERENZANSICHT (▶ Abbildung 4.11).

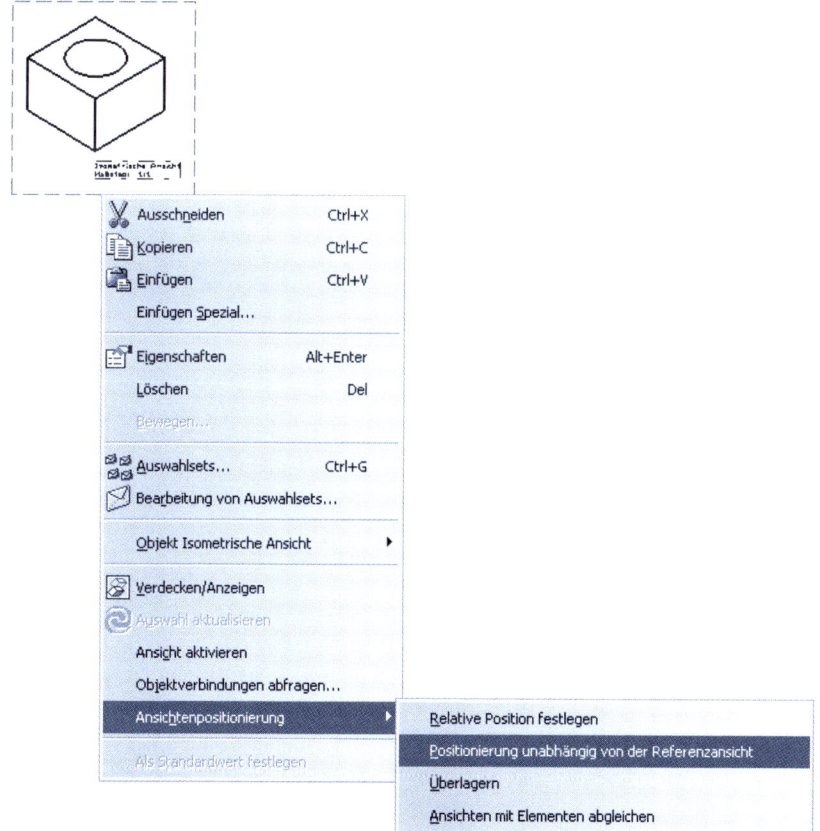

Abbildung 4.11: Abhängigkeit zur Referenzansicht wird aufgehoben

Nach der Aufhebung dieser Abhängigkeit haben Sie die Möglichkeit die entsprechende Ansicht frei zu positionieren (▶ Abbildung 4.12).

> **Beachten Sie** Die Abhängigkeitsaufhebung bezüglich der Positionierung büßt die Abhängigkeit zum 3D-Modell nicht ein. Sie sind nach wie vor mit einander verknüpft und Änderungen im 3D-Modell wirken sich weiterhin auf die Zeichnung aus.

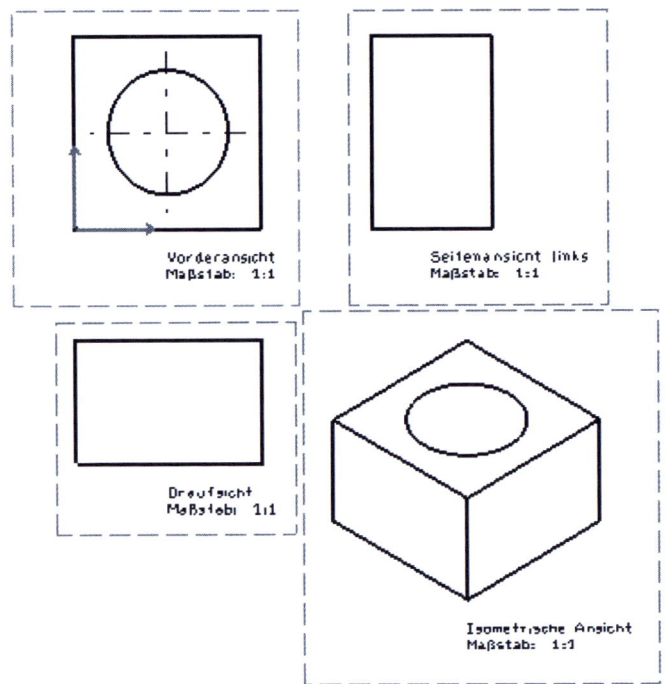

Abbildung 4.12: Unabhängig positionierte Isometrische Ansicht

Sie haben jederzeit die Möglichkeit die Abhängigkeit der Positionierung wieder herzustellen, allerdings wird dann die frei positionierte Ansicht an ihren Ursprung zurück versetzt.

4.2.3 Seite einrichten...

Diese Funktion bezieht sich auf die aktuelle Seite und wird über das Menü DATEI/ SEITE EINRICHTEN... gestartet. Nach Aktivierung der Funktion SEITE EINRICHTEN... öffnet sich die gleichnamige Dialogbox, der Sie die Informationen wie Zeichnungsstandard und Blattgröße entnehmen können. Diese Einstellungen haben Sie bereits beim Anlegen der ZEICHNUNGSABLEITUNG vorgenommen (▶ Abbildung 4.13).

4.2 Neue Zeichnung anlegen

Sollten Sie feststellen, dass die Zeichnung bzw. die darzustellenden Ansichten mehr Platz in Anspruch nehmen, als zuvor geplant, können Sie diese Einstellungen auch jetzt noch ändern.

Abbildung 4.13: Funktion Seite einrichten...

In dem Moment, in dem Sie die Blattdarstellung von beispielsweise *A2 ISO* nach *A1 ISO* wechseln und mit OK bestätigen, wird sich die Blattgröße ändern. Die bereits erstellen Ansichten bleiben von dieser Änderung unberührt. Lediglich die Positionierung einzelner Ansichten müssten Sie erneut durchführen.

4.2.4 Zeichnungsrahmen erstellen

Zeichnungen wie auch Zeichnungsableitungen unter Verwendung eines Zeichnungsrahmens anzulegen, ist nicht zwingend erforderlich. Wenn jedoch Information wie Zeichnungsname, Konstrukteur, Maßstab, Seitenanzahl etc. in der Zeichnung erscheinen sollen, dann benötigen Sie einen entsprechenden Zeichnungsrahmen.

Für die Erstellung und Bearbeitung eines Rahmens existiert in CATIA V5 eine andere Umgebung mit der Bezeichnung BLATTHINTERGRUND. Diese Umgebung erreichen Sie über das Menü BEARBEITEN/BLATTHINTERGRUND. Die entsprechende Funktion für die Erstellung des Rahmens befindet sich auf der Symbolleiste ZEICHNUNG. (▶ Abbildung 4.14).

Abbildung 4.14: Symbolleiste Zeichnung

4 ZEICHNUNGSABLEITUNG (DRAWING)

Nach Aktivierung der Funktion RAHMENERZEUGUNG wird das Menü RAHMEN UND ZEICHNUNGSKOPF EINFÜGEN eingeblendet (▶ Abbildung 4.15).

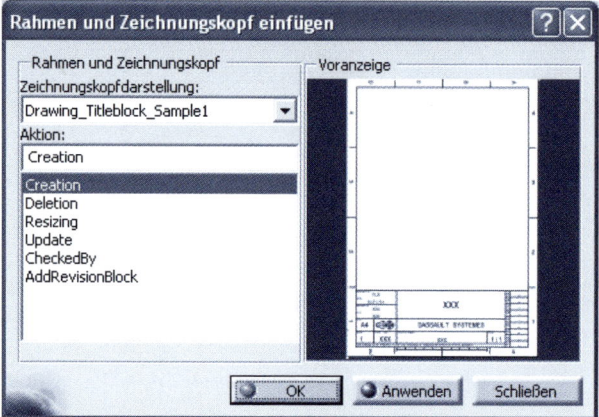

Abbildung 4.15: Rahmen und Zeichnungskopf werden hier erstellt und bearbeitet

Die Voranzeige bezieht sich auf die im Listenfeld ZEICHNUNGSKOPFDARSTELLUNG angezeigte Rahmen. In diesem Beispiel handelt es sich um die Vorlage *Drawing_Titleblock_Sample1*. In der Voranzeige in Hochformat angezeigt, wird der Rahmen bei Bestätigung durch OK auf das von Ihnen gewählte Querformat ausgerichtet (▶ Abbildung 4.16).

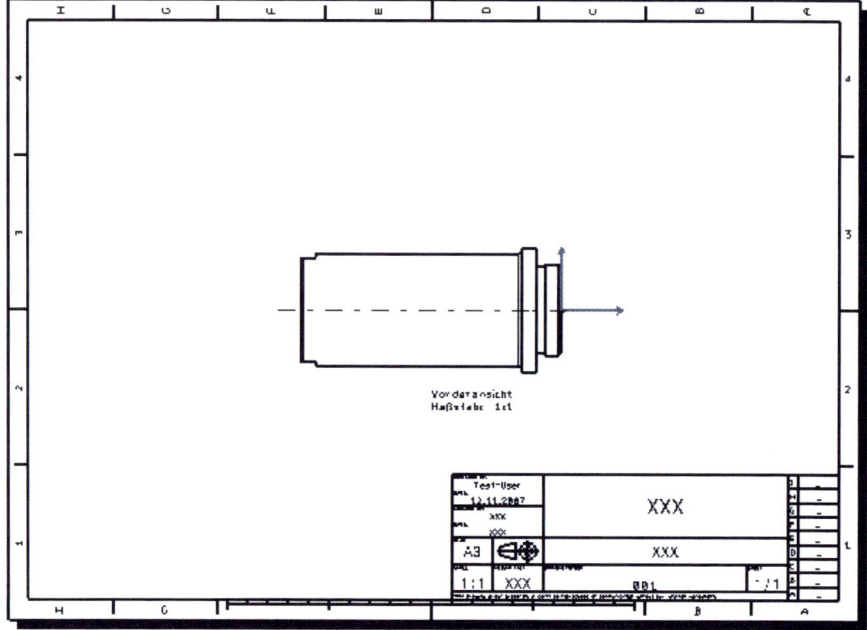

Abbildung 4.16: Blattrahmen mit entsprechenden Textfeldern

4.2 Neue Zeichnung anlegen

Textvorgaben ändern

Nur in dieser Umgebung können Sie das Textfeld des Zeichnungsrahmens bearbeiten. Klicken Sie einen Eintrag doppelt an und Sie können den angezeigten Text überschreiben (▶ Abbildung 4.17).

Abbildung 4.17: Texteditor dient zur Änderung des Inhalts

Bestätigen Sie Ihre Änderungen mit OK. Wenn Sie Ihre Änderungen durchgeführt haben, können Sie die Umgebung über das Menü BEARBEITEN/ARBEITSANSICHTEN wieder verlassen und kehren somit zurück zur Zeichnungsableitung (▶ Abbildung 4.18).

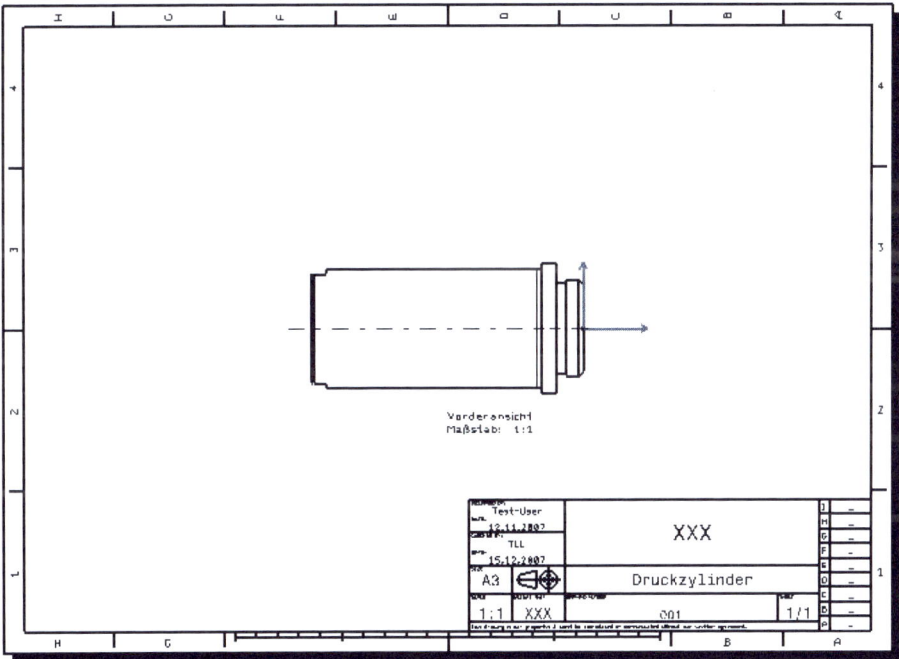

Abbildung 4.18: Eintragungen im Textfeld geändert

105

4.3 Zeichnungsableitung speichern

Beim SPEICHERN wird nicht nur der Inhalt gesichert, sondern auch der LINK (die VERKNÜPFUNG) zwischen beiden Dateien. Die Ableitung resultiert aus dem 3D-Modell, deshalb werden auch die Informationen, welches 3D-Modell zu welcher Zeichnungsableitung gehört in der Datei der Ableitung gespeichert.

> **Beachten Sie** Spätestens jetzt ist es an der Zeit, dass Sie sich daran gewöhnen die SICHERUNGSVERWALTUNG zu verwenden, denn es ist sehr wichtig, damit die LINKS nicht verloren gehen und das ist bei den „normalen" Speichermethoden wie *Speichern* oder *Speichern unter…* nicht gewährleistet.

Klicken Sie auf das Menü DATEI/SICHERUNGSVERWALTUNG. Sämtliche Dateien, die zu diesem Zeitpunkt geöffnet sind, werden in einer Liste angezeigt. ▶ Abbildung 4.19

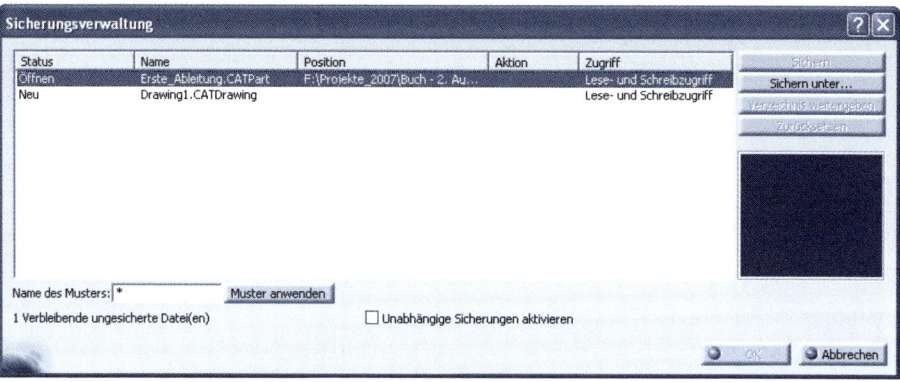

Abbildung 4.19: Alle geöffneten Dateien werden hier aufgelistet

Auf der rechten Seite steht Ihnen nur die Funktion SICHERN UNTER… zur Verfügung, das bedeutet, dass Sie lediglich die neu angelegte Zeichnungsableitung sichern müssen. Bei der Datei *Erste_Ableitung.CATPart* ist in der Spalte *Status* der Eintrag *Öffnen* zu lesen. Diesem Eintrag können Sie entnehmen, dass diese Datei nicht geändert wurde. Folglich steht beispielsweise die Funktion SICHERN nicht zur Verfügung.

Anders sieht es in der Zeile darunter aus. Hier handelt es sich um die eben erstellte Zeichnungsableitung mit dem vorläufigen Namen DRAWING1. Markieren Sie Zeile und auch hier stellen Sie fest, dass wiederum nur die Funktion SICHERN UNTER… zur Verfügung steht, da nahezu ausgeschlossen werden soll, das der vorläufige Name übernommen wird.

Nutzen Sie die Schaltfläche SICHERN UNTER… und vergeben den Namen *Erste_ Ableitung*. Nachdem Sie auf Speichern geklickt haben, können Sie in der Liste den von Ihnen vergebenen Dateinamen sehen.

4.3 Zeichnungsableitung speichern

In der Spalte *Status* ist immer noch der Eintrag *Neu* und in der Spalte *Aktion* ist der Eintrag SICHERN zu sehen, denn Sie haben bis jetzt lediglich die Vorbereitungen für die Speicherung getroffen. Die eigentliche Speicherung erfolgt erst mit der Bestätigung durch OK. Die Schaltfläche OK steht erst seit der Vergabe eines Dateinamens zur Verfügung (▶ Abbildung 4.20).

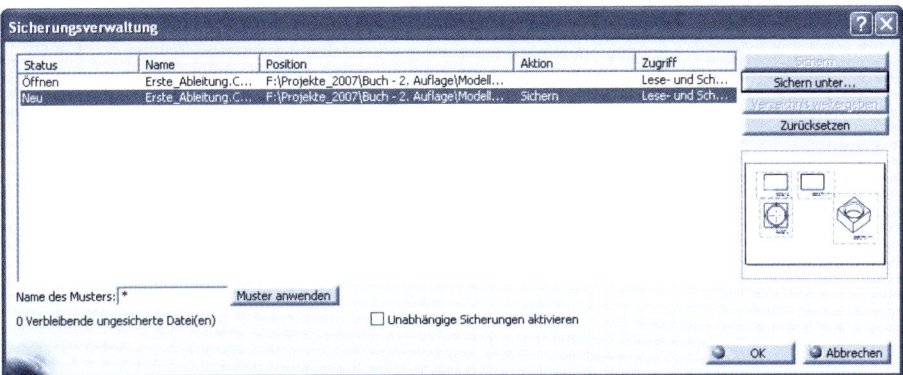

Abbildung 4.20: Dateiname für Zeichnungsableitung vergeben

Bestätigen Sie die Änderungen mit OK und die Ableitung wird gesichert.

4.3.1 Was geschieht beim Speichern?

Während Sie die Zeichnungsableitung erstellen, werden im Hintergrund VERKNÜPFUNGEN (LINKS) zu den ausgewählten Ansichten hergestellt. Beim Speichervorgang werden diese LINKS in der Zeichnungsableitung gespeichert, sodass CATIA V5 beim Öffnen der Ableitung genau weiß, zu welchem 3D-Modell sie gehört.

> **Beachten Sie** Dieser LINK ist nur in der Zeichnungsableitung gespeichert. Demnach ist der Ableitung das 3D-Modell bekannt. Im 3D-Modell hingegen gibt es keinerlei Verknüpfungen zur Zeichnungsableitung.

4.3.2 Was ist zu beachten?

Wie zuvor schon erwähnt werden die einzelnen Ansichten gespeichert. Das allein reicht aber nicht aus, um die Datei wieder finden zu können. Demnach werden auch der Dateiname und der komplette Pfad innerhalb der Zeichnungsableitung gesichert, denn es ist nicht zwingend notwendig, dass 3D-Modell und Zeichnung in ein und demselben Verzeichnis abgelegt sind.

4 ZEICHNUNGSABLEITUNG (DRAWING)

Seien Sie vorsichtig, wenn Sie oder auch Dritte es für notwendig halten, der Datei eines 3D-Modells, das mit einer Ableitung verknüpft ist, einen neuen Namen zu geben. Führen Sie Namenänderungen nur innerhalb CATIA über die SICHERUNGSVERWALTUNG durch und **niemals** über den *Windows-Explorer*, da sonst die Verknüpfungen verloren gehen und die Datei des 3D-Modells nicht gefunden wird.

4.4 Zeichnungsableitung öffnen

Damit das 3D-Bauteil beim Öffnen der Ableitung im Hintergrund geladen wird, gilt es eine Einstellung in den Optionen zu überprüfen, damit *Referenzdokumente* geladen werden. Über das Menü TOOLS/OPTIONEN…/ALLGEMEIN haben Sie die Möglichkeit diese Einstellungen vorzunehmen (▶ Abbildung 4.21).

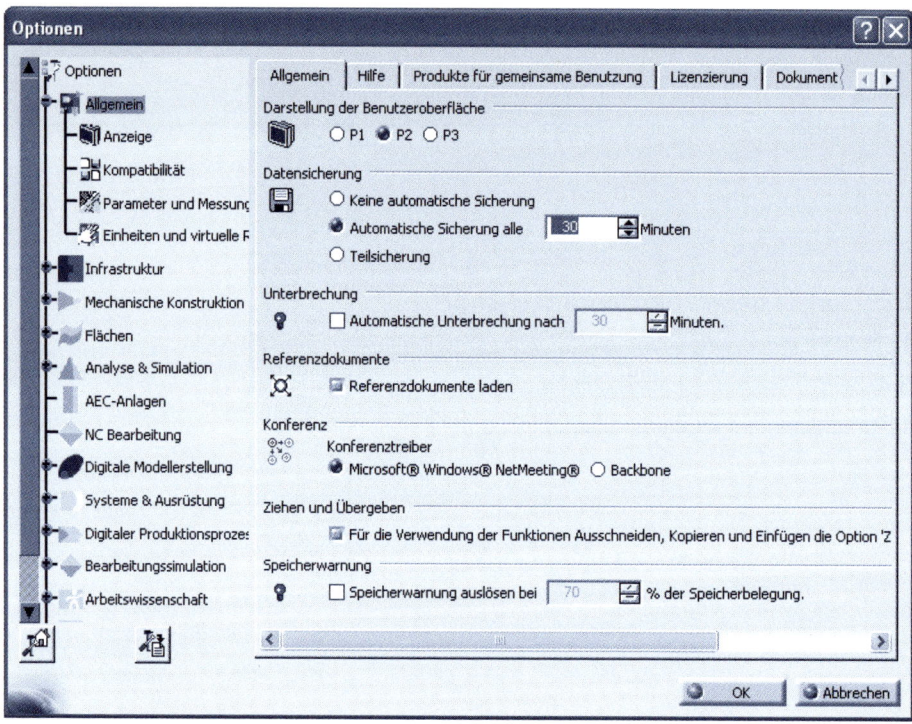

Abbildung 4.21: Option Referenzdokumente ist aktiviert

Ist die Option REFERENZDOKUMENTE LADEN nicht aktiv, wird die Datei der Zeichnung zwar wesentlich schneller geladen, allerdings ist dann die Verknüpfung zum 3D-Modell nicht vorhanden. Diese Information erhalten Sie direkt über den Strukturbaum, indem die vorangestellten Symbole als ein getrenntes Blatt dargestellt werden (▶ Abbildung 4.22).

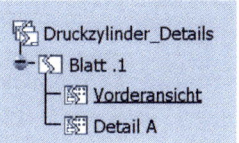

Abbildung 4.22: Darstellung dafür, das Referenzdokumente nicht geladen sind

Im nachfolgenden Beispiel werde ich Ihnen erläutern, was es mit diesen Verknüpfungen auf sich hat und wie sie entstehen.

4.5 Verknüpfungen der Zeichnung überprüfen

Die Links werden zwar im Hintergrund und für den Anwender völlig unsichtbar erstellt, dennoch können sie eingesehen und gegebenenfalls bearbeitet werden. Über das Menü BEARBEITEN/VERKNÜPFUNGEN öffnet sich das Fenster VERKNÜPFUNGEN DES DOKUMENTS (▶ Abbildung 4.23).

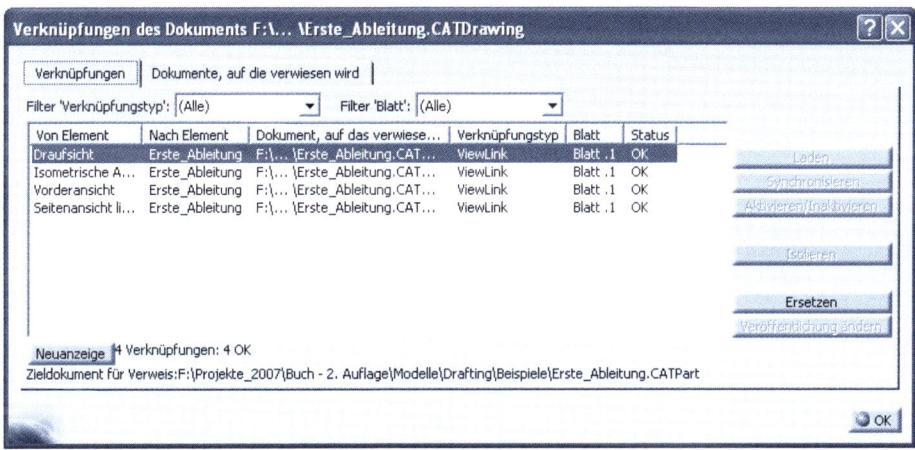

Abbildung 4.23: Alle Links zum 3D-Modell werden gelistet

Die vier erstellen Ansichten werden aufgelistet und wenn Sie auf den Reiter DOKUMENTE, AUF DIE VERWIESEN WIRD...klicken, wird der Name des 3D-Modells inklusive des kompletten Pfades angezeigt (▶ Abbildung 4.24).

4 ZEICHNUNGSABLEITUNG (DRAWING)

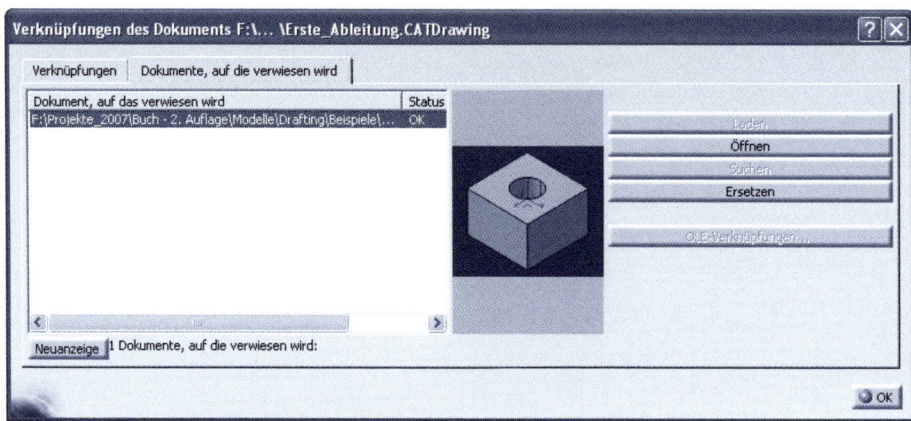

Abbildung 4.24: Aus diesem Bauteil resultiert die Zeichnungsableitung

Verlassen Sie diese Ansicht über OK und schließen Sie bitte die Dateien *Erste_Ableitung.CATPart* und *Erste_Ableitung.CATDrawing*. Da der Speichervorgang bereits abgeschlossen ist, werden die Dateien ohne jegliche Nachfrage geschlossen.

Wenn Sie ein Einzelteil auf seine Verknüpfungen hin überprüfen möchten, laden Sie ein Bauteil, von dem Sie genau wissen, dass eine Zeichnungsableitung existiert und klicken im Menü BEARBEITEN auf den Eintrag VERKNÜPFUNGEN Sie erhalten folgenden Hinweis (▶ Abbildung 4.25).

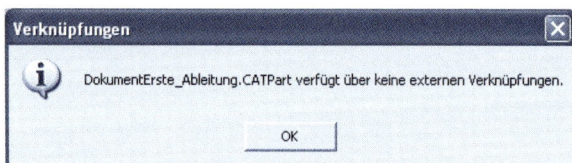

Abbildung 4.25: Keine Verknüpfungen mit anderen Dateien vorhanden

In der nachfolgenden Übung werden Sie das, was Sie zuvor gelernt haben, an einem anderen Bauteil wiederholen. Es handelt sich dabei um die *Überwurfmutter*, die Sie im Kapitel der *Einzelteilkonstruktion* erstellt und bearbeitet haben (▶ Abbildung 4.26).

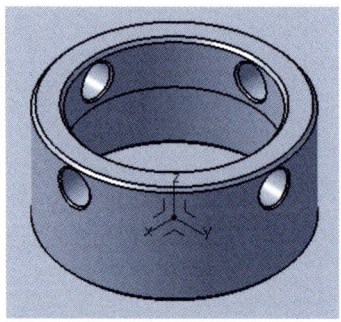

Abbildung 4.26: Überwurfmutter aus der Einzelteilkonstruktion

> **Übung 4.1** Erstellen Sie anhand der Datei *Ueberwurfmutter.CATPart* eine Zeichnungsableitung mit folgenden Ansichten: Vorderansicht, Seitenansicht und Draufsicht. Die Zeichnung speichern Sie unter dem Namen *Ueberwurfmutter.CATDrawing*. Schließen Sie beide Dateien nach der Fertigstellung.

4.6 3D-Modell ändern

Änderungen an einem 3D-Modell können Sie jederzeit und völlig unabhängig von einer vorhandenen Zeichnungsableitung durchführen. Die Aktualisierung der Zeichnung erfolgt erst dann, wenn die entsprechende Zeichnung geöffnet wird.

Aufgrund der Verknüpfungen stellt CATIA eine Veränderung fest und wird das Symbol ALLES AKTUALISIEREN (UPDATE) aktivieren. Haben Sie die Optionen dahin gehend verändert, das ein UPDATE automatisch geschehen soll, wird die Aktualisierung unmittelbar nach dem Öffnen der Zeichnung ausgeführt.

Als Beispiel nehmen wir die von Ihnen gesicherte Datei und werden den Durchmesser der Tasche von 45mm auf 30mm ändern (▶ Abbildung 4.27).

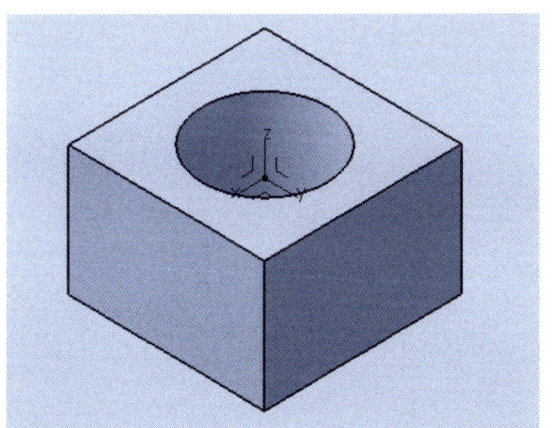
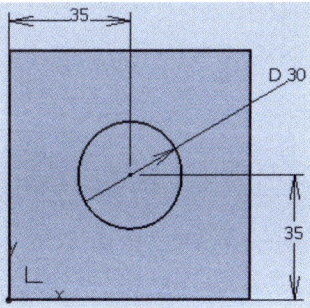

Abbildung 4.27: Der Durchmesser der Tasche wurde geändert

Wenn Sie den *Sketcher* verlassen, wird die Änderung auf das 3D-Modell übertragen (▶ Abbildung 4.28).

4 ZEICHNUNGSABLEITUNG (DRAWING)

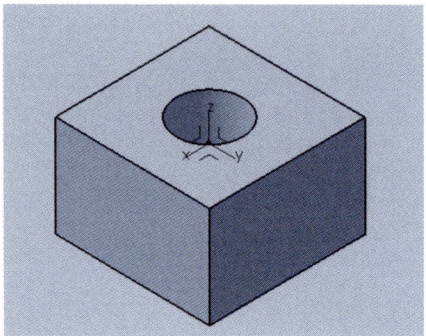

Abbildung 4.28: Die Änderung ist erfolgt

Es ist unerheblich, ob die zugehörige Zeichnung jetzt geöffnet wird, oder ob sie bereits geöffnet war. In jedem Fall verlangt CATIA V5 ein UPDATE (▶ Abbildung 4.29).

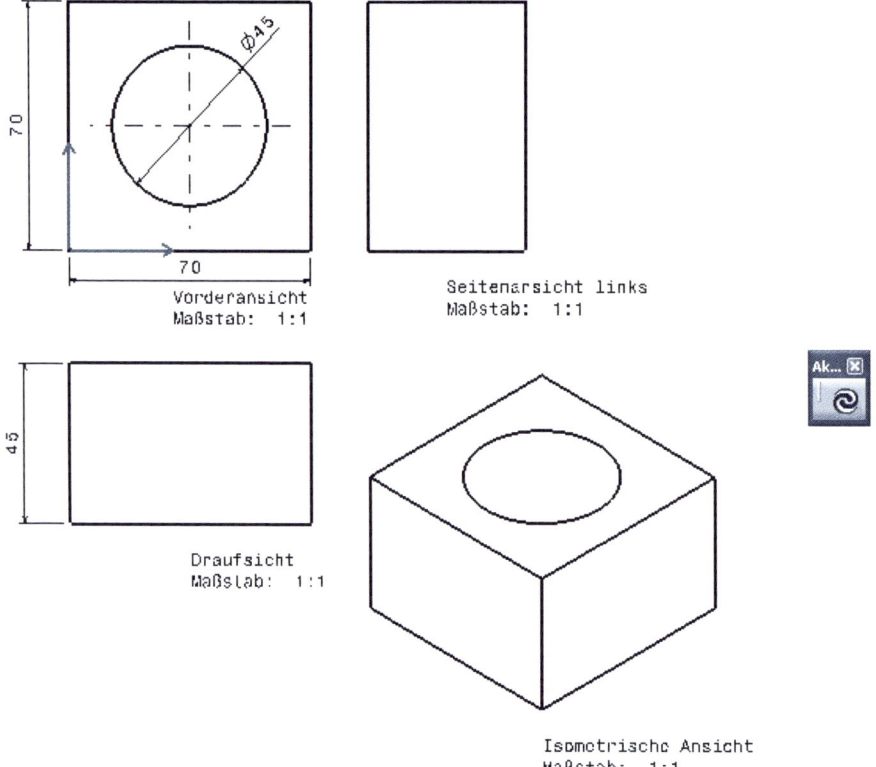

Abbildung 4.29: Die Änderung im 3D-Modell erwartet ein Update

4.6 3D-Modell ändern

Nach Ausführung der Funktion ALLES AKTUALISIEREN werden die Änderungen im 3D-Modell auch in der Zeichnungsableitung sichtbar (▶ Abbildung 4.30).

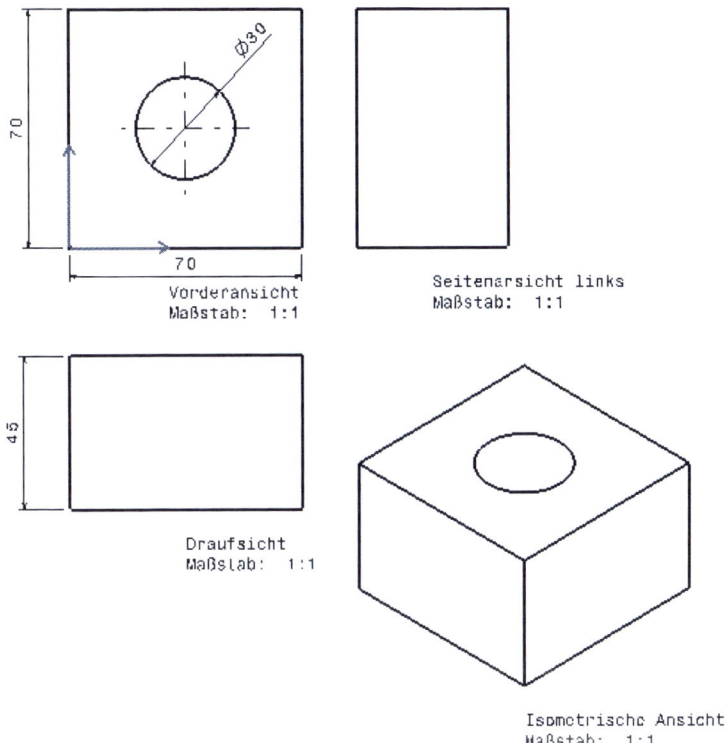

Abbildung 4.30: Die Änderungen wurden übertragen

4.6.1 Zeichnungsableitung aktualisieren

Wenn Sie häufig mit Zeichnungsableitungen arbeiten werden Sie feststellen, dass es sich bei relativ umfangreichen Bauteilen oder Produkten als äußerst störend hervorhebt, wenn CATIA nach einer Änderung im 3D-Modell ein automatisches Update der Zeichnung ausführt.

Es wird nicht selten vorkommen, dass im 3D-Modell nur mal etwas getestet werden soll und zeitgleich würde in der geöffneten Zeichnung eine Aktualisierung durchgeführt, die Sie in dem Moment vielleicht gar nicht wünschen.

> **Beachten Sie** Das Update einer Zeichnungsableitung sollte immer nur dann durchgeführt werden, wenn die Änderung wirklich übernommen werden soll, denn bei sehr umfangreichen Zeichnungen, kann die Aktualisierung schon mal bis zu 30 Minuten und mehr in Anspruch nehmen.

4.6.2 Was geschieht im Strukturbaum?

Die Strukturbäume des EINZELTEILS und der ZEICHNUNGSABLEITUNG haben, was die Darstellung und den Inhalt angeht, nichts mit einander zu tun. In keinem der beiden wird die andere Datei erwähnt.

Demnach müssen Sie bei der Vergabe des Dateinamens darauf achten, dass Sie auch Dritte auf die Existenz der anderen Datei hinweisen. Ob zu einer Zeichnungsableitung auch ein entsprechendes 3D-Modell existiert, erfahren Sie sonst erst, wenn die Ableitung geöffnet wurde.

Der Strukturbaum der ZEICHNUNGSABLEITUNG beinhaltet lediglich die Informationen über die Anzahl der sich in der Datei befindenden Arbeitsblätter und die darauf erstellen Ansichten. Sie sind namentlich mit den entsprechend vorangestellten Symbolen aufgeführt (▶ Abbildung 4.31).

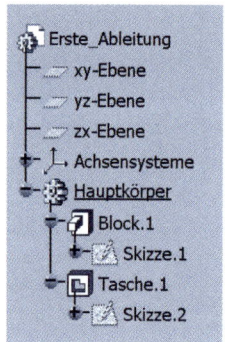

Abbildung 4.31: Strukturbaum der Ableitung und der des Einzelteils

4.6.3 Ansichten aufbereiten

Die Ansicht aufbereiten bedeutet nicht, dass noch einmal Änderungen vorgenommen werden, sondern es handelt sich um Einstellungen über die Sie beispielsweise VERDECKTE LINIEN, VERRUNDUNGEN, MITTELLINIEN etc. ein- bzw. ausblenden können.

Um beispielsweise UNSICHTBARE LINIEN der *Seitenansicht links* sehen zu können, klicken Sie auf den Ansichtsrahmen dieser Ansicht, und im Kontext-Menü wählen Sie den Eintrag EIGENSCHAFTEN. Im gleichnamigen Fenster bestehen die entsprechenden Möglichkeiten (▶ Abbildung 4.32).

Bestätigen Sie mit OK, und vorausgesetzt, Sie haben im Menü TOOLS/OPTIONEN/INFRASTRUKTUR/TEILEINFRASTRUKTUR/ALLGEMEIN/ die Option gesetzt, dass die Aktualisierung manuell ausgeführt werden soll, werden sich die Änderungen erst nach dem Anklicken des Icons ALLES AKTUALISIEREN auswirken (▶ Abbildung 4.33).

4.6 3D-Modell ändern

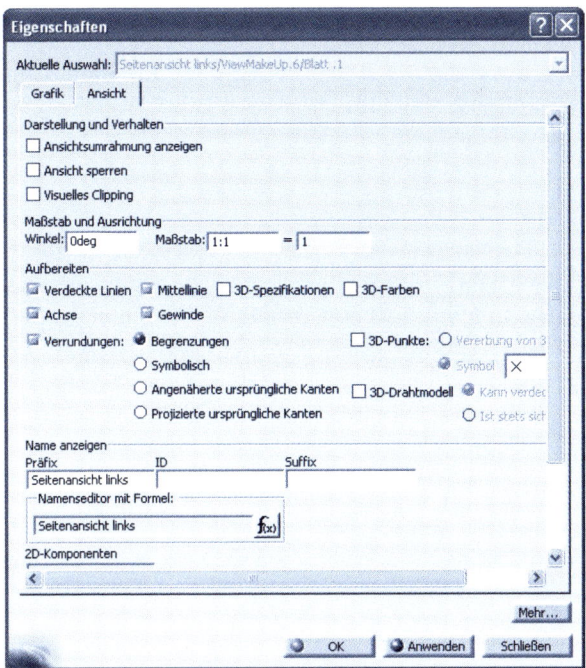

Abbildung 4.32: Ansichten aufbereiten, wie beispielsweise Verdeckte Linien

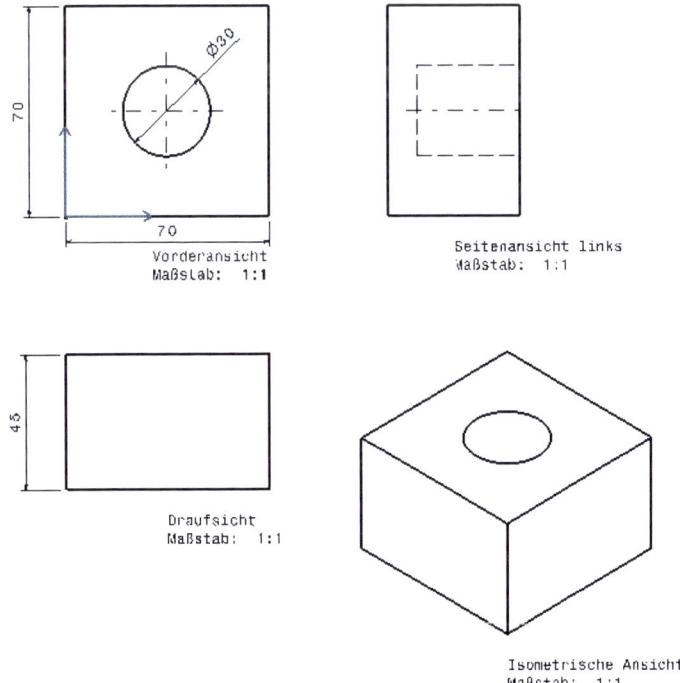

Abbildung 4.33: Die Seitenansicht links wurde aufbereitet

4.6.4 Ansichten sperren

Mit der Option einzelne ANSICHTEN SPERREN zu können, haben Sie die Möglichkeit nach Fertigstellung der Zeichnungsableitung sämtliche Ansichten einzeln zu sperren, so dass sich Änderungen im 3D-Modell nicht mehr auswirken können. Auch eine automatische Aktualisierung zeigt keinerlei Wirkung.

Sie klicken entweder auf den Ansichtsrahmen dessen Ansicht gesperrt werden soll, oder Sie markieren die entsprechende Ansicht im Strukturbaum. Mit gedrückt gehaltener STRG -Taste können Sie mehrere Ansichten nacheinander wählen. Öffnen Sie das Kontext-Menü und wählen den Eintrag EIGENSCHAFTEN und aktivieren im nachfolgenden Fenster die Option ANSICHT SPERREN. Bestätigen Sie Ihre Änderung mit OK (▶ Abbildung 4.34).

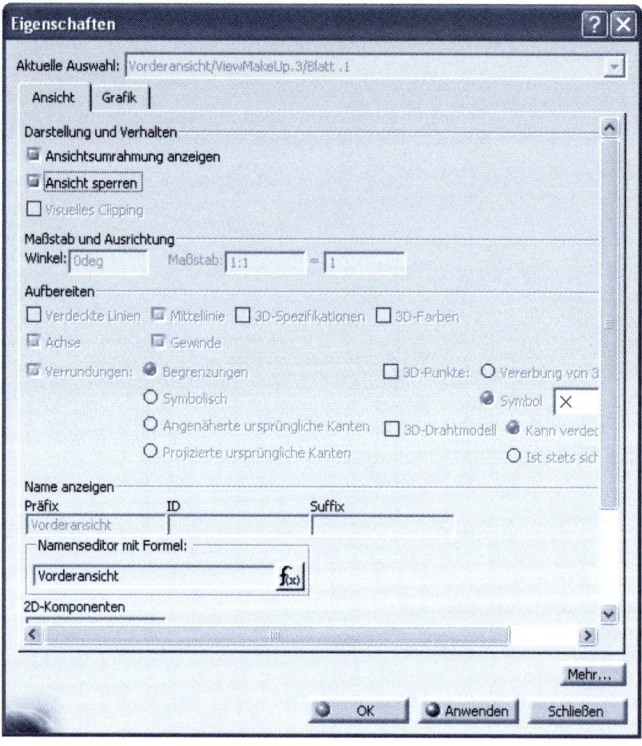

Abbildung 4.34: Ansicht kann gesperrt werden

Wenn wir diese Einstellungen in der Datei *Erste_Ableitung.CATDrawing* bezogen auf alle Ansichten durchführen, ändert sich innerhalb der Zeichnung gar nichts. Im Strukturbaum hingegen ist sehr wohl eine Veränderung festzustellen (▶ Abbildung 4.35).

4.6 3D-Modell ändern

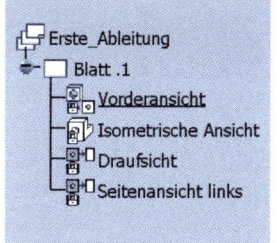

Unterhalb der Symbole jeder gesperrten Ansicht ist ein kleines Schloss zu sehen. Das ist noch mal der Hinweis darauf, dass diese Ansichten gesperrt sind und nicht aktualisiert werden können. Ein UPDATE bleibt ohne Folgen.

Abbildung 4.35: Strukturbaum mit gesperrten Ansichten

Übung 4.2 In der Datei *Ueberwurfmutter.CATDrawing* blenden Sie in der Seitenansicht die unsichtbaren Linien ein. Im EINZELTEIL ändern Sie den *Bohrungsdurchmesser* von 10mm auf 11mm. Aktualisieren Sie anschließend die Zeichnung und sichern die Dateien unter den vorgegebenen Namen. Sperren Sie im Anschuss sämtlichen Ansichten der Zeichnung und sichern Sie die Datei erneut.

Bis jetzt haben Sie den Assistenten eingesetzt um eine Ableitung zu erzeugen. Für die klassischen Ansichten ist er auch sehr hilfreich, da Zeichnungsableitungen relativ schnell und einfach erzeugt werden können. Wenn jedoch SCHNITTE, DETAILANSICHTEN, etc erforderlich sind, kommen andere Funktionen zu Einsatz.

Bevor wir dazu übergehen unterschiedliche Ansichten zu erzeugen, werden wir aufgrund der Bildvorlage *Druckzylinder_Skizze.bmp* eine Skizze und das entsprechende 3D-Modell erzeugen (▶ Abbildung 4.36).

Dieses 3D-Modell, das Sie jetzt aufgrund der SKIZZE konstruieren, werden Sie später im Kapitel der *Baugruppenkonstruktion* wieder verwenden. Nutzen Sie die Konstruktion als Übung, um Ihre bisherigen Kenntnisse zu vertiefen.

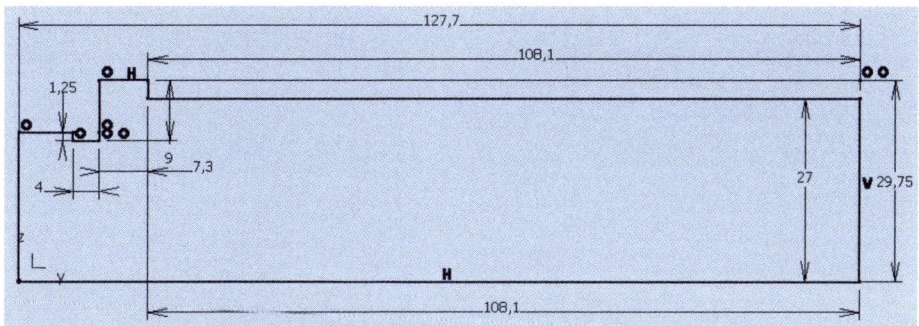

Abbildung 4.36: Aufgrund dieser Skizze soll das nächste 3D-Modell entstehen

4 ZEICHNUNGSABLEITUNG (DRAWING)

> **Alternative zur Übung 4.2** Möchten Sie die Konstruktion des Modells an dieser Stelle nicht selbst durchführen, laden Sie die Datei *Skizze-Druckzylinder.CATPart* und erstellen Sie aus der Skizze das entsprechende 3D-Modell und speichern die Datei unter dem vorgegebenen Namen.

Nach Erstellung des 3D-Körpers ist das Modell allerdings noch nicht fertig und es bedarf noch einiger Änderungen. Sehen Sie es als Übung und versuchen Sie anhand der nachfolgenden Zeichnung die Änderungen selbst einzubringen (▶ Abbildung 4.37).

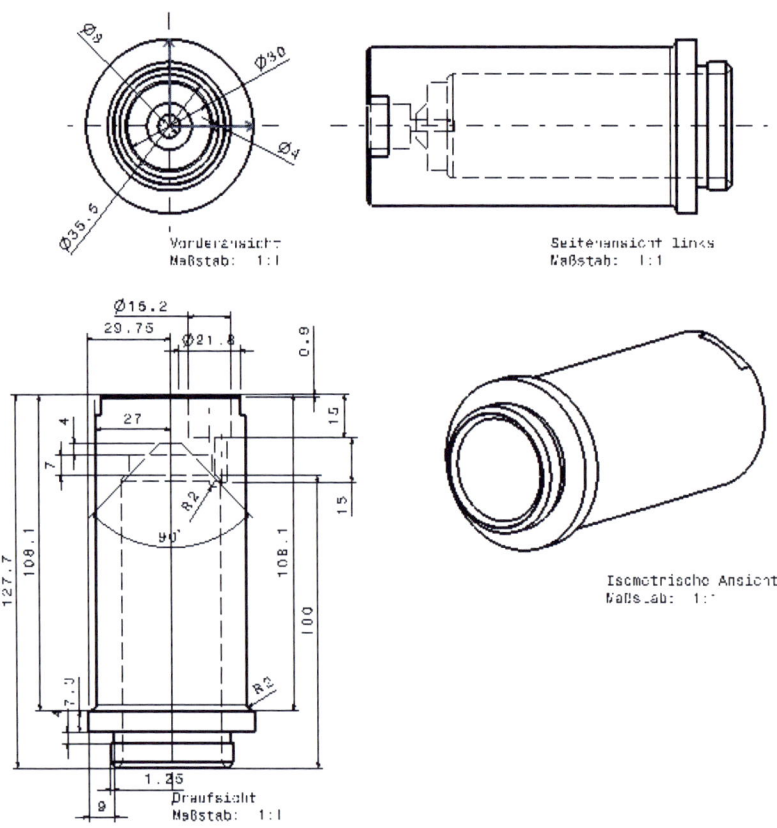

Abbildung 4.37: Maße der auszuführenden Änderungen

4.7 Unterschiedliche Ansichten erzeugen

Möchten Sie die Änderungen nicht selbst durchführen, können Sie selbstverständlich auch mit der bereits fertig gestellten Datei arbeiten. Sie ist unter dem Namen *Druckzylinder.CATPart* gespeichert.

Wenn Sie die Änderungen eigenständig durchgeführt haben, geben Sie der Datei den neuen Namen *Druckzylinder.CATPart*, da dieser Namen im nachfolgenden Text verwendet wird. Da noch keine Verknüpfungen mit anderen Dateien entstanden sind, nutzen Sie für die Umbenennung entweder die Funktion SICHERN UNTER… oder wenden Sie die SICHERUNGSVERWALTUNG an.

Das 3D-Modell *Druckzylinder.CATPart* wird für die nächsten Beispiele der Zeichnungsableitung herangezogen und sieht folgendermaßen aus (▶ Abbildung 4.38).

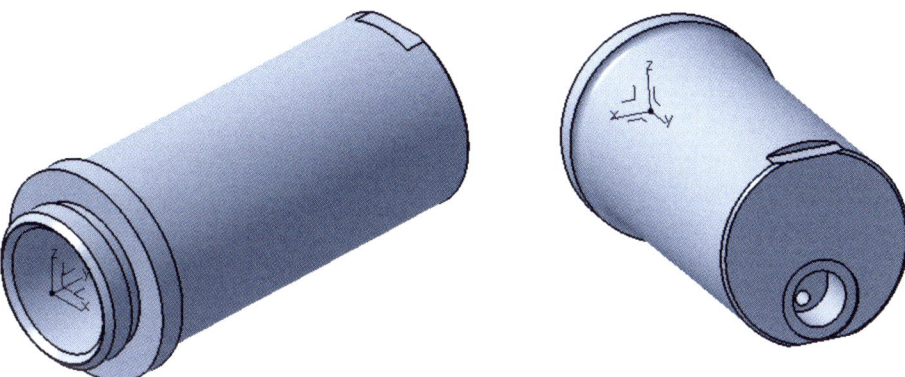

Abbildung 4.38: 3D-Ansicht des erzeugten Körpers

4.7 Unterschiedliche Ansichten erzeugen

Eine Variante dieser Ansichten haben Sie bereits im Assistenten kennen gelernt, die ISOMETRISCHE ANSICHT. Die unterschiedlichen Ansichten finden Sie auf der gleichnamigen Symbolleiste ANSICHTEN (▶ Abbildung 4.39).

Abbildung 4.39: Symbolleiste Ansichten

Bis auf die Funktionen PROJIZIERTE ANSICHT und HILFSANSICHT, stehen die Funktionen **nur** dann zur Verfügung, wenn das 3D-Modell geladen ist.

4.7.1 Erstellen einer Vorderansicht

Mit der Funktion VORDERANSICHT erstellen Sie nur diese eine Ansicht. Legen Sie ein neues leeres Zeichnungsblatt an, und legen Sie den Standard ISO fest. Da der Druckzylinder größer ist, als die vorherige Beispieldatei benutzen Sie jetzt das Format A2.

Nach der Aktivierung der Funktion VORDERANSICHT werden Sie über die Statuszeile aufgefordert, eine *Referenzebene* im 3D-Modell anzugeben. Über das Menü FENSTER wechseln Sie zum Druckzylinder.

Hier gilt es jetzt eine Ebene anzugeben. Entweder definieren Sie die Ebene damit, dass Sie entweder im Koordinatenkreuz eine Ebene wählen oder aber Sie nutzen den Eintrag im Strukturbaum. Aber auch ein einfacher Klick auf eine ebene Fläche des Modells führt dazu, dass sich das Modell in die entsprechende Position dreht. Klicken Sie bitte auf die ZX-EBENE.

Da der Druckzylinder auf Basis der YZ-EBENE konstruiert wurde, kann es sein, dass die VORDERANSICHT den Zylinder zunächst von unten darstellt. Nutzen Sie dann die oben rechts eingeblendeten Pfeile dazu, die Ansicht um 180 Grad um die X-ACHSE zu drehen (▶ Abbildung 4.40).

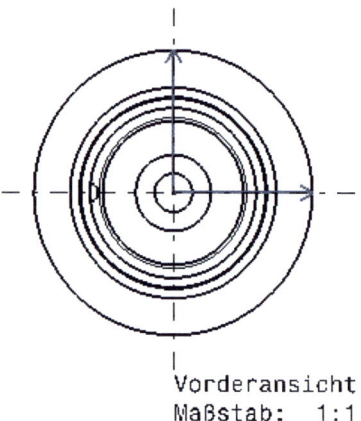

Abbildung 4.40: Festgelegte Vorderansicht über die ZX-Ebene

Die Funktion der ERWEITERTEN VORDERANSICHT finden Sie im Fly-Out-Menü der Funktion VORDERANSICHT (▶ Abbildung 4.41).

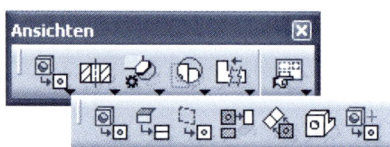

Abbildung 4.41: Fly-Out-Menü der Funktion Vorderansicht

4.7 Unterschiedliche Ansichten erzeugen

Nach Aktivierung der Funktion ERWEITERTE VORDERANSICHT. besteht zusätzlich die Möglichkeit, den Maßstab der Ansicht zu ändern. Nach Aktivierung der Funktion wird ein Fenster eingeblendet, in dem Sie die Änderung des Maßstabs vornehmen können. Bestätigen Sie die Eingabe mit OK und geben in der 3D-Umgebung die Ebene an, wird die Ansicht entsprechend des geänderten Maßstabs erstellt (▶ Abbildung 4.42).

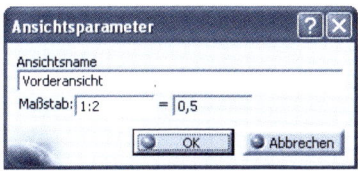 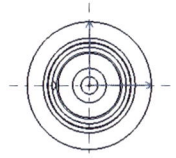

Abbildung 4.42: Geänderter Maßstab durch die Funktion Erweiterte Vorderansicht

4.7.2 Die Isometrische Ansicht

Bei dieser Ansicht handelt es sich um eine perspektivische Darstellung in der zweidimensionalen Arbeitsumgebung. Nach der Aktivierung der Funktion ISOMETRISCHE ANSICHT werden Sie aufgefordert, in der 3D-Umgebung eine Referenzebene zu wählen. Es ist hierbei allerdings auch möglich direkt eine beliebige Stelle des Modells anzuklicken.

4.7.3 Darstellung verschiedener Schnitte

Diese Darstellung ist mit unter die aussagekräftigste Form, wie Bauteile aufgebaut sind und wie sie am sinnvollsten eingesetzt werden können. Mittels Schnittdarstellungen sind Sie in Lage das Innere eines Bauteils sehen zu können um schon beim Einbau auf eventuelle Probleme richtig reagieren zu können.

In CATIA V5 wird zwischen dem AUSGERICHTETEN SCHNITT und dem ABGESETZTEN SCHNITT unterschieden. Die Funktionen befinden sich auf der Symbolleiste ANSICHTEN und über das Fly-Out-Menü der Funktion ABGESETZTER SCHNITT können Sie auf die einzelnen Schnittfunktionen zugreifen (▶ Abbildung 4.43).

Erzeugen einer Schnittlinie

Um einen Schnitt darstellen zu können, benötigen Sie mindestens eine 2D-Ansicht des Modells. Die Wahl der Ansicht, aus der ein Schnitt hervorgehen soll, bleibt Ihnen überlassen. Es gibt keine Einschränkung. Selbst aufgrund der ISOMETRISCHEN ANSICHT können Sie einen Schnitt ableiten.

Haben Sie eine Ansicht gewählt, müssen Sie diese zunächst aktivieren, indem Sie mit der linken Maustaste einen Doppelklick auf die Ansichtsumrahmung ausführen.

Aktivieren Sie beispielsweise die Funktion ABGESETZTER SCHNITT. Innerhalb der gewählten Ansicht legen Sie den Startpunkt der Schnittlinie fest, indem Sie mit der linken Maustaste einmal klicken.

Führen Sie die an der Maus hängende Linie auf die gegenüberliegende Seite der Ansicht. Führen Sie jetzt einen Doppelklick aus, und schieben Sie die Maus auf die Seite der Ansicht, wo der Schnitt abgesetzt werden soll.

Soll die Schnittlinie durch den Mittelpunkt verlaufen, und Sie führen die Maus nach aktivierter Funktion an die Mittellinie heran, so wird diese angezeigt und „gefangen" und die Schnittlinie kann erzeugt werden.

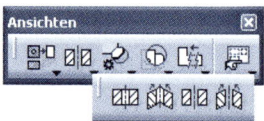

Abbildung 4.43: Unterschiedliche Schnittdarstellungen

Abgesetzte Schnitte (Offset Section View)

Bei der Funktion ABGESETZTER SCHNITT (OFFSET SECTION VIEW) wird die sich im Hintergrund befindende Geometrie zusätzlich dargestellt (▶ Abbildung 4.44).

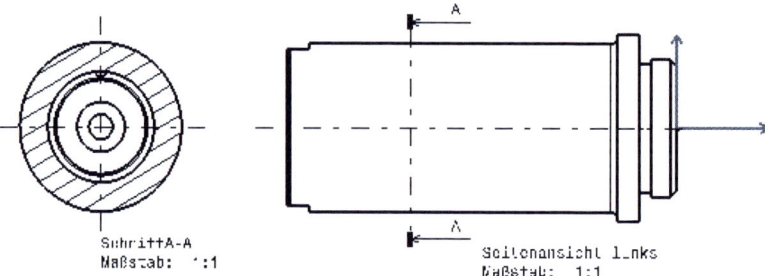

Abbildung 4.44: Abgesetzter Schnitt – die dahinter liegende Geometrie ist sichtbar

Bei der Funktion ABGESETZTER 3D-SCHNITT (ALIGNED SECTION VIEW) wird die sich im Hintergrund befindende Geometrie nicht dargestellt (▶ Abbildung 4.45).

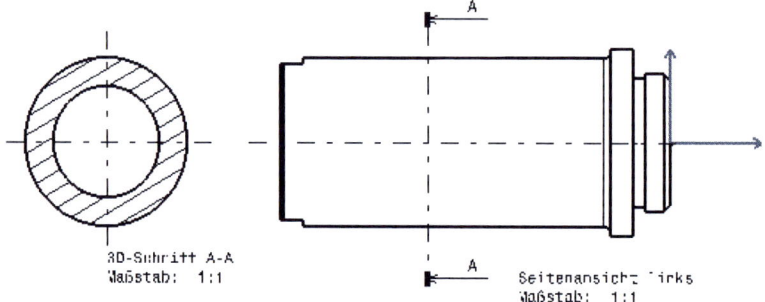

Abbildung 4.45: die im Hintergrund liegende Geometrie ist nicht sichtbar

Ausgerichtete Schnitte (Aligned Section View)

Im Gegensatz zum ABGESETZTEN SCHNITT, sind Sie beim Ausgerichteten Schnitt nicht am vertikalen bzw. horizontalen Verlauf der Schnittebene gebunden.

Auch beim AUSGERICHTETEN SCHNITT wird die sich im Hintergrund befindende Geometrie dargestellt (▶ Abbildung 4.46).

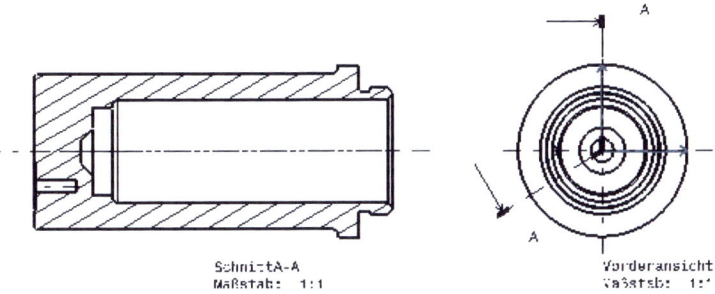

Abbildung 4.46: Ausgerichteter Schnitt mit sichtbarer Geometrie im Hintergrund

Wie beim AUSGERICHTETEN SCHNITT wird auch beim AUSGERICHTETEN 3D-SCHNITT keine Hintergrundgeometrie angezeigt (▶ Abbildung 4.47).

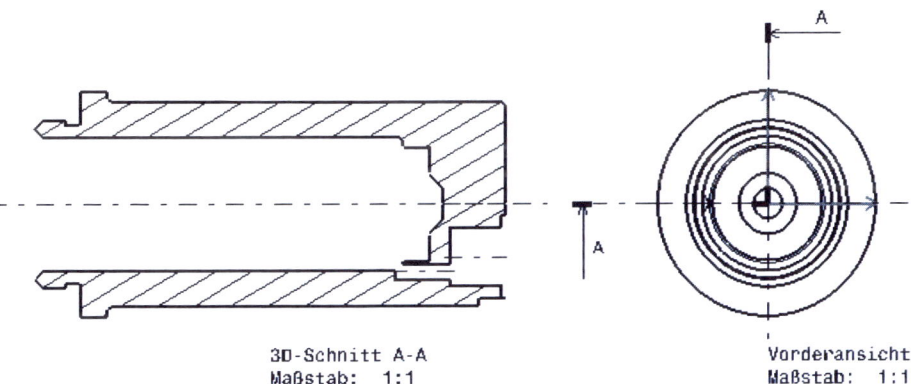

Abbildung 4.47: Hintergrundgeometrie wird nicht angezeigt

Funktion Profilrichtung umkehren

Bezogen auf die ▶ Abbildung 4.47 wird die Profilrichtung mit A-A bezeichnet. Möchten Sie die Profilrichtung im Nachhinein ändern, so klicken Sie in der Ansicht doppelt auf einen der Pfeile, die in diesem Beispiel mit „A" gekennzeichnet sind.

CATIA V5 wechselt den Bereich und über die Funktion PROFILRICHTUNG UMKEHREN haben Sie die Möglichkeit die Ansicht zu ändern. Die Funktion PROFILRICHTUNG UMKEHREN befindet sich auf der Symbolleiste BEARBEITEN/ERSETZEN (▶ Abbildung 4.48).

Abbildung 4.48: Funktionen zur Bearbeitung der Schnittdarstellung

 Nach Aktivierung der Funktion PROFILRICHTUNG umkehren ändert sich die Darstellung der Pfeile, die die Profilrichtung anzeigen.

 Mittels der Funktion PROFILBEARBEITUNG verlassen kehren zur Zeichnungsableitung zurück.

4.7.4 Projizierte Ansichten

Bei der ISOMETRISCHEN ANSICHT, die Sie bereits in Verbindung mit dem ASSISTENT FÜR ANSICHTSERZEUGUNG kennen gelernt haben, handelt es sich auch um eine Projektion.

Haben Sie bei der Ansichtserstellung nicht den Assistenten zur Hilfe genommen, benötigen aber trotzdem eine Seiten- oder Draufsicht, können Sie diese Ansichten mit Hilfe der Funktion *Projizierte Ansicht* erzeugen.

 Ist eine Ansicht erstellt, aktivieren Sie die Funktion PROJIZIERTE ANSICHT. Führen Sie die Maus anschließend auf die rechte oder linke Seite, werden automatisch die Seitenansichten erstellt, die es dann lediglich zu positionieren gilt. Führen Sie die Maus in vertikaler Richtung, entsteht zum einen die Draufsicht, bzw. die Ansicht von unten (▶ Abbildung 4.49).

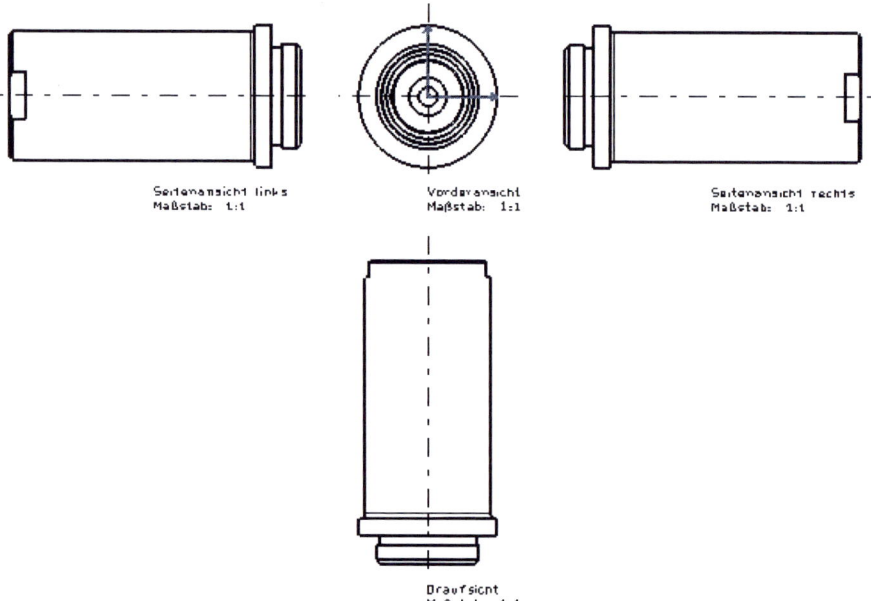

Abbildung 4.49: Projizierte Seitenansichten links und rechts

4.7 Unterschiedliche Ansichten erzeugen

> **Beachten Sie** Beim Erzeugen von Projektionen einer Hauptansicht wird bis zum Absetzen der Ansicht die richtige Betrachtungsrichtung beachtet. Nach dem Absetzen Ansicht von links, kann diese von der für uns richtigen Platzierung rechts auf die linke Seite geschoben werden.

4.7.5 Detaillierte Ansichten erzeugen

Bei DETAILANSICHTEN handelt es sich um einen stark vergrößerten Ausschnitt. Diese Ansichten kommen immer dann zum Einsatz, wenn Sie auf besondere Dinge hinweisen möchten, die in einer normalen Ansicht schnell übersehen werden können. Damit die Funktion angewendet werden kann, muss die entsprechende Ansicht aktiviert sein. Die entsprechenden Funktionen finden Sie auf der Symbolleiste Ansichten (▶ Abbildung 4.50).

Abbildung 4.50: Funktionen der Detailansichten

Nach Aktivierung der Funktion DETAILANSICHT werden Sie über die Statuszeile aufgefordert, einen Kreismittelpunkt zu definieren, damit Sie einen Kreis um den größer darzustellenden Bereich aufziehen können. Klicken Sie mit der linken Maustaste um den Mittelpunkt festzulegen, ziehen einen Kreis in gewünschter Größe auf und klicken erneut mit links, wenn die richtige Größe des Ausschnitts erreicht ist (▶ Abbildung 4.51).

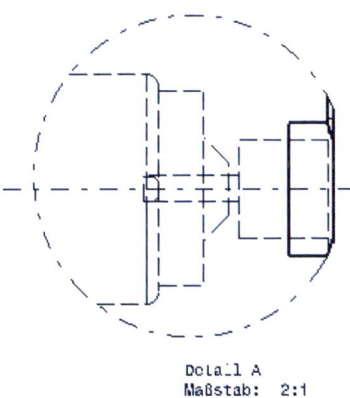

Abbildung 4.51: Detailansicht im Maßstab 2:1

Den eingestellten Maßstab von 2:1 können Sie können Sie jederzeit ändern. Wählen Sie im Kontext-Menü der Ansicht den Eintrag EIGENSCHAFTEN. Über den „Reiter" ANSICHT können Sie die Einstellungen bezüglich des Maßstabs ändern.

Mit der Funktion DETAILANSICHTSPROFIL, können Sie das Aussehen des Ausschnitts selbst bestimmen, indem Sie den größer darzustellenden Bereich mittels eines zusammenhängenden Lienenzugs einrahmen und sich so auf die wesentlichen Dinge beschränken können (▶ Abbildung 4.52).

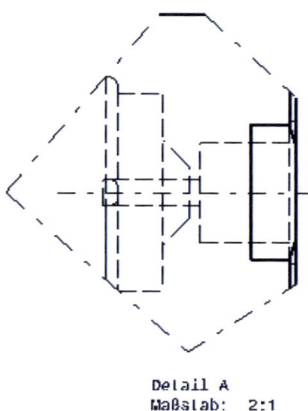

Abbildung 4.52: Ausschnitt über einen Linienzug erstellt

> **Beachten Sie** In einer Detailansicht wird die Bemaßung **nicht** dargestellt.

4.7.6 Clipping-Ansicht

Das Wort *Clipping* kommt aus dem englischen und bedeutet soviel wie Ausschnitt bzw. Verschnitt und genau das wird mit dieser Funktion erzeugt beziehungsweise angezeigt. Es handelt sich hierbei auch um eine Art Detailansicht, nur wird bei dieser Funktion der gewählte Ausschnitt nicht vergrößert dargestellt, sondern der Rest wird abgeschnitten. Um die Funktion anwenden zu können, muss die gewählte Ansicht aktiviert sein. Die Funktionen befinden sich auf der Symbolleiste ANSICHTEN (▶ Abbildung 4.53).

Abbildung 4.53: Funktion um einen Ausschnitt zu erzeugen

4.7 Unterschiedliche Ansichten erzeugen

Wenn Sie die Funktion CLIPPINGANSICHT aktivieren, werden Sie wie bei der Detailansicht über die Statuszeile aufgefordert, einen Mittelpunkt festzulegen, damit Sie um den darzustellenden Bereich einen Kreis aufziehen können. Ist der Ausschnitt groß genug klicken Sie erneut mit der linken Maustaste. Es wird nur der gewählt Ausschnitt angezeigt, der Rest wird abgeschnitten. Die Bemaßung wird allerdings übernommen (▶ Abbildung 4.54).

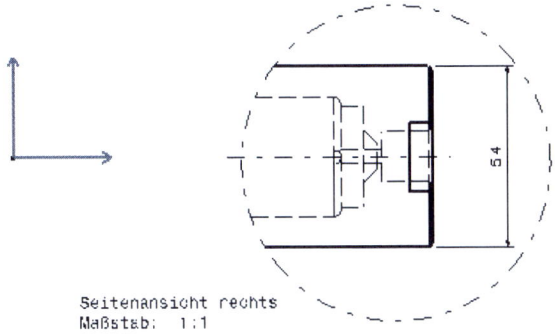

Abbildung 4.54: Die Funktion Clipping zeigt nur den gewählten Bereich

Nachdem Sie die Funktion PROFIL FÜR CLIPPING-ANSICHT aktiviert haben, wird der darzustellende Ausschnitt nicht mittels eines Kreises hervorgehoben, sondern durch einen eignes erzeugten Linienzug. Auch bei dieser Funktion wird der Rest der Ansicht nicht dargestellt. Die Bemaßung bleibt selbst dann erhalten, wenn der darzustellende Bereich nicht angezeigt wird (▶ Abbildung 4.55).

Abbildung 4.55: Profil für Clipping-Ansicht

Der nicht dargestellte Bereich ist nicht gelöscht. Um beispielsweise die Ansicht der Seitenansicht rechts wieder in den Ursprung zu setzen, öffnen Sie das Kontext-Menü der Ansicht und wählen den Eintrag OBJEKT SEITENANSICHT RECHTS/ABSCHNEIDEN AUFHEBEN.

4.8 Zeichnungen bemaßen

Bei der Bemaßung einer Zeichnung haben Sie mehrere Möglichkeiten. Zum einen steht Ihnen die Funktion BEMAßUNGEN GENERIEREN zur Verfügung, mit der die Maße, die im SKETCHER erstellt worden sind, in die Ableitung übertragen werden können Die Funktion befindet sich auf der Symbolleiste ERZEUGUNG (▶ Abbildung 4.56).

Abbildung 4.56: Symbolleiste Erzeugung mit nur einer Funktion – Bemaßungen generieren

Aktiveren Sie die Funktion BEMAßUNGEN GENERIEREN wird eine Analyse durchgeführt, um festzustellen welche Maße vorhanden sind (▶ Abbildung 4.57).

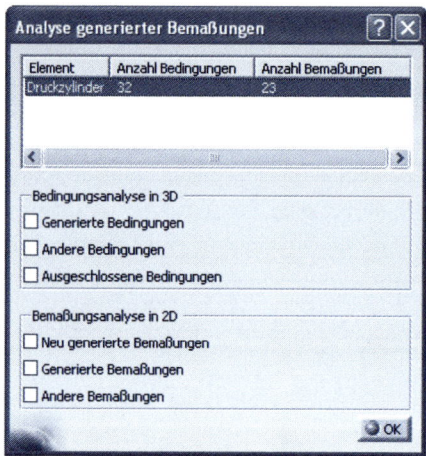

CATIA hat die Anzahl der Bedingungen sowie die der Bemaßungen festgestellt. Mit Bestätigung durch OK, werden die Maße auf die entsprechenden Ansichten übertragen.

Abbildung 4.57: Ergebnis der Skizzen-Analyse

Da im SKIZZIERER nur die Maße der Kontur des 3D-Modells erzeugt werden können, müssen alle weiteren nach Fertigstellung mittels der *Bemaßungsfunktionen* eingefügt werden.

Zum anderen stehen Ihnen die entsprechenden Funktionen zur Verfügung, die über das Fly-Out-Menü der Funktion BEMAßUNGEN gewählt werden können. Beim Anklicken dieser Funktion wird zusätzlich die Symbolleiste TOOLAUSWAHL eingeblendet, wo Sie festlegen können, ob ein Maß ausgerichtet oder etwa vertikal dargestellt werden soll (▶ Abbildung 4.58).

4.8 Zeichnungen bemaßen

Handelt es sich um eine durchgezogene Linie, die bemaßt werden soll, aktivieren Sie die Funktion *Bemaßungen*, klicken einmal auf die Linie, und das Maß wird anzeigt. Mit der Maus wird es positioniert. Ob die Linie vertikal, horizontal oder ausgerichtet dargestellt ist, spielt bei dieser Einstellung keine Rolle.

Abbildung 4.58: Symbolleiste Toolauswahl eingeblendet

Möchten Sie die komplette Länge oder Breite eines Bauteils bemaßen, aktivieren Sie die Funktion BEMAßUNGEN und klicken die Linien, deren Abstand Sie messen möchten, nach einander an (▶ Abbildung 4.59).

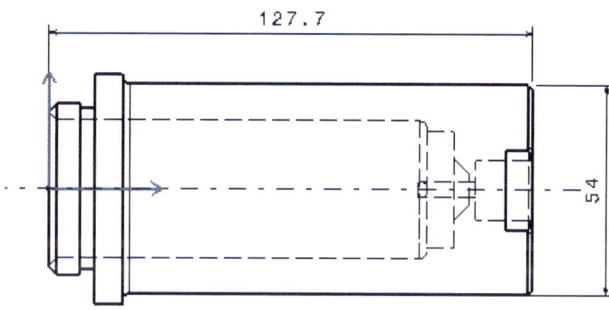

Abbildung 4.59: Eigens erstellte Bemaßung

4.8.1 Radius bemaßen

Nachdem Sie die Funktion RADIUS aktiviert haben, klicken Sie auf das entsprechende Objekt und direkt im Anschluss wird das Maß angezeigt. Mit der Maus können Sie dann das Maß positionieren und nach einem weiteren Klick absetzen. Als Kennzeichnung ist vor dem Maß der Buchstabe „R" für RADIUS zu sehen (▶ Abbildung 4.60).

4.8.2 Durchmesser bemaßen

Die Funktion DURCHMESSER wenden Sie genau so an, wie die Funktion RADIUS. Beim Anklicken eines Kreises oder eines Bogens wird das Maß angezeigt und nach der Positionierung mit einem Klick abgesetzt (▶ Abbildung 4.60).

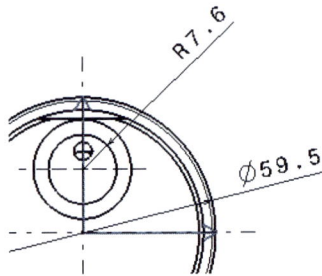

Abbildung 4.60: Darstellung der Radien- bzw. Durchmesserbemaßung

4.8.3 Winkel bemaßen

Bei der WINKELBEMAßUNG klicken Sie die Linien deren Winkel Sie beschreiben möchten nach einander an, und Sie können das angezeigte Maß mit der Maus positionieren. Dabei ist es unerheblich, welche Linie zuerst angeklickt wird (▶ Abbildung 4.61).

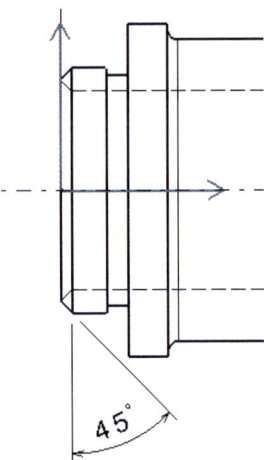

Abbildung 4.61: Winkelbemaßung in einer Ansicht

4.8.4 Bemaßung einer Fase

Bei der Funktion FASENBEMAßUNG gilt es, eine abgeschrägte Ecke mit einem Maß zu versehen. Nach Aktivierung der Funktion FASENBEMAßUNG wird auch hier eine Symbolleiste TOOLAUSWAHL eingeblendet, da es unterschiedliche Möglichkeiten gibt, die Bemaßung einer Fase darzustellen (▶ Abbildung 4.62).

Abbildung 4.62: Unterschiedliche Darstellungen der Fasenbemaßung

Die Standardeinstellung ist LÄNGE X LÄNGE. Das bedeutet, das eine Maß steht für die Länge in X-Richtung und das andere für die Y-Richtung. Über die beiden Optionen auf der rechten Seite, die als *ein Symbol* und *zwei Symbole* benannt sind, legen Sie fest, wie die Bemaßung angeordnet wird (▶ Abbildung 4.63).

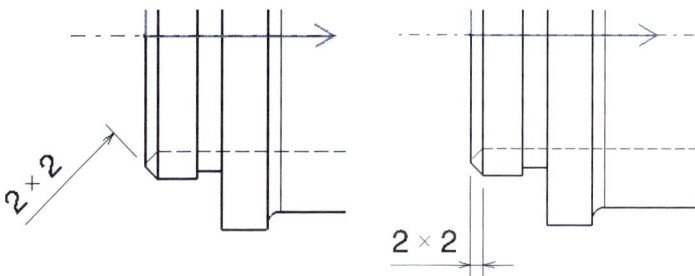

Abbildung 4.63: Fasenbemaßung mit der Darstellung über ein Symbol bzw. zwei Symbole

> **Beachten Sie** Möchten Sie die Darstellungsart der Fasenbemaßungen ändern, ist es nicht möglich sie mit einen Doppelklick auszuwählen, sondern sie muss neu erstellt werden.

4.9 Ableitung mehrerer Bauteile

Wenn es sich um Fertigungszeichnungen handelt, muss von jedem Bauteil eine Zeichnung vorhanden sein. Natürlich existieren auch Varianten, die sich nur geringfügig unterscheiden. Auch dafür müssen Zeichnungen erstellt werden. In kürzester Zeit würden demnach etliche Zeichnungen vorhanden sein, die nur ganz geringe Unterschiede aufweisen.

In CATIA V5 haben Sie unter ganz bestimmten Voraussetzungen die Möglichkeit, diese unterschiedlichen 3D-Modelle in nur einer einzigen Zeichnungsableitungsdatei darzustellen.

Um eine andere Variante des Modells in der Zeichnung darstellen zu können, ändern Sie lediglich die Verknüpfung der beiden Dateien.

Wie zuvor erwähnt, funktioniert das nur unter ganz bestimmten Voraussetzungen. Die abzuleitenden 3D-Modelle müssen dieselbe UUID aufweisen.

4.9.1 Was bedeutet UUID?

Bei der UUID (**U**nivesally **U**nipue **ID**entifier) handelt es sich um eine Zeichenfolge, über die sich eine Datei eindeutig identifizieren lässt. Sie wird innerhalb CATIA automatisch vergeben und kann nicht geändert werden.

Die UUID wird bei den nachfolgenden Funktionen neu vergeben:
- Datei/Neu…
- Datei/Neu aus…
- Datei/Sichern unter…(Die Option ALS NEUES DOKUMENT SICHERN muss aktiviert werden)

Wird beispielsweise eine Datei kopiert und unter einem neuen Namen gespeichert, dann haben zwar beide Dateien unterschiedliche Namen, doch für CATIA V5 sind es nach wie vor dieselben Dateien, da sich die UUID nicht geändert hat. Auch der Austausch des Inhalts ändert nichts an der Situation.

4.9.2 Verknüpfungen zwischen Zeichnung und Bauteil ändern

Wir kommen zurück zu den beiden geringfügig abweichenden 3D-Modellen, die mit nur einer Zeichnungsdatei verknüpft werden sollen.

4.9 Ableitung mehrerer Bauteile

Als Beispiel nehmen wir eine Zeichnungsableitung mit dem Namen *Druckzylinder_Var.CATDrawing*, die dem 3D-Modell *Druckzylinder_Var1.CATPart* zugrunde liegt. Diese Zeichnung gilt es zunächst zu öffnen (▶ Abbildung 4.64).

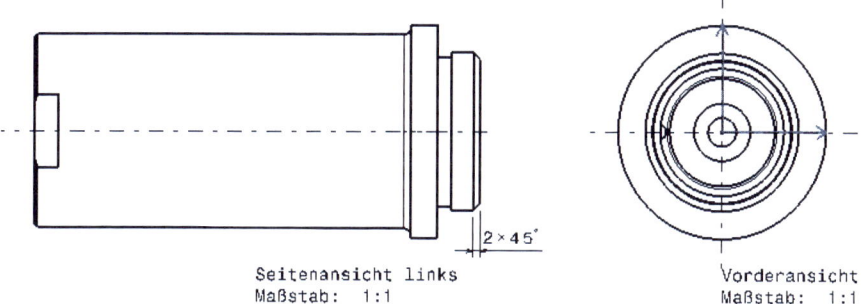

Abbildung 4.64: Zeichnungsableitung der Datei Druckzylinder_Var1

Diese geladene Zeichnungsableitung soll jetzt mit dem Modell *Druckzylinder_Var2.CATPart* verknüpft werden, sodass die Änderung im 3D-Modell nach einem Update der Zeichnung sichtbar wird.

Nachdem Sie die Zeichnung geöffnet haben, wählen Sie im Menü BEARBEITEN die Funktion VERKNÜPFUNGEN (▶ Abbildung 4.65).

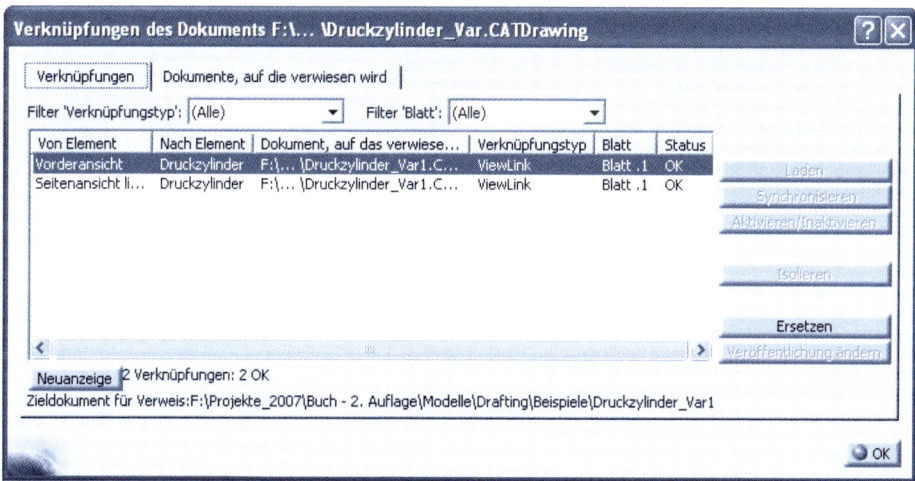

Abbildung 4.65: Verknüpfung zum 3D-Modell wird angezeigt

Aktivieren Sie den Reiter DOKUMENTE AUF DIE VERWIESEN WIRD und Sie sehen das 3D-Modell aus dem die Zeichnung resultiert (▶ Abbildung 4.66).

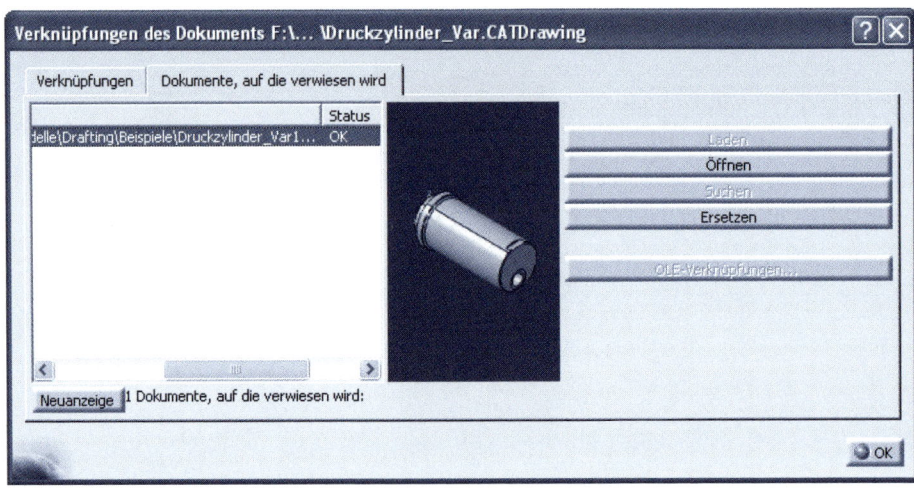

Abbildung 4.66: Zeichnung resultiert aus der Variante1

Um jetzt die Zeichnung mit dem 3D-Modell Druckzylinder_Var2 zu verknüpfen, wählen Sie die Schaltfläche ERSETZEN und im nachfolgenden Fenster Dateiauswahl klicken Sie auf die Datei Druckzylinder_Var2 (▶ Abbildung 4.67).

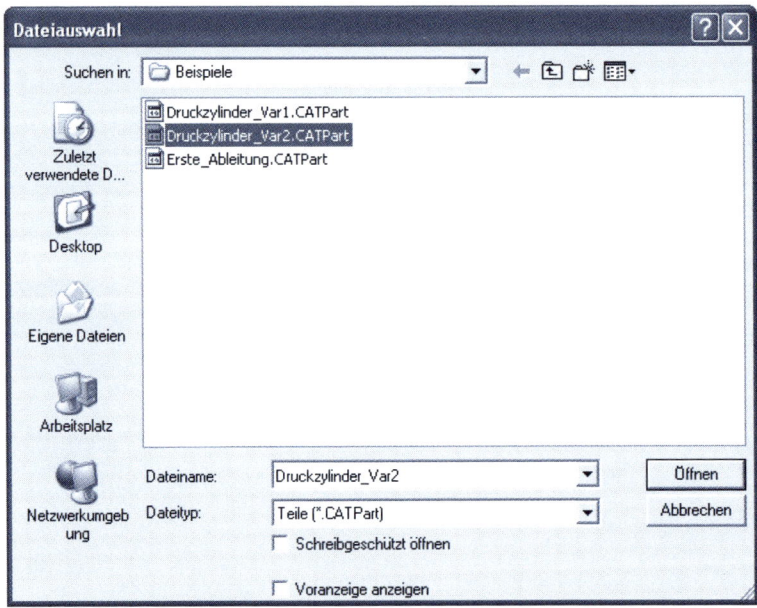

Abbildung 4.67: die neu zu verknüpfende Datei wählen

Klicken Sie auf ÖFFNEN und im nachfolgenden Fenster sehen Sie, mit welcher Datei Sie die Zeichnung verknüpft haben (▶ Abbildung 4.68).

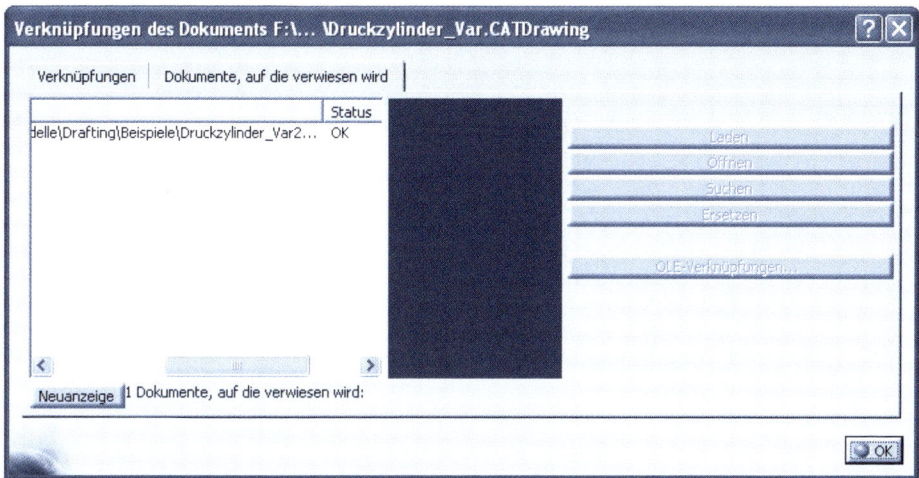

Abbildung 4.68: Die Verknüpfung mit Variante2 ist erfolgt

Bestätigen Sie die Änderung mit OK. Anschließend fehlt lediglich noch ein UPDATE der Zeichnungsableitung. Nach der Aktualisierung wird die Bemaßung der FASE aktualisiert (▶ Abbildung 4.69).

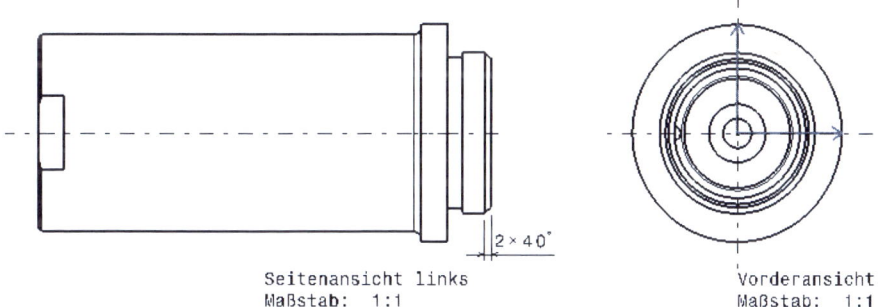

Abbildung 4.69: Die aktualisierte Bemaßung wird dargestellt.

Das diese Neu-Verknüpfungen möglich sind, liegt einzig und allein daran, dass die UUID beider 3D-Modelle gleich sind.

Flächenkonstruktion (Generative Shape Design)

5.1 Aufbau und Inhalt eines Flächenmodells 138
5.2 Erstellen einer Drahtgeometrie 142
5.3 Erzeugen von Flächen 157
5.4 Flächen bearbeiten 170
5.5 Körper aus einzelnen Flächen erzeugen 174
5.6 Erzeugen eines Volumenmodells (Solid) 176

ÜBERBLICK 5

5 FLÄCHENKONSTRUKTION (GENERATIVE SHAPE DESIGN)

Motivation

》 Bei der *Flächenkonstruktion* handelt es sich, wie auch bei den anderen Arbeitsumgebungen, um ein eigenständiges Tool innerhalb von CATIA V5. Es kann nur innerhalb dieser Umgebung ausgeführt werden. Diese Konstruktionsumgebung kommt immer dann zum Einsatz, wenn Bauteile erstellt werden müssen, die aus unregelmäßigen Oberflächen bestehen. Gerade in der Automobilindustrie, wo beispielsweise im Karosseriebau Kurven mit unterschiedlichen Radien aufeinandertreffen, stoßen Sie mit dem *Part Design* schnell an die Grenzen der zur Verfügung stehenden Möglichkeiten.

Bei der Flächenkonstruktion wird zwischen der flächen- und kurvenbasierten Arbeitsweise unterschieden. Bei der kurvenbasierten Arbeitsweise werden für die erzeugten Profile Ebenen im Raum erzeugt, die als Basis dienen. Aus der Drahtgeometrie können dann Flächen generiert werden.

Bei der flächenbasierten Arbeitsweise sind bereits Flächen vorhanden, die als Referenz genutzt werden. Aus diesen vorhandenen Referenzflächen wird neue Geometrie entwickelt.

Damit diese Bauteile im Anschluss an die Konstruktion für alle weiteren Vorhaben genutzt werden können, wie beispielsweise die Verarbeitung innerhalb eines Produkts, werden diese Bauteile innerhalb der Einzelteilkonstruktion in ein *Solid* (Festkörper) umgewandelt.

Die Arbeitsumgebung der Flächenkonstruktion starten Sie über das Menü START/ FLÄCHEN/GENERATIVE SHAPE DESIGN.

5.1 Aufbau und Inhalt eines Flächenmodells

Haben Sie die Arbeitsumgebung gestartet, werden Sie aufgefordert, einen neuen Namen für das zu erstellende Bauteil anzugeben (▶ Abbildung 5.1).

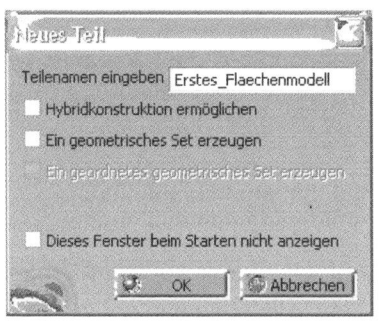

Diese Abfrage erscheint nur dann, wenn die Optionseinstellungen, die in der Einzelteilkonstruktion gewählt wurden, nicht geändert worden sind.

Abbildung 5.1: Dialogbox Neues Teil

Sie werden feststellen, dass die Vorgehensweise bezogen auf die Erstellung eines flächenbasierenden Bauteils eine andere ist als in der Einzelteilkonstruktion, in der Sie die Bauteile rein skizzenbasierend erstellen. Abgesehen von den Funktionen, die in dieser

5.1 Aufbau und Inhalt eines Flächenmodells

Arbeitsumgebung zur Verfügung gestellt werden, unterscheidet sich die Umgebung auf den ersten Blick nicht (▶ Abbildung 5.2).

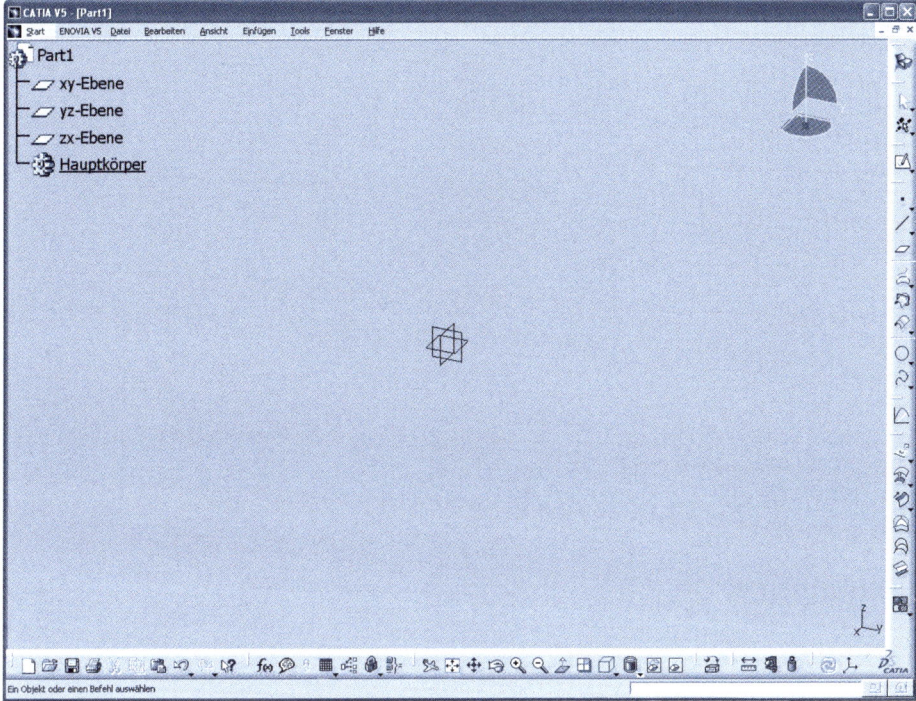

Abbildung 5.2: Arbeitsumgebung der Flächenkonstruktion

Damit die wichtigsten Bereiche der Arbeitsumgebung noch deutlicher werden, habe ich sie nachfolgend vergrößert dargestellt.

Oben links ist der Strukturbaum des Modells zu sehen. Ein Flächenmodell ist daran erkennbar, dass bei der ersten Funktion, die aktiviert wird, der Baum um den Eintrag GEOMETRISCHES SET erweitert wird (▶ Abbildung 5.3).

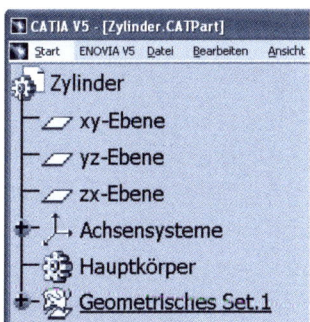

Abbildung 5.3: Strukturbaum eines Flächenmodells

5 FLÄCHENKONSTRUKTION (GENERATIVE SHAPE DESIGN)

Wie auch in den anderen Arbeitsumgebungen befindet sich oben rechts der KOMPASS, der für die Positionierung der Bauteile verwendet wird. Die erste vertikal angeordnete Symbolleiste zeigt das Icon der Umgebung *Flächenkonstruktion* (▶ Abbildung 5.4).

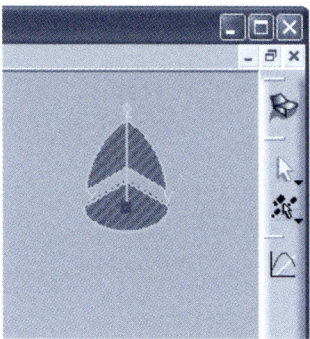

Abbildung 5.4: Der Kompass

Im unteren rechten Bildschirmrand befindet sich ein *Achsenkreuz*, das die aktuelle Ausrichtung des Modells anzeigt. Eine Ausrichtung auf dieses Achsensystem ist nicht möglich. Am unteren linken Bildschirmrand befindet sich die Statuszeile, die Sie darüber informiert, was nach der Aktivierung einer Funktion zu tun ist (▶ Abbildung 5.5).

 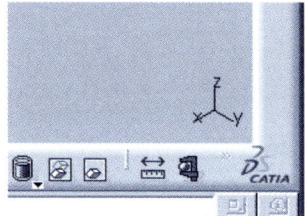

Abbildung 5.5: Statuszeile und ein Achsensystem, das die Ausrichtung anzeigt

5.1.1 Unterschiede zum Part Design

In der *Flächenkonstruktion* stehen Ihnen zwei Möglichkeiten zur Verfügung, um ein Modell zu konstruieren. Zum einen wie gewohnt über den Skizzierer, der in dieser Umgebung ebenfalls zur Verfügung steht, und zum anderen direkt in der 3D-Umgebung, mithilfe von *Referenzelementen* wie Punkte, Linien und Ebenen.

Ein weiterer Unterschied ist der, dass bis auf die Skizze alle Funktionen, die Sie während der Konstruktion verwenden, nicht im Hauptkörper abgelegt werden. Solange das Flächenmodell nicht in einen Festkörper umgewandelt worden ist, werden die Funktionen unter dem Eintrag GEOMETRISCHES SET abgelegt (▶ Abbildung 5.6).

Bis zu CATIA V5 R14 wurde an dieser Stelle noch mit der Bezeichnung *Geöffneter Körper* gearbeitet. Das vorangestellte Icon sowie der Verwendungszweck sind stets dieselben geblieben.

Wie diese Einträge zustande kommen, erläutere ich Ihnen anhand der nachfolgenden Beispiele.

5.1 Aufbau und Inhalt eines Flächenmodells

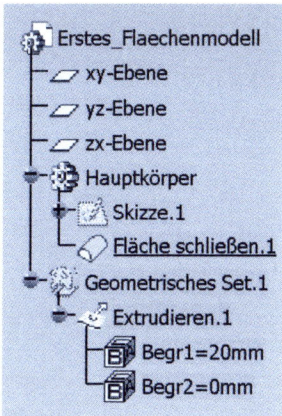

Abbildung 5.6: Strukturbaum mit Geometrischem Set

5.1.2 Der Strukturbaum

Auch in der Umgebung der *Flächenkonstruktion* sind der Strukturbaum, der Kompass sowie die Hauptebenen ständig zu sehen und können bei Bedarf ausgeblendet werden. Den Inhalt bzw. die Bedeutung einzelner Symbole werde ich Ihnen anhand der ▶ Abbildung 5.6 in der nachfolgenden Tabelle noch einmal erläutern. Das eine oder andere Symbol wird Ihnen dabei bekannt vorkommen (▶ Tabelle 5.1).

Tabelle 5.1

Symbolerklärung des Strukturbaums in Abbildung 5.6

Symbol	Bedeutung
	Symbol eines Einzelteils
	Hauptebenen
	Symbol des Hauptkörpers
	Symbol der Funktion FLÄCHE SCHLIEßEN. Die geometrischen Elemente und Funktionen aus dem *Geometrischen Set* werden mittels dieser Funktion zusammengefasst und unterhalb des Hauptkörpers abgelegt. Diese Funktion wird in der Umgebung des Part Design ausgeführt.
	Bis zur Umwandlung in ein Solid, werden alle Funktionen unterhalb eines Geometrischen Sets abgelegt.
	Funktion EXTRUDIEREN

5.2 Erstellen einer Drahtgeometrie

Damit Sie komplexe Flächen erzeugen können, ist es erforderlich, die geometrischen Grundelemente zu kennen, ohne die ein solches Vorhaben gar nicht möglich wäre. Bei diesen Grundelementen handelt es sich wie folgt um Punkte, Linien, Ebenen und Kurven.

Die Funktionen, die zur Erzeugung von Drahtgeometrien zur Verfügung stehen, finden Sie auf der Symbolleiste DRAHTMODELL (▶ Abbildung 5.7). Die wichtigsten Funktionen werde ich Ihnen anhand der nachfolgenden Beispiele erläutern.

Abbildung 5.7: Funktionen zur Erzeugung von Drahtmodellen

5.2.1 Funktion Punkt

Die Funktion PUNKT ist natürlich sehr vielseitig einsetzbar. Zum einen können Sie einen Punkt auf einem bereits bestehenden geometrischen Element erzeugen. Dabei kann es sich um eine Linie, eine Ebene oder eine Kurve handeln. Zum anderen kann es aber auch sein, dass noch gar keine Elemente existieren und sie diese erst durch die Definition eines Punkts erzeugen oder projizieren müssen.

Aus diesem Grund werden Sie nach der Aktivierung der Funktion PUNKT aufgefordert, einen *Punkttyp* auszuwählen, um festlegen zu können, wo und wie der Punkt erzeugt werden soll. Da wohl in den häufigsten Fällen Geometrie vorhanden ist, lautet hier die Standardeinstellung des Punkttyps AUF KURVE (▶ Abbildung 5.8).

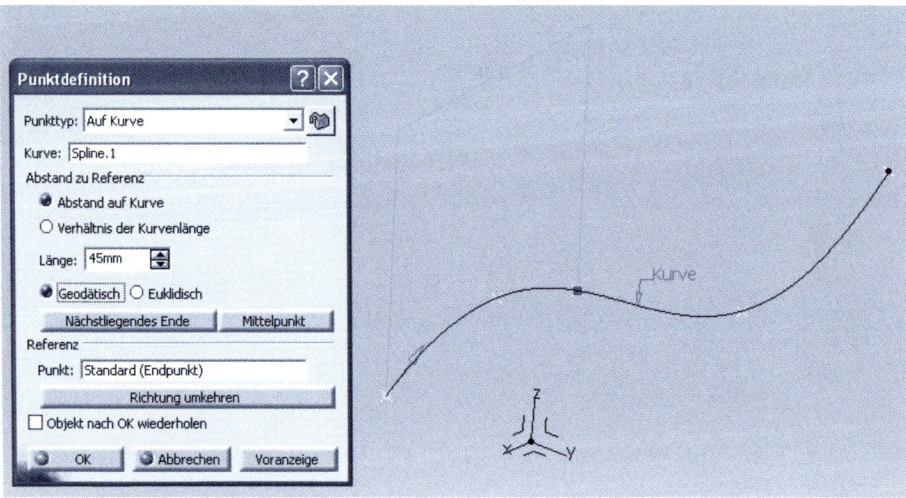

Abbildung 5.8: Dialogbox Punktdefinition

5.2 Erstellen einer Drahtgeometrie

Sie klicken zunächst einmal die Kurve an, auf der ein neuer Punkt definiert werden soll. Die anzugebende Länge bezieht sich auf den Abstand vom Startpunkt der Kurve. Im Beispiel der ▶ Abbildung 5.8 beträgt der Abstand 45mm. Befindet sich der Startpunkt Ihrer Meinung nach auf der anderen Seite der Kurve, so nutzen Sie die Schaltfläche RICHTUNG UMKEHREN.

Bezüglich der Entfernung vom Startpunkt existieren zwei Möglichkeiten, diesen Abstand zu definieren:

- Geodätisch: Der Abstand wird entlang der Kurve gemessen.
- Euklidisch: Der Abstand wird absolut vom Referenzpunkt aus gemessen.

Punkttyp: Koordinaten

Ist aber beispielsweise keine Geometrie vorhanden, wählen Sie im Listenfeld den Eintrag KOORDINATEN (▶ Abbildung 5.9).

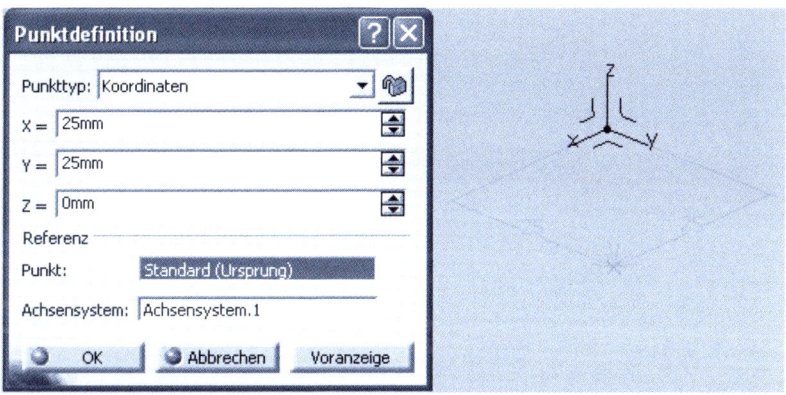

Abbildung 5.9: Angaben der Koordinaten erforderlich

Vom Nullpunkt ausgehend, ist es möglich, die entsprechenden Werte für die jeweilige Richtung einzutragen. Über die Schaltfläche VORANZEIGE können Sie die Eintragungen überprüfen, um sie dann mit OK zu bestätigen. Die erzeugten Punkte können dazu dienen, um beispielsweise Linien oder Kurven zu erzeugen oder um weitere Konstruktionsebenen zu positionieren.

Punkttyp: Auf Ebene

Bei den Ebenen, die es hier zu wählen gilt, kann es sich einmal um die drei Hauptebenen handeln, andererseits haben Sie auch die Möglichkeit, weitere Ebenen zu definieren, die Sie ebenfalls für die Positionierung eines neuen Punkts nutzen können.

Bei dem Punkttyp AUF EBENE klicken Sie auf die Ebene, auf der ein Punkt erzeugt werden soll. Die Entfernung bezüglich horizontal (H) und vertikal (V) werden vom Nullpunkt der gewählten Ebene gemessen.

Geben Sie beispielsweise für beide Entfernungen den Wert „0" ein, so wird sich CATIA am Koordinatenursprung orientieren (▶ Abbildung 5.10).

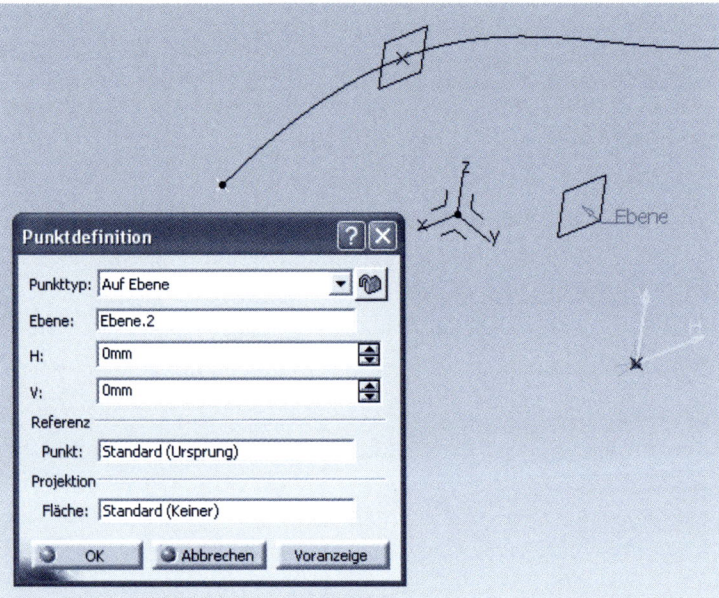

Abbildung 5.10: Punktdefinition auf Ebene

Hätten Sie hier den Punkt auf der Kurve als Referenzpunkt angegeben, würde sich der neue Punkt bezüglich der Maße in ▶ Abbildung 5.10 genau in der Mitte der neuen Ebene befinden (▶ Abbildung 5.11).

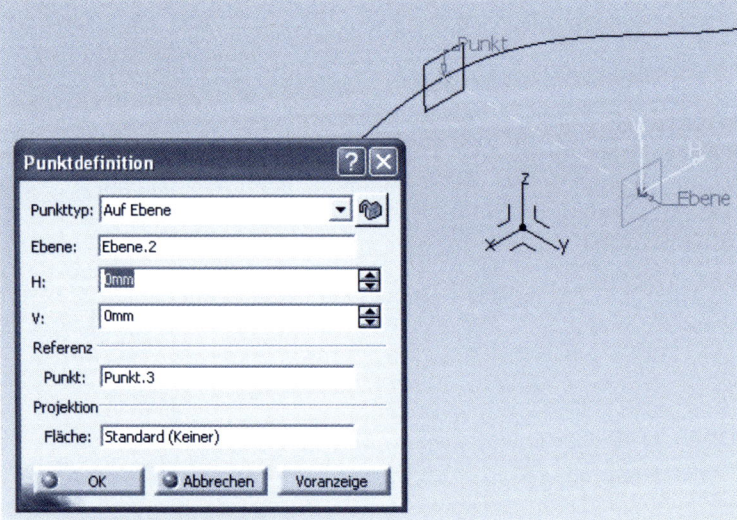

Abbildung 5.11: Unter Angabe eines Referenzpunkts befindet sich der Punkt auf der Ebene.

Punkttyp: Auf Fläche

Mittels des Punkttyps AUF FLÄCHE besteht die Möglichkeit, einen Punkt direkt auf einer Fläche zu erzeugen, unabhängig davon, ob die Fläche gekrümmt ist oder nicht. Nach Auswahl dieses Punkttyps wählen Sie zunächst die Fläche, auf der ein Punkt erzeugt werden soll. Dann wählen Sie eine Richtung und schließlich den Abstand, der vom Startpunkt aus gemessen wird (▶ Abbildung 5.12).

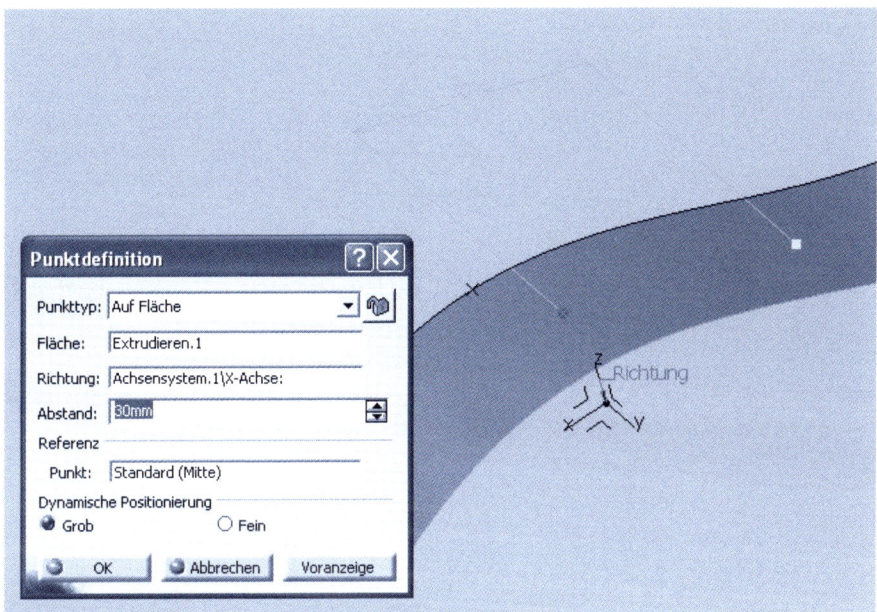

Abbildung 5.12: Punkt wird auf einer Fläche positioniert.

Es ist unerheblich, an welcher Stelle Sie die Fläche anklicken, da als Referenzpunkt die Mitte der Fläche ausgewählt wird. Mit dem Abstand wird die Entfernung vom Referenzpunkt bis zur Position des neuen Punkts definiert. Bestätigen Sie mit OK und der neue Punkt befindet sich direkt auf der Oberfläche.

Punkttyp: Zwischen

Bei dem Punkttyp ZWISCHEN wird zwischen zwei bestehenden Punkten ein weiterer Punkt erzeugt. Nach Aktivierung des Punkttyps ZWISCHEN sind Sie aufgefordert, zwei Punkte anzuklicken, um anschließend einen neuen Punkt definieren zu können (▶ Abbildung 5.13).

5 FLÄCHENKONSTRUKTION (GENERATIVE SHAPE DESIGN)

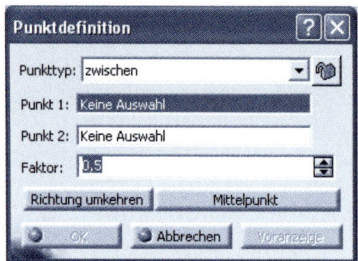

Um den Abstand des neuen Punkts zu definieren, wird hier kein Maß für eine Entfernung verlangt, sondern es ist ein Faktor anzugeben.

Die Standardvorgabe beträgt „0,5". Diese Angabe oder die Nutzung der Option MITTELPUNKT führt zum gleichen Ergebnis.

Abbildung 5.13: Punktdefinition Zwischen

Beträgt der Abstand beider Punkte beispielsweise 40mm und Sie geben einen Faktor von „0,1" vor, so beträgt der Abstand zum neuen Punkt ein Zehntel der gesamten Entfernung (▶ Abbildung 5.14).

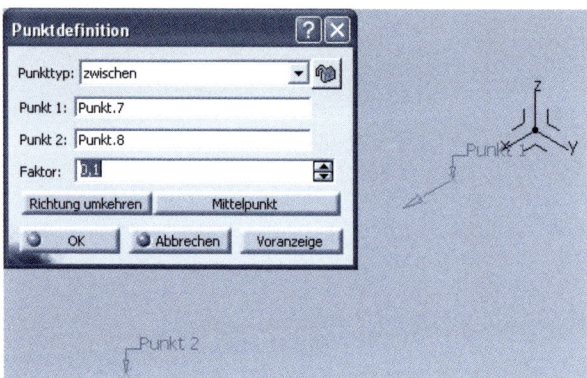

Die Nutzung des Punkttyps ZWISCHEN ist nur auf ebenen Körperflächen möglich.

Abbildung 5.14: Abstand zum neuen Punkt mit geändertem Faktor

5.2.2 Funktion Linie

Um eine Linie zu definieren, benötigen Sie vorhandene Geometrie, wie beispielsweise Punkte, Flächen, Ebenen. Im leeren dreidimensionalen Raum eine Linie zu definieren, ist nicht möglich. Nach Aktivierung der Funktion LINIE sind Sie aufgefordert, festzulegen, auf welche Art und Weise diese Linie erzeugt werden soll.

Bei der Linienart PUNKT-PUNKT werden die zuvor erzeugten Punkte nacheinander angeklickt und mit OK bestätigt. Sollen weitere Punkte folgen und die Linie entsprechend verlängert werden, dient der zuletzt erzeugte Punkt als Startpunkt der nächsten Linie. Bei dieser Linienart wird jede Linie einzeln erzeugt (▶ Abbildung 5.15).

5.2 Erstellen einer Drahtgeometrie

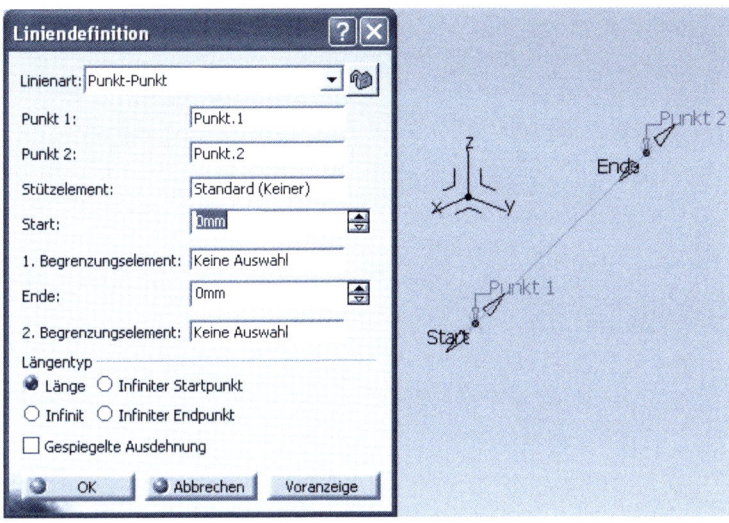

Abbildung 5.15: Linie zwischen zwei Punkten erzeugt

Linienart: Punkt-Richtung

Nach Aktivierung der Linieart PUNKT-RICHTUNG müssen Sie einen Ausgangspunkt anklicken und eine Richtung vorgeben. Anschließend geben Sie das Maß ein und bestätigen Ihre Angaben mit OK (▶ Abbildung 5.16).

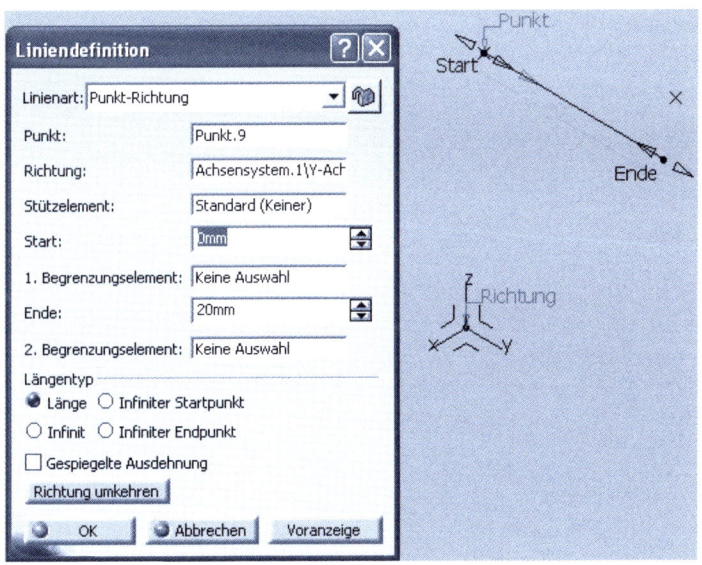

Abbildung 5.16: Liniendefinition bezüglich eines Punkts und einer Richtung

5.2.3 Funktion Ebene

Ebenen bilden oft die Basis für die Entwicklung von Drahtgeometrien. Zum einen kann auf Ebenen direkt skizziert werden, zum anderen können mit Ebenen Verschneidungen mit weiteren Referenz- oder Konturelementen erzeugt oder auf die Ebene projiziert werden.

In CATIA V5 gibt es unterschiedliche Möglichkeiten, Ebenen zu erzeugen. Die wichtigsten Ebenentypen möchte ich Ihnen vorstellen.

Offset von Ebene

Beim Ebenentyp OFFSET VON EBENE wird von einer bestehenden Ebene, die als Referenzebene bezeichnet wird, eine Kopie erzeugt und in einem entsprechenden Abstand positioniert (▶ Abbildung 5.17).

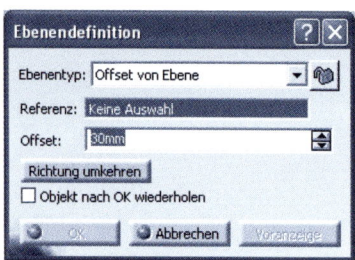

Bei der Referenzebene kann es sich einmal um eine der drei Hauptebenen handeln, aber Sie können auch die Fläche eines Körpers als Referenz nutzen.

Abbildung 5.17: Ebenendefinition

Klicken Sie beispielsweise auf die *ZX-Ebene* und im Abstand von 30 mm wird eine Kopie der Ebene erstellt (▶ Abbildung 5.18).

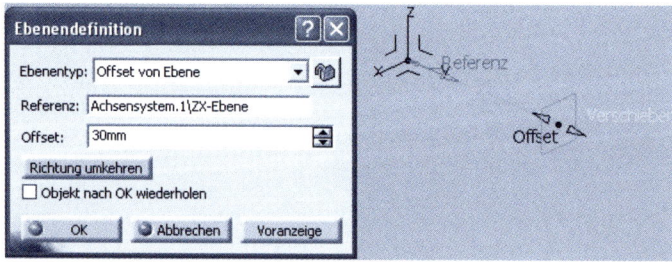

Abbildung 5.18: Neue Ebene mit einem Offset erstellt

Parallel durch Punkt

Bei dem Ebenentyp PARALLEL DURCH PUNKT wird zunächst ein Punkt verlangt, auf dem die neue Ebene liegen soll. Außerdem wird wieder die Angabe einer Referenzebene verlangt, die für die spätere Ausrichtung der Geometrie verantwortlich ist (▶ Abbildung 5.19).

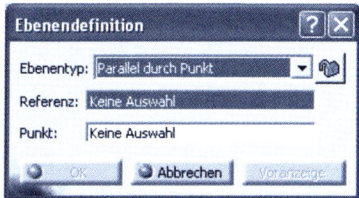

Abbildung 5.19: Ebenendefinition bezogen auf einen Punkt

Als Beispiel nehmen wir eine Kurve, die eine Führungslinie für eine Geometrie darstellen soll. Diese Geometrie in Form eines Kreises soll im Nachhinein erstellt werden. Den Mittelpunkt des Kreises soll der Startpunkt der Kurve darstellen (▶ Abbildung 5.20).

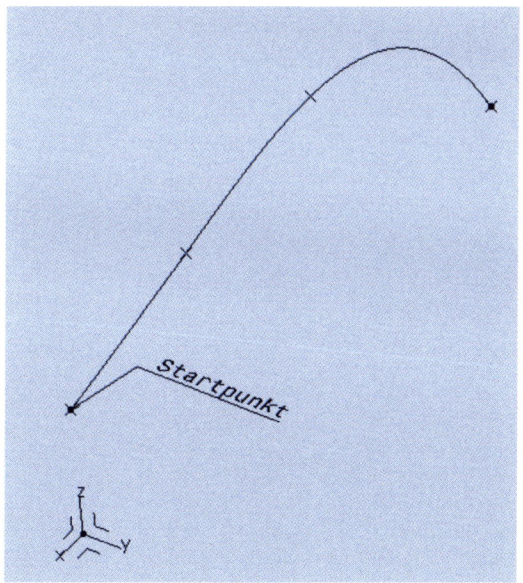

Um den Kreis exakt an der Stelle des Startpunkts erzeugen zu können, benötigen Sie an dieser Stelle eine weitere Ebene.

Als Referenzebene wählen Sie die YZ-EBENE, die entweder im Achsenkreuz oder im Strukturbaum angeklickt werden kann.

Abbildung 5.20: Mittelpunkt des Kreises soll als Startpunkt dienen.

Abschließend klicken Sie auf den Punkt und die gewünschte Ebene wird angezeigt. Mit OK bestätigen Sie endgültig (▶ Abbildung 5.21).

5 FLÄCHENKONSTRUKTION (GENERATIVE SHAPE DESIGN)

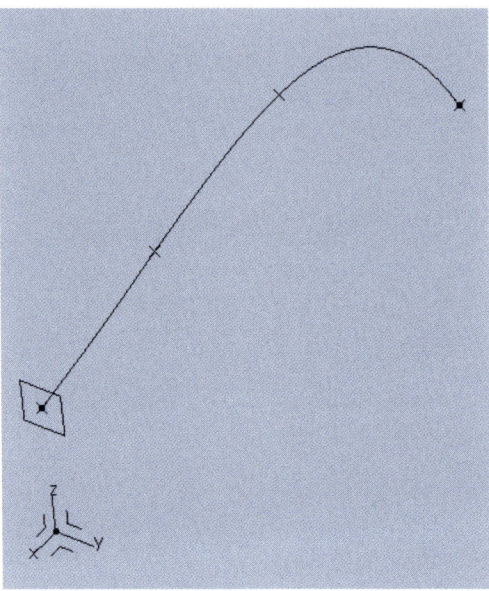

Abbildung 5.21: Ebene erstellt – parallel durch Punkt

5.2.4 Was geschieht im Strukturbaum?

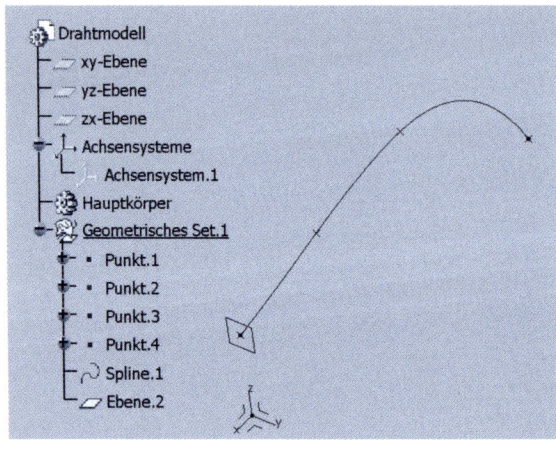

Da es sich hier ausschließlich um geometrische Elemente handelt, werden sämtliche Funktionen, die bis jetzt angewendet worden sind, im GEOMETRISCHEN SET abgelegt.

Da der *Sketcher* nicht zum Einsatz kam, ist unterhalb des Hauptkörpers noch kein Eintrag zu sehen.

Abbildung 5.22: Alle Funktionen sind ausschließlich im Geometrischen Set abgelegt.

150

5.2.5 Funktion Projektion

Die Projektion ist eine ganz wichtige und viel genutzte Funktion, denn Flächen entstehen nicht immer nur auf Basis einer Ebene. Nehmen Sie als Beispiel einen SPLINE, der durch mehrere Punkte verläuft, die im dreidimensionalen Raum erzeugt worden sind (▶ Abbildung 5.23).

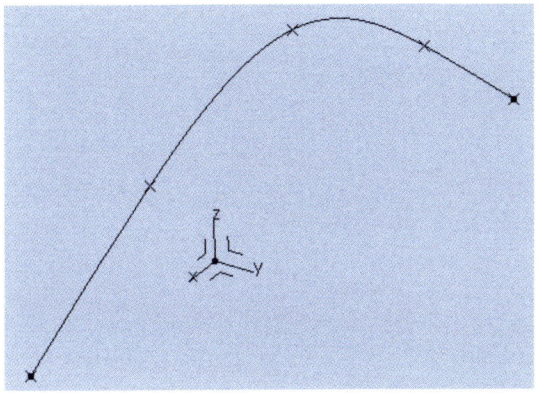

Der SPLINE soll beispielsweise in einer Entfernung von 50 mm noch einmal erstellt werden. Für die Zwecke ist die Funktion PROJEKTION sehr gut geeignet. Allerdings müssen ein paar Vorbereitungen getroffen werden, damit sie angewendet werden kann.

Abbildung 5.23: Der Verlauf des Spline wurde durch Punkte definiert.

Zunächst müssen Sie eine neue Ebene erzeugen, die später als Stützelement für die projizierte Kurve genutzt werden kann. In diesem Beispiel erstellen Sie auf Basis der ZX-EBENE ein OFFSET von 50 mm (▶ Abbildung 5.24).

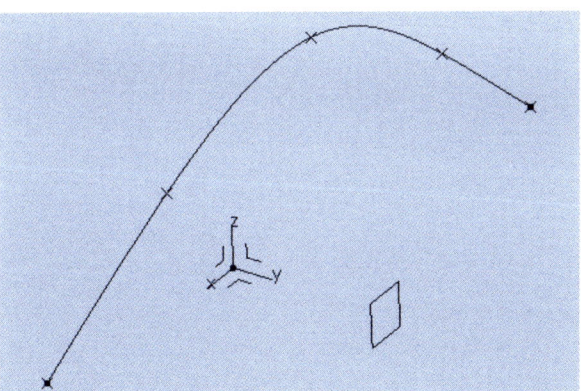

Abbildung 5.24: Ebene im Abstand von 50 mm positioniert

Wenn Sie die Funktion PROJEKTION aktivieren, öffnet sich eine Dialogbox mit der Bezeichnung Projektionsdefinition, wo Sie sowohl das zu projizierende Element als auch das Stützelement angeben müssen (▶ Abbildung 5.25).

5 FLÄCHENKONSTRUKTION (GENERATIVE SHAPE DESIGN)

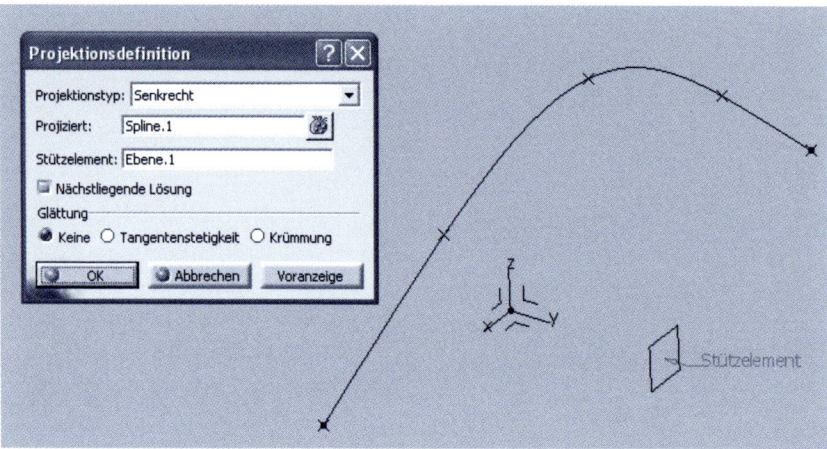

Abbildung 5.25: Die notwendigen Elemente wurden ausgewählt.

Um zu überprüfen, ob die Projektion Ihren Vorstellungen entspricht, aktivieren Sie die Voranzeige und bestätigen anschließend mit OK (▶ Abbildung 5.26).

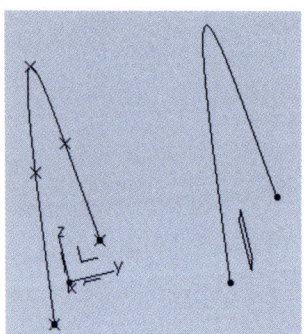

Aus dieser Perspektive wird es noch etwas deutlicher, wie die Kurven verlaufen.

Abbildung 5.26: Projektion einer Kurve auf einer Ebene

5.2.6 Erzeugen einer Schraubenkurve (Helix)

Durch das Erzeugen einer Schraubenkurve haben Sie die Möglichkeit, Federn zu erstellen. Damit Sie die Funktion HELIX anwenden können, müssen Sie einen Startpunkt und eine Achse definieren. Nach Festlegung der Steigung und der Höhe wird die Helix in Form einer Kurve erzeugt. Die Funktion HELIX befindet sich auf der Symbolleiste DRAHTMODELL und dort im Fly-Out-Menü der Funktion SPLINE (▶ Abbildung 5.27).

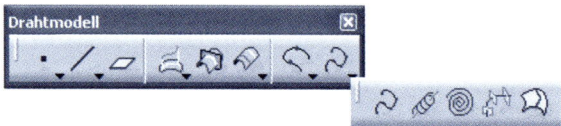

Abbildung 5.27: Symbolleiste Drahtmodell

152

5.2 Erstellen einer Drahtgeometrie

Im nachfolgenden Beispiel zeige ich Ihnen, wie Sie eine Helix schnell und einfach erzeugen und im Zusammenspiel mit der Umgebung *Part Design* eine Feder erstellen können. Die Vorbereitung für die Nutzung dieser Funktion sieht folgendermaßen aus (▶ Abbildung 5.28).

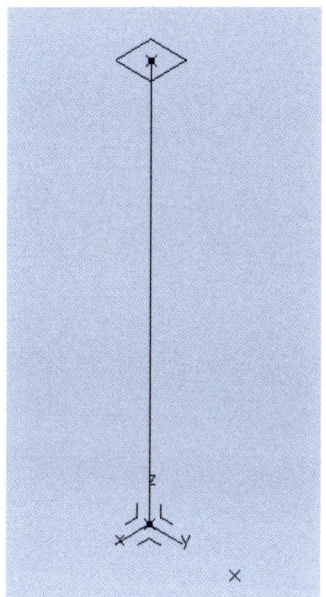

Der Startpunkt befindet sich auf der XY-EBENE, 20 mm vom Ursprung entfernt.

Auf Basis der XY-EBENE wurde ein weitere Ebene in Z-Richtung in einer Entfernung von 120 mm positioniert.

Der Punkt wurde projiziert und die Punkte sind durch eine normale Linie miteinander verbunden.

Abbildung 5.28: Vorbereitungen für die Erzeugung einer Helix

Nach Aktivierung der Funktion *Helix* wird das Menü mit der Bezeichnung DEFINITION DER HELIXKURVE geöffnet (▶ Abbildung 5.29).

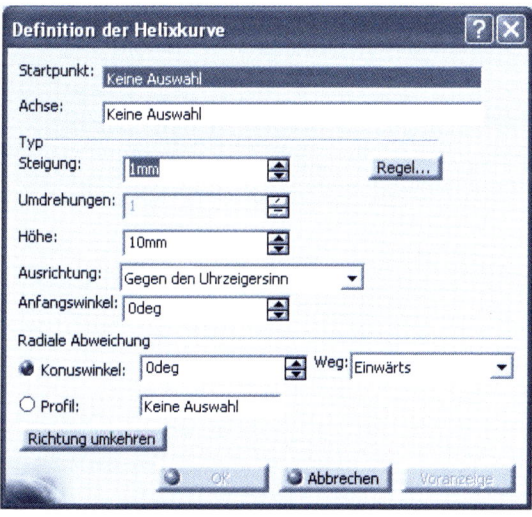

Abbildung 5.29: Die Helixkurve wird hier definiert.

5 FLÄCHENKONSTRUKTION (GENERATIVE SHAPE DESIGN)

Sie vergeben einen Startpunkt und definieren die Achse, um die die Helix herumlaufen soll. Die Steigung gibt den Abstand zwischen zwei Helixumdrehungen an. Jetzt müssen Sie nur noch die Höhe der Helix angeben (▶ Abbildung 5.30).

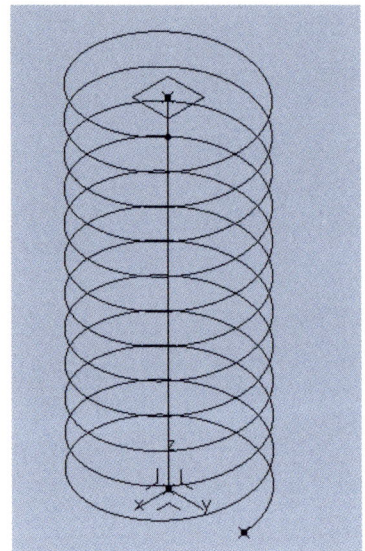

Abbildung 5.30: Die Schraubenkurve ist erstellt.

Nachdem Sie mit OK bestätigt haben, wechseln Sie in die Arbeitsumgebung *Part Design* um aus der Helix eine Feder zu erstellen.

Bezogen auf den Startpunkt müssen Sie eine Ebene erzeugen. Als Referenzebene wählen Sie die YZ-EBENE. Auf Basis des Startpunkts und der soeben erzeugten Ebene erstellen Sie einen Kreis mit einem Durchmesser von 3 mm (▶ Abbildung 5.31).

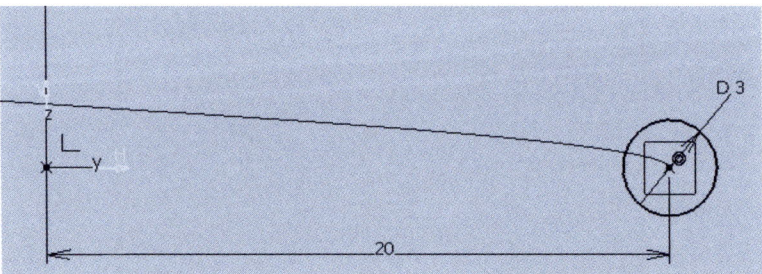

Abbildung 5.31: Profil für die Feder wurde exakt bestimmt.

Wieder zurück in der 3D-Umgebung nutzen Sie für die Erzeugung der Feder die Funktion RIPPE. Da die Helix in der Flächenkonstruktion erstellt worden ist und es somit es noch keine Skizze unterhalb des Hauptkörpers gibt, erhalten Sie diesbezüglich die Meldung, dass der neue Volumenkörper unterhalb des Hauptkörpers angeordnet wird. Bestätigen Sie mit OK.

5.2 Erstellen einer Drahtgeometrie

Klicken Sie in der Dialogbox der RIPPE zunächst auf das gerade erzeugte Profil und definieren Sie die HELIX als Zentralkurve (▶ Abbildung 5.32).

Abbildung 5.32: Skizze und Helix gewählt

Nachdem Sie mit OK bestätigt haben, sehen Sie das Ergebnis (▶ Abbildung 5.33).

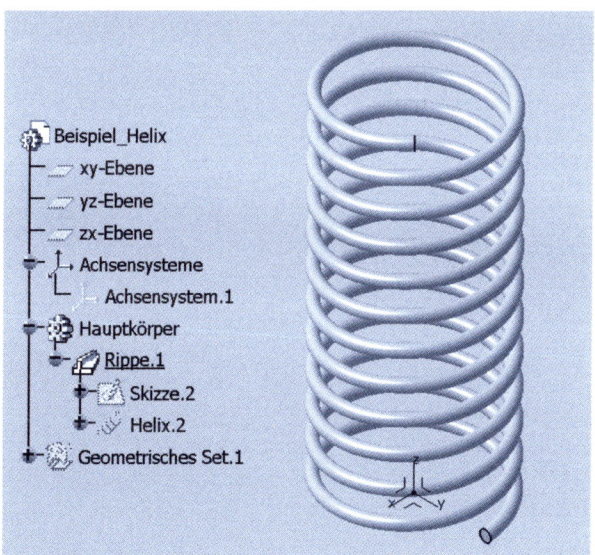

Abbildung 5.33: Erzeugung einer Feder in Verbindung mit der Funktion Helix

Übung 5.1 Erstellen Sie eine Feder, deren Startpunkt sich 10,8 mm in Y-Richtung vom Nullpunkt befindet und eine Höhe von 115,6 mm aufweist. Die Steigung beträgt 4 mm und der Durchmesser des Profils beträgt 3 mm. Als Dateinamen verwenden Sie die Bezeichnung *Zylinderfeder.CATPart*.

5 FLÄCHENKONSTRUKTION (GENERATIVE SHAPE DESIGN)

5.2.7 Funktion Verschneidung

Unter einer VERSCHNEIDUNG oder INTERSECTION ist zu verstehen, dass zwei Elemente miteinander geschnitten werden. Bei folgenden Elementen ist das möglich:

- Drahtgeometrie und Drahtgeometrie
- Drahtgeometrie und Flächen
- Flächen und Flächen

> **Beachten Sie** Abhängig von den Elementen, die miteinander verschnitten werden, ist das Ergebnis entweder eine Kurve oder ein Punkt.

Nach Aktivierung der Funktion VERSCHNEIDUNG wird eine Dialogbox eingeblendet, in der Sie die zu verschneidenden Elemente anklicken. Durch die Verschneidung der Ebenen werden lineare Stützelemente erzeugt in unendlicher Länge, die dann für die Erzeugung einer Drahtgeometrie genutzt werden können (▶ Abbildung 5.34).

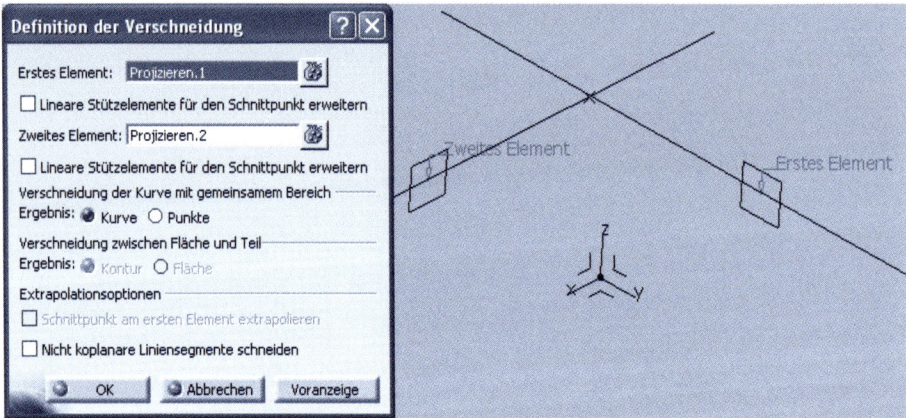

Abbildung 5.34: Durch die Verschneidung wird lediglich ein Punkt erzeugt.

Nach Bestätigung durch OK wird am Schnittpunkt der Linien ein Punkt erzeugt. Die Darstellung der Linien bleibt unverändert.

Wird die Funktion auf zu verschneidende Flächen angewendet, wird am Schnittpunkt der Flächen eine Verschneidungslinie erzeugt. Beide Flächen bleiben erhalten (▶ Abbildung 5.35).

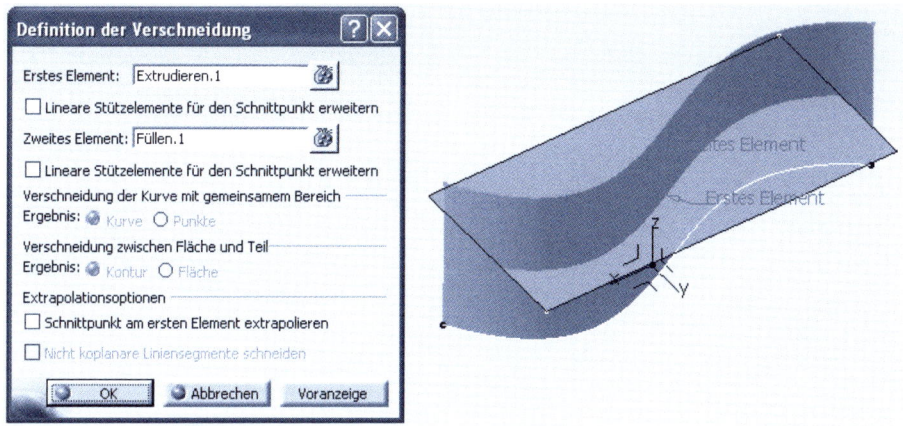
Abbildung 5.35: Verschneidungslinie wird entlang des Schnittverlaufs erzeugt.

5.3 Erzeugen von Flächen

In den vorangegangenen Beispielen haben Sie die grundlegenden Elemente kennen gelernt, die für das Erzeugen von Flächen notwendig sind. Zum einen haben Sie die Möglichkeit, die notwendigen Geometrien für das Erzeugen einer Fläche direkt in der 3D-Umgebung zu erstellen, oder aber Sie nutzen den *Sketcher*, dessen Funktionen Sie bereits aus dem Kapitel der *Einzelteilkonstruktion* kennen. Die entsprechenden Funktionen, mit denen Sie Flächen erstellen können, finden Sie auf der gleichnamigen Symbolleiste (▶ Abbildung 5.36).

Abbildung 5.36: Funktionen zur Flächenerzeugung

5.3.1 Funktion Extrudieren

Die Funktion EXTRUDIEREN dient dazu, eine erstellte Geometrie in eine bestimmte Richtung zu ziehen, so dass aus diesen Linien Flächen entstehen.

Nach Aktivierung der Funktion EXTRUDIEREN wird eine Dialogbox eingeblendet, über die Sie aufgefordert werden, das zu extrudierende Profil und eine Richtung auszuwählen.

Als Beispiel nehmen wir ein Rechteck mit den Außenmaßen von 90x60 Millimetern. Durch die Funktion EXTRUDIEREN wird das erstellte Profil als Fläche definiert und um ein bestimmtes Maß nach oben gezogen. Wird die Richtung der Extrusion nicht angegeben, wird sie automatisch vergeben, die Sie dann mit OK nur noch bestätigen müssen (▶ Abbildung 5.37).

5 FLÄCHENKONSTRUKTION (GENERATIVE SHAPE DESIGN)

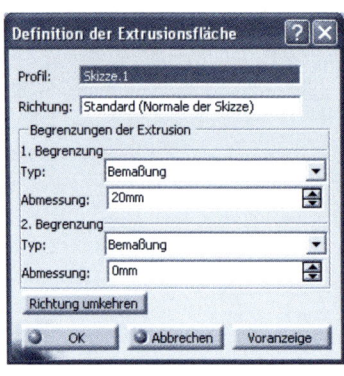
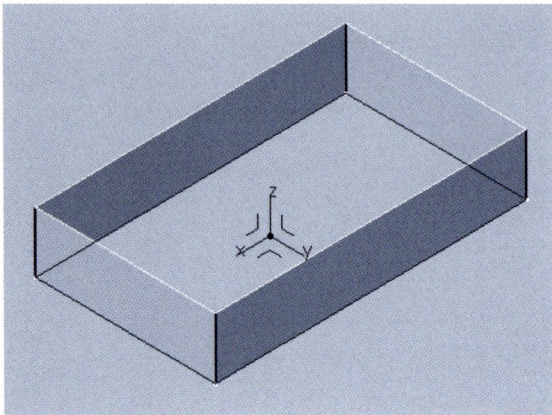

Abbildung 5.37: Das erzeugte Profil wurde um 20 mm nach oben gezogen.

5.3.2 Funktion Drehen

Die Funktion DREHEN befindet sich im Fly-Out-Menü der Funktion *Extrudieren* (▶ Abbildung 5.38).

Abbildung 5.38: Weitere Extrusionsfunktionen

Mit der Funktion DREHEN erzeugen Sie eine Rotationsfläche unter Angabe eines Profils und einer Rotationsachse. Über die Angabe eines Winkels können Sie bestimmen, um wie viel Grad die Fläche rotieren soll (▶ Abbildung 5.39).

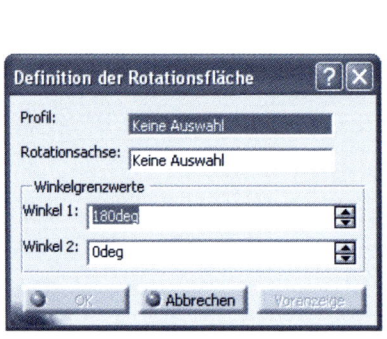
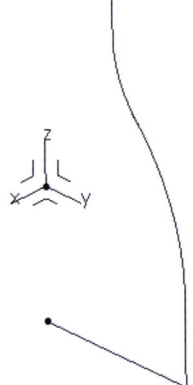

Abbildung 5.39: Erzeugen einer Rotationsfläche

Klicken Sie auf das Profil und wählen Sie in diesem Beispiel die Z-Achse als Rotationsachse. Akzeptieren Sie die Standardvorgabe von 180 Grad, so wird die Fläche entgegen des Uhrzeigersinns rotieren. Soll die Fläche komplett geschlossen werden, so überschreiben Sie den vorgegebenen Wert mit 360 und bestätigen Sie die Änderungen mit OK (▶ Abbildung 5.40).

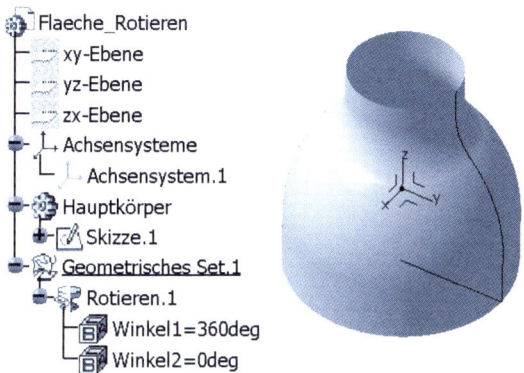

Abbildung 5.40: Fläche rotiert um 360 Grad.

Da die Skizze im *Sketcher* entstanden ist, wird sie unterhalb des Hauptkörpers angeordnet. Da aber noch kein FESTKÖRPER (SOLID) erzeugt wurde, ist die Skizze nach wie vor zu sehen und muss im Nachhinein ausgeblendet werden.

5.3.3 Funktion Kugel

Bei der Funktion KUGEL ist keinerlei Profil erforderlich. Unter Angabe eines Mittelpunkts sowie Auswahl einer Rotationsachse können Sie aufgrund der Standardeinstellungen einen Teil der Kugel schon sehen.

Der anzugebende Mittelpunkt kann durchaus auch ein Punkt sein, der nicht im Ursprung des Modells liegt, sodass auch eine selbst definierte Linie die Kugelachse darstellen kann. Klicken Sie auf einen Punkt, der als Mittelpunkt der Kugelfläche dienen soll, und wählen Sie anschließend die Kugelachse. Den Kugelradius überschreiben Sie mit dem gewünschten Wert (▶ Abbildung 5.41).

Abbildung 5.41: Kugelfläche wird ohne Profilvorgabe erzeugt.

5 FLÄCHENKONSTRUKTION (GENERATIVE SHAPE DESIGN)

Wenn Sie die Vorgaben von CATIA übernehmen, wird keine vollwertige Kugel dargestellt. Die Standardwerte der Kugelbegrenzungen sind dafür verantwortlich (▶ Abbildung 5.42).

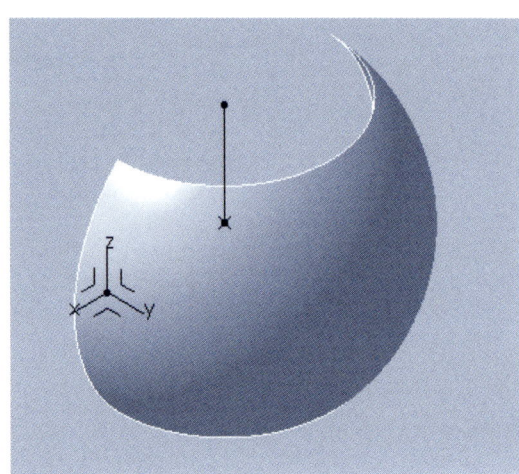

Abbildung 5.42: Kugelfläche aufgrund der Standardvorgaben

Soll eine komplette Kugel erzeugt werden, so aktivieren Sie unter der Option KUGEL-BEGRENZUNGEN das Symbol der Kugel und aufgrund der oberen Eintragungen wird die Kugel komplett dargestellt.

5.3.4 Funktion Zylinder

Für die Erzeugung eines ZYLINDERS ist es ebenfalls nicht erforderlich, ein Profil zu erzeugen. Sie wählen einen Startpunkt sowie eine Richtung. Wie bei der Kugel, können Sie auch hier einen Punkt definieren. Die Richtung kann auch eine erzeugte Linie darstellen (▶ Abbildung 5.43).

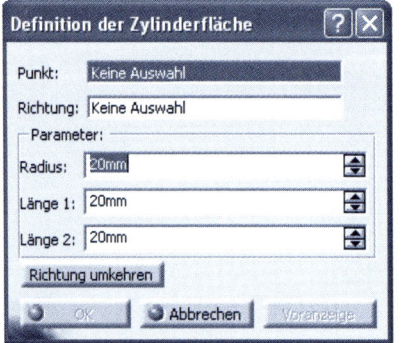
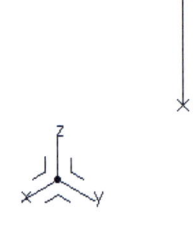

Abbildung 5.43: Zylinderfläche verlangt kein Profil.

Die vorgegebenen Parameter beziehen sich zum einen auf den Radius des Zylinders und die Maße der Parameter LÄNGE 1 und LÄNGE 2 stellen die Begrenzung dar. Bezogen auf das Beispiel wird der Zylinder durch den Parameter LÄNGE 1 nach oben gestreckt, wobei der Zylinder durch LÄNGE 2 nach unten gestreckt wird (▶ Abbildung 5.44).

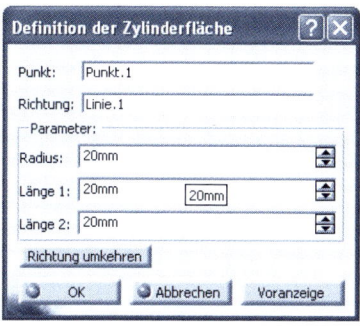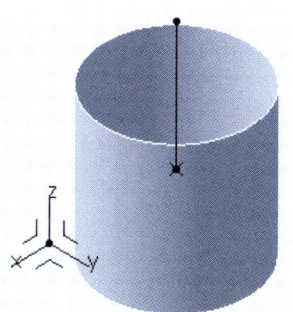

Abbildung 5.44: Zylinderfläche erstellt

In der nachfolgenden Übung werden Sie ein *Filtersieb* konstruieren, das später im Kapitel der *Baugruppenkonstruktion* wieder Verwendung findet (▶ Abbildung 5.45).

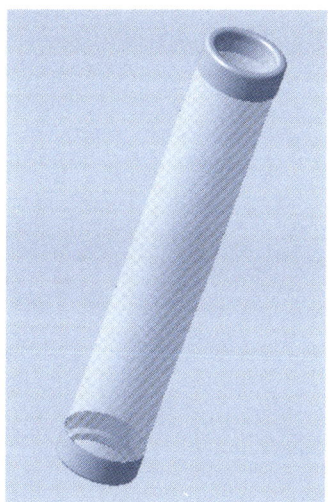

Dieses Bauteil wird in Kombination der Arbeitsumgebungen *Part Design* und *Shape Design* erstellt.

Abbildung 5.45: Filtersieb mit transparenter Fläche

5 FLÄCHENKONSTRUKTION (GENERATIVE SHAPE DESIGN)

Übung 5.2 Erzeugen Sie in einer neuen Datei auf Basis der XY-EBENE einen Zylinder mit einer Höhe von 7,5 mm und einen Außendurchmesser von 22 mm. Die Wandstärke soll 2,6 mm betragen.

Auf Basis der XY-EBENE erzeugen Sie auf der Unterseite des Körpers eine Tasche in Form eines Zylinders. Der Abstand von der Außenkante beträgt 0,3 mm. Die Tiefe der Tasche soll 5 mm betragen. Die oberen Kanten runden Sie mit jeweils 1 mm ab. Spiegeln Sie den Zylinder, so dass das gesamte Bauteil anschließend eine Länge von 124 mm aufweist.

Die Fläche, die das Sieb darstellt, soll in einem Abstand von 0,1 mm zum inneren Rand konstruiert werden. Speichern Sie die Datei unter dem Namen *Filtersieb.CATPart*. Die transparente Darstellung können Sie in den Eigenschaften der Fläche einstellen.

5.3.5 Funktion Offset

Um die Funktion OFFSET anwenden zu können, muss bereits eine Fläche vorhanden sein, die eine Grundlage dieser Funktion darstellt. Bei der Anwendung wird eine Kopie der zuvor gewählten Fläche erstellt und diese in einer durch das OFFSET festgelegten Entfernung positioniert.

Nach Aktivierung der Funktion OFFSET sind Sie aufgefordert, anzugeben, um welche Fläche es sich handelt und in welchem Abstand die Kopie erstellt werden soll (▶ Abbildung 5.46).

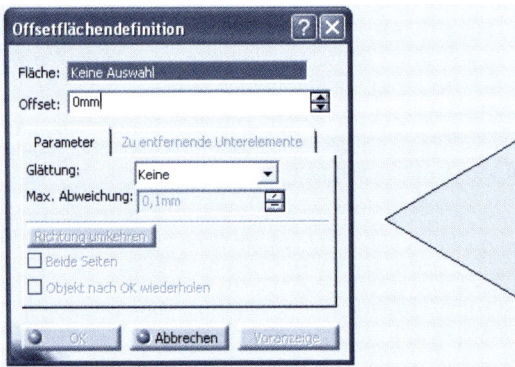

Abbildung 5.46: Offsetdefinition einer Fläche

5.3 Erzeugen von Flächen

Klicken Sie auf die Fläche und geben Sie beispielsweise ein OFFSET von 40 mm vor. Bestätigen Sie die Änderungen mit OK und im Anschluss werden beide Flächen zu sehen sein (▶ Abbildung 5.47).

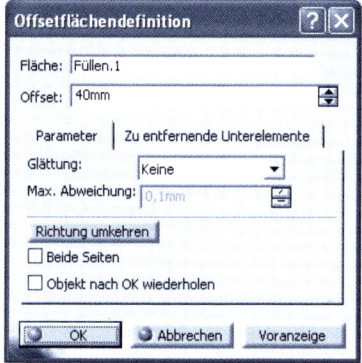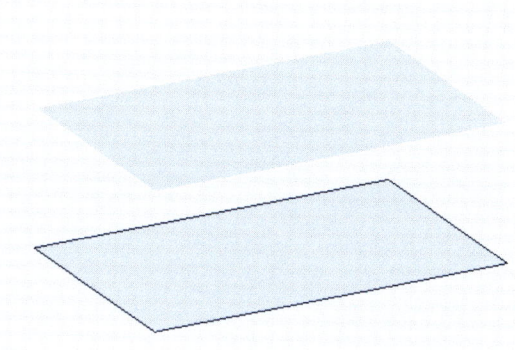

Abbildung 5.47: Offset im Abstand von 40 mm erstellt

Um ein OFFSET in entgegen gesetzter Richtung zu erstellen, nutzen Sie die Schaltfläche RICHTUNG UMKEHREN, wobei ein negativer Wert im Feld OFFSET das gleiche Ergebnis erzielt. Die Option BEIDE SEITEN bedeutet, dass eine Offsetfläche in beiden Richtungen erstellt wird, so dass am Ende drei Flächen vorhanden sind.

5.3.6 Funktion Translation (Sweep)

Mit der Funktion SWEEP ermöglicht es Ihnen CATIA, ein beliebiges Profil an einer Führungslinie entlang laufen zu lassen. Dabei kann diese Führungslinie auch Richtungswechsel beinhalten.

Nach Aktivierung der Funktion SWEEP öffnet sich die Dialogbox PROFILFLÄCHENERZEUGUNG. Als Standard ist hier der Profiltyp *Explizit* vorgegeben. Diese Einstellung bedeutet, dass CATIA eine Auswahl eines benutzerdefinierten Profils erwartet. Im nachfolgenden Beispiel wird eine Fläche durch Ziehen eines Profils entlang einer Leitkurve erzeugt (▶ Abbildung 5.48).

Sie klicken auf das Profil und anschließend wählen Sie die Führungslinie. Mittels OK bestätigen Sie Ihre Eingaben. Die beiden Skizzen (*Profil* und *Führungslinie*) sind im *Sketcher* erstellt worden. Aus diesem Grund sind die Skizzen im Strukturbaum unterhalb des Hauptkörpers angeordnet.

5 FLÄCHENKONSTRUKTION (GENERATIVE SHAPE DESIGN)

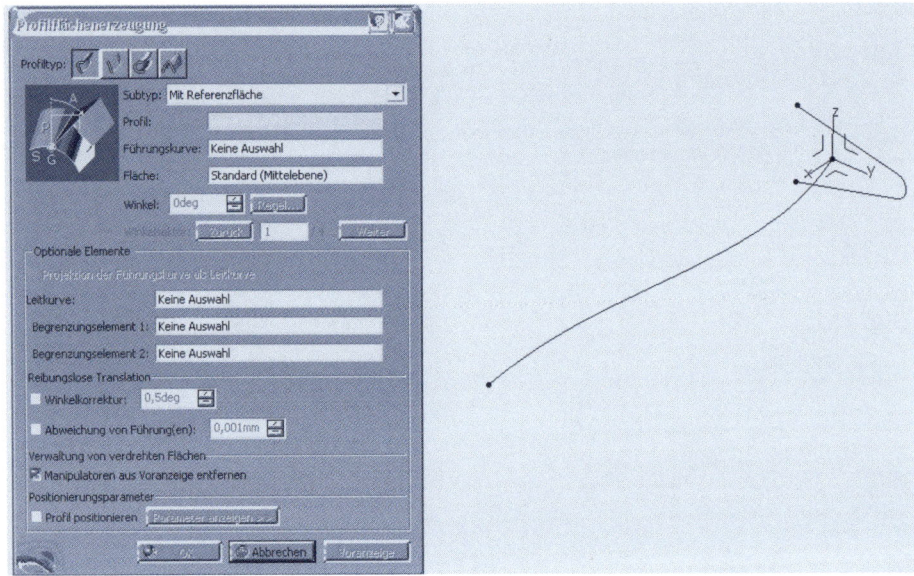

Abbildung 5.48: Profilflächenerzeugung mithilfe einer Führungslinie

Da es sich bei der TRANSAKTION (SWEEP) noch nicht um einen Festkörper handelt, befindet sich auch diese Funktion im GEOMETRISCHEN SET (▶ Abbildung 5.49).

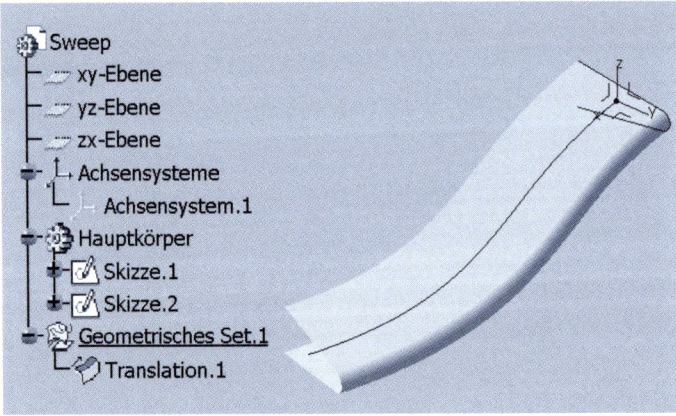

Abbildung 5.49: Der Sweep wurde aufgrund der Führungslinie erstellt.

5.3.7 Funktion Füllen

Damit Sie ein erzeugtes Profil überhaupt als Fläche nutzen können, benötigen Sie die Funktion *Füllen*. Wenn es sich um Flächen handelt, die nur in eine bestimmte Richtung verlaufen, so ist es sinnvoller, auf die Funktion EXTRUDIEREN zurückzugreifen. Aber oft bestehen Flächen aus unterschiedlichen geometrischen Elementen, wie Punkten, Linien und Kurven, wo die Funktion EXTRUDIEREN nicht angewendet werden kann.

5.3 Erzeugen von Flächen

Nach Aktivierung der Funktion FÜLLEN öffnet sich die Dialogbox DEFINITION EINER FÜLLFLÄCHE und CATIA erwartet von Ihnen, dass Sie die Linien anklicken, die eine zu füllende Fläche beschreiben. Im nachfolgenden Beispiel soll eine Fläche erstellt werden, die mittels einiger Linien und Kurven erzeugt wurde (▶ Abbildung 5.50).

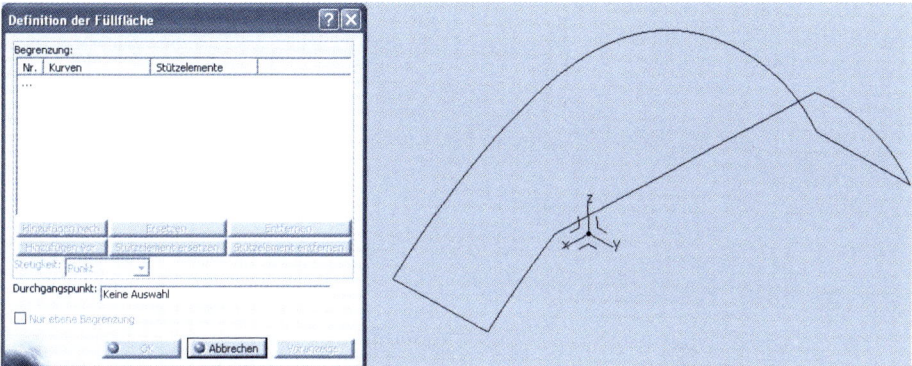

Abbildung 5.50: Hier gilt es, die Füllfläche zu beschreiben.

Sie klicken die Linien und Kurven nacheinander an und sie werden in der Reihenfolge Ihrer Auswahl im Listenfeld *Begrenzung* angezeigt (▶ Abbildung 5.51).

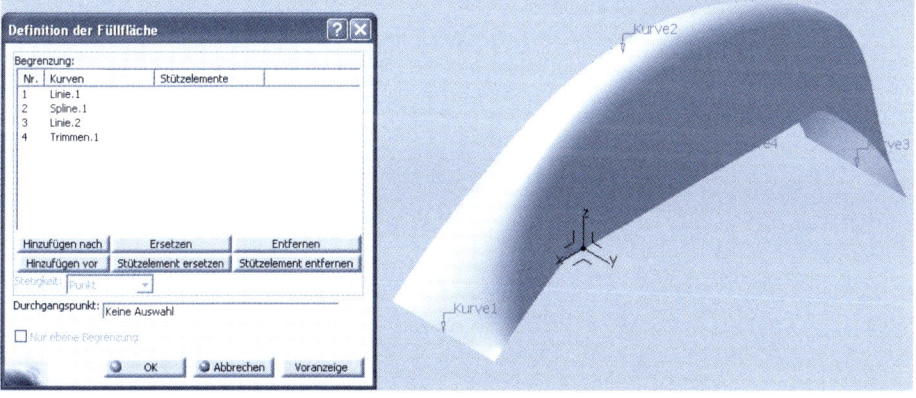

Abbildung 5.51: Erstellte Füllfläche nach Auswahl der einzelnen Begrenzungen

5.3.8 Funktion Fläche mit Mehrfachschnitten (Loft)

Bei der Funktion LOFT können Sie unterschiedliche Profile mit einer Fläche verbinden. Die Profile müssen keineswegs die gleiche Geometrie aufweisen.

Haben Sie beispielsweise als Ausgangsgeometrie einen Kreis erzeugt und möchten ihn gewissermaßen extrudieren, wobei die Abschlussgeometrie eine Ellipse darstellt, so gelangen Sie mit der Funktion LOFT an das gewünschte Ziel. Befinden sich die Geometrien auf einer Achse, so ist keine Führungslinie notwendig (▶ Abbildung 5.52).

5 FLÄCHENKONSTRUKTION (GENERATIVE SHAPE DESIGN)

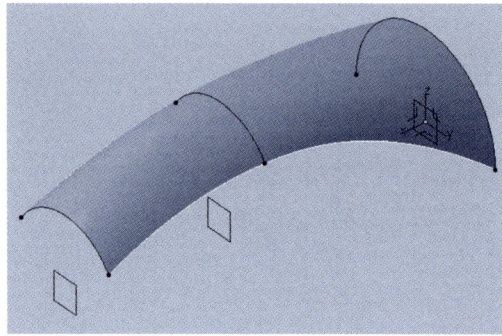

Abbildung 5.52: Erzeugung einer Loft-Fläche in Verbindung mit drei Profilen

Es ist möglich, jegliche Art von Profilen zu verwenden. Unter Verwendung von Leitkurven sind Sie in der Lage, die Entwicklung eines Lofts zu steuern, und die Verwendung von Führungselementen trägt erheblich dazu bei, wie die Loft-Fläche letztendlich aussehen wird.

Verwendung einer Leitkurve

Die Leitkurve kann eine Linie oder eine Kurve sein. Wichtig ist nur, dass sie tangentenstetig ist und normal zu jeder gewählten Ebene verläuft (▶ Abbildung 5.53).

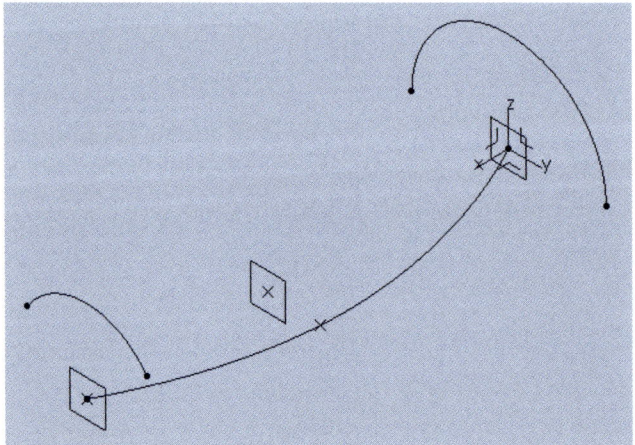

Abbildung 5.53: Der Flächenverlauf wird durch die Leitkurve bestimmt.

5.3 Erzeugen von Flächen

Die Funktion LOFT verhält sich so wie zuvor. Die Kontur der Kurven beschreibt die zu erzeugende Fläche. Nach Aktivierung der Funktion LOFT klicken Sie nacheinander beide Geometrien an, klicken anschließend auf den Reiter LEITKURVE, wählen dann die Leitkurve und bestätigen Ihre Eingaben mit OK (▶ Abbildung 5.54).

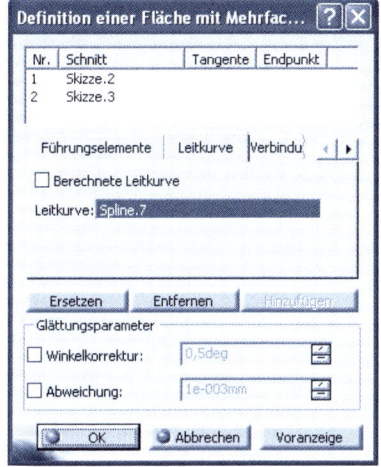
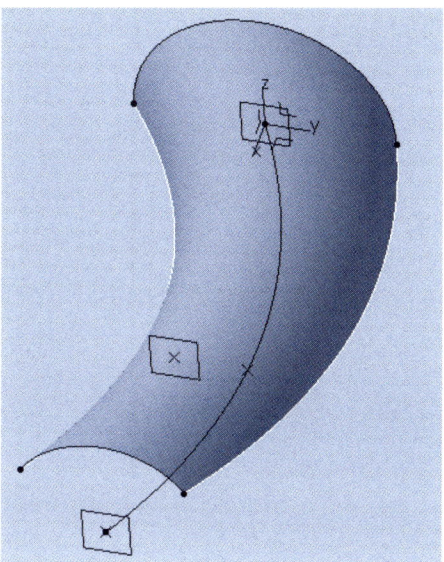

Abbildung 5.54: Loft mittels Leitkurve erzeugt

Verwendung von Führungselementen

Im Prinzip gibt es zwischen einer LEITKURVE und einem Führungselement keinen großen Unterschied. Wichtig bei einem Führungselement ist, dass es das Profil schneiden muss.

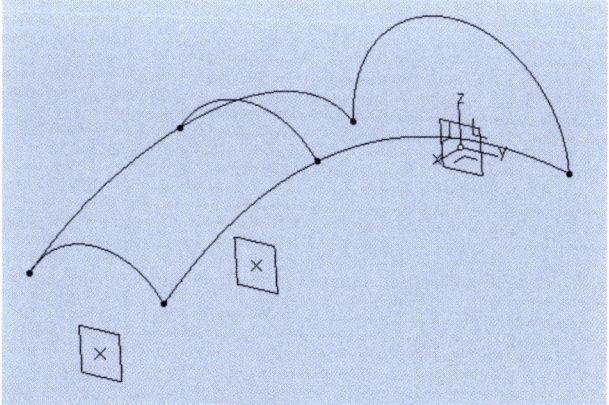

Abbildung 5.55: Das Führungselement schneidet die Profile.

5 FLÄCHENKONSTRUKTION (GENERATIVE SHAPE DESIGN)

Nach der Aktivierung der Funktion LOFT klicken Sie zunächst die drei Profile nacheinander an. Anschließend klicken Sie im Feld FÜHRUNGSELEMENTE und klicken die Splines an. Wählen Sie dann die beiden Führungselemente und bestätigen Sie Ihre Eingaben mit OK (▶ Abbildung 5.56).

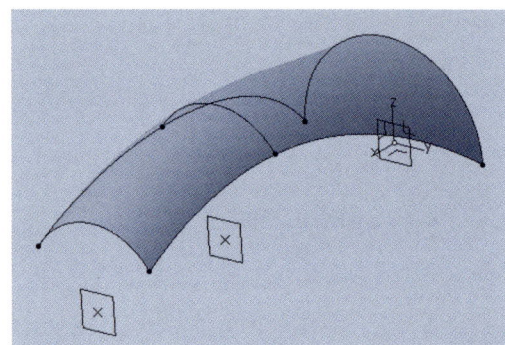

Abbildung 5.56: Loft in Verbindung mit Führungselementen erstellt

Warum werden Führungselemente genutzt?

Jetzt könnte man sich fragen, warum werden nicht einfach die Profile nacheinander gewählt und der Loft erzeugt. Warum kommen hier Führungselemente zum Einsatz?

Die Antwort ist eindeutig. Es ergeben sich beträchtliche Unterschiede im Verlauf des Lofts. Auf den ersten Blick in gewissem Abstand sehen beide Lofts gleich aus. Aber bei genauerem Hinschauen fallen die Unterschiede bereits mit bloßem Auge auf (▶ Abbildung 5.57).

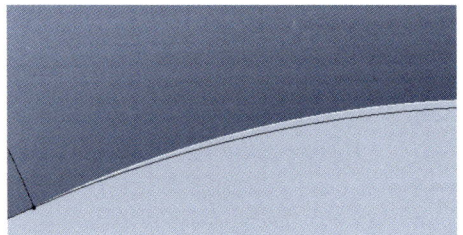
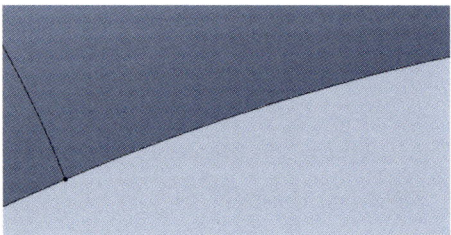

Abbildung 5.57: Links ohne und rechts mit Führungselementen. Der Unterschied ist deutlich.

5.3 Erzeugen von Flächen

5.3.9 Funktion Übergang

Mit der Funktion ÜBERGANG besteht die Möglichkeit, zwei Flächen miteinander zu verbinden, die beispielsweise übereinander liegen. Eine Parallelität der Flächen ist nicht unbedingt erforderlich. Am Beispiel der zuvor erstellten TRANSLATION (SWEEP) werde ich Ihnen die Funktion ÜBERGANG erläutern.

Wenn Sie die Funktion ÜBERGANG aktivieren, wird die Dialogbox DEFINITION DES ÜBERGANGS geöffnet und Sie sind aufgefordert, die Kurve und das Stützelement der Flächen auszuwählen, deren Übergang Sie erzeugen möchten (▶ Abbildung 5.58).

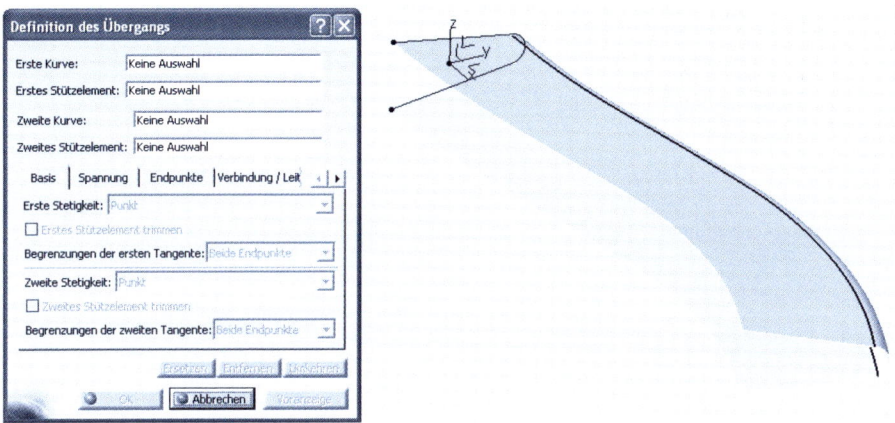
Abbildung 5.58: Der Übergang der oberen und der unteren Fläche soll definiert werden.

Mit ERSTE KURVE ist die Außenkante der Fläche gemeint und das dazugehörige Stützelement ist die Fläche. Bei der Option ZWEITE KURVE gehen Sie genauso vor (▶ Abbildung 5.59).

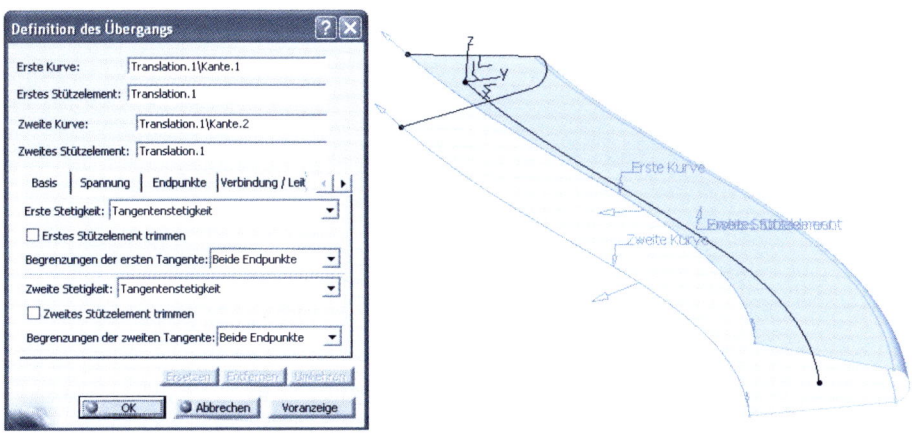
Abbildung 5.59: Der Verbindung beider Flächen ist vorbereitet.

169

5 FLÄCHENKONSTRUKTION (GENERATIVE SHAPE DESIGN)

Mit Bestätigung durch OK schließen Sie die Funktion ab und erhalten das endgültige Ergebnis (▶ Abbildung 5.60).

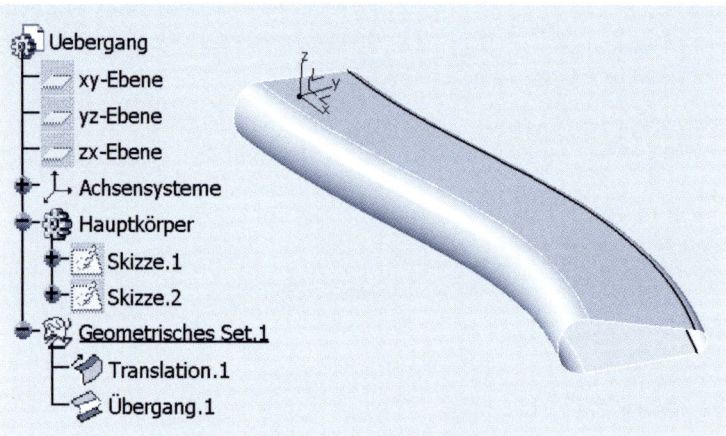

Abbildung 5.60: Darstellung des Übergangs aus einer anderen Perspektive

5.4 Flächen bearbeiten

Auf den vorherigen Seiten erfuhren Sie, welche Grundvoraussetzungen geschaffen werden müssen, um Flächen überhaupt erzeugen zu können. Jetzt geht es darum, vorhandene Flächen zu bearbeiten. Wenn es um die Bearbeitung geht, sind mindestens zwei Flächen davon betroffen.

5.4.1 Funktion Trennen

Bei der Funktion TRENNEN wird ein Element durch ein oder mehrere andere Elemente beschnitten, das bedeutet, die Funktion TRENNEN wird dann eingesetzt, wenn von einem Element nur ein gewisser Teil benötigt wird.

Nachdem Sie die Funktion TRENNEN aktiviert haben, wird die Dialogbox mit der Bezeichnung DEFINITION DER TRENNUNG eingeblendet. Zum einen müssen Sie angeben, welche Fläche geschnitten werden soll, und zum anderen gilt es, das Element anzugeben, womit geschnitten werden soll (▶ Abbildung 5.61).

Als Beispiel nehmen wir eine Fläche, auf die ein Element in Form eines Rechtecks projiziert worden ist. Mittels der Funktion TRENNEN soll die Form des Rechtecks aus der Fläche herausgeschnitten werden.

5.4 Flächen bearbeiten

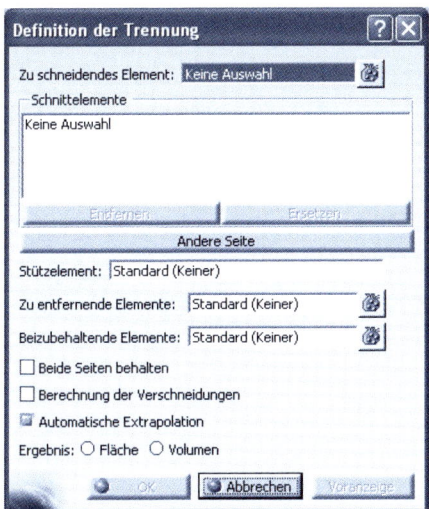

Abbildung 5.61: Trennung von Elementen

Sie klicken auf die Fläche und anschließend wählen Sie das Schnittelement, das in diesem Beispiel auf die Fläche projiziert wurde. Das Element, das aus der vorhandenen Fläche herausgeschnitten wird, stellt sich in grauer Farbe dar (▶ Abbildung 5.62).

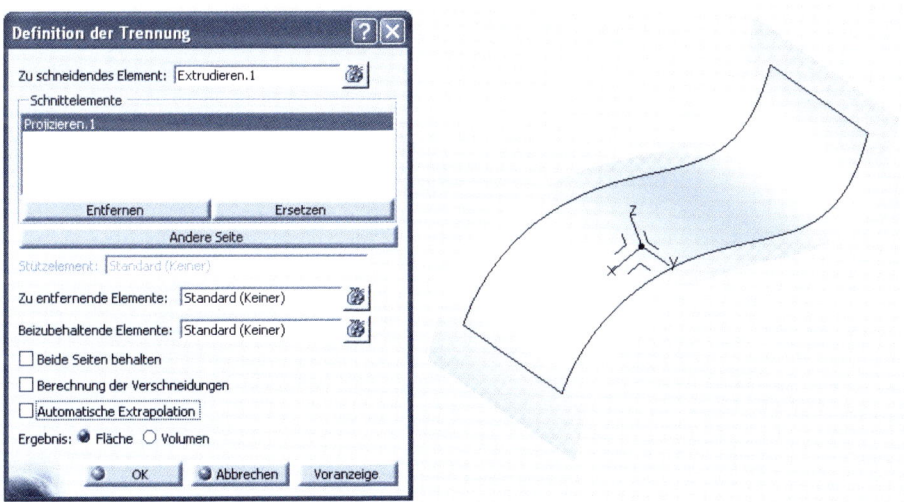

Abbildung 5.62: Das zu trennende Element befindet sich auf der Fläche.

Bestätigen Sie mit OK, um die endgültige Form der Fläche sehen zu können (▶ Abbildung 5.63).

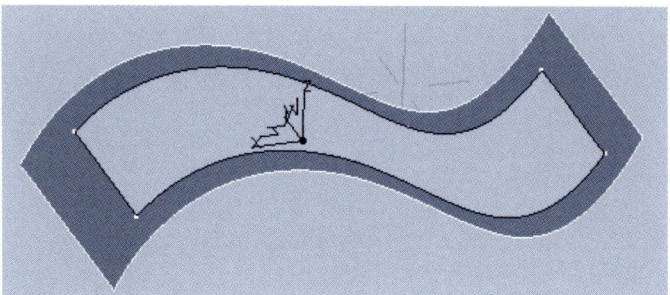

Abbildung 5.63: Projiziertes Element wurde herausgeschnitten.

5.4.2 Funktion Trimmen

Im Gegensatz zur Funktion TRENNEN werden bei der Funktion TRIMMEN die Elemente wie Linien, Kurven oder Flächen gegeneinander beschnitten. Als Beispiel nehmen wir zwei Flächen, die geschnitten werden sollen (▶ Abbildung 5.64).

Abbildung 5.64: Zwei Flächen, die gegeneinander verschnitten werden

 Wenn die Funktion TRIMMEN aktiviert wird, müssen Sie angeben, welche Elemente getrimmt werden sollen. Über die Dialogbox DEFINITION DES TRIMMENS wählen Sie die zu trimmenden Flächen nacheinander an (▶ Abbildung 5.65).

5.4 Flächen bearbeiten

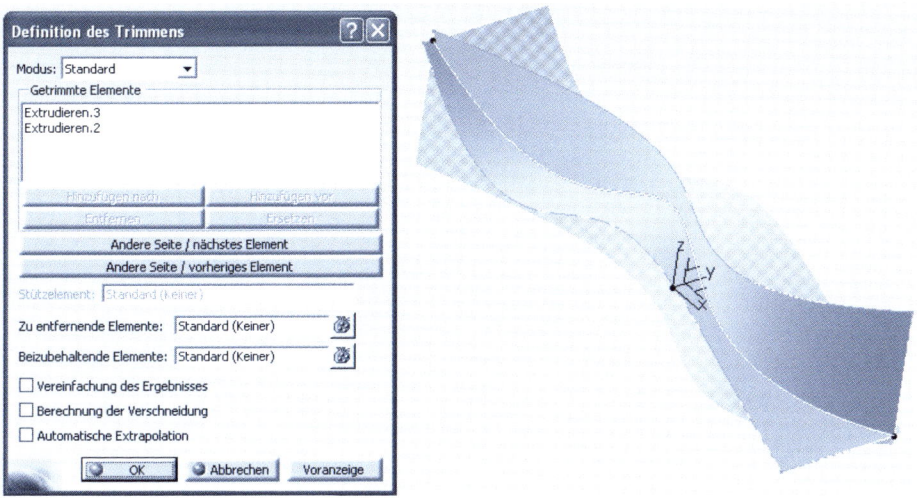

Abbildung 5.65: Die zu trimmenden Flächen wurden ausgewählt.

Über die Schaltflächen ANDERE SEITE/NÄCHSTES ELEMENT bzw. ANDERE SEITE/VORHERIGES ELEMENT haben Sie die Möglichkeit, festzulegen, welche Teile der Fläche entfernt bzw. erhalten bleiben soll. Die leicht grau schattierten Elemente werden entfernt (▶ Abbildung 5.66).

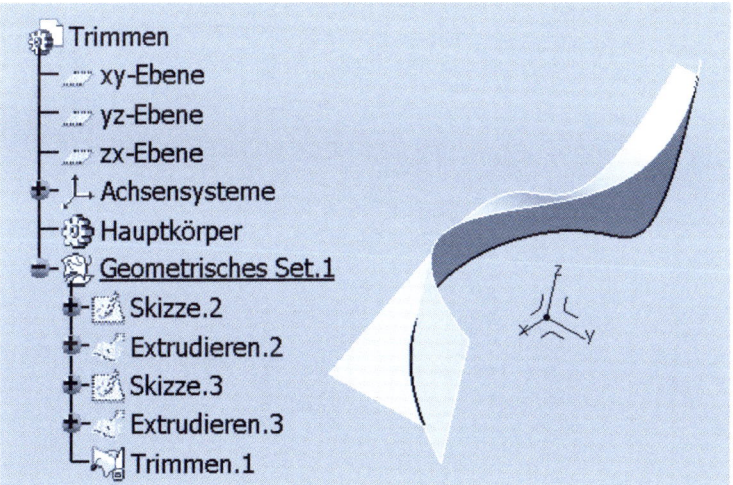

Abbildung 5.66: Zwei Flächen nach Anwendung der Funktion Trimmen

Aus einer etwas anderen Perspektive lässt sich sehr gut nachvollziehen, welche Flächenelemente durch die Funktion TRIMMEN entfernt worden sind.

5.5 Körper aus einzelnen Flächen erzeugen

Bei der Arbeit mit Flächen wird es in den meisten Fällen so sein, dass ein Volumenkörper aus mehreren einzelnen Flächen entsteht. Um einzelne Flächen miteinander verbinden zu können, um im Anschluss daran einen Solid zu generieren, kommt die Funktion ZUSAMMENFÜHREN zum Einsatz. Die Funktion ZUSAMMENFÜGEN befindet sich auf der Symbolleiste OPERATIONEN (▶ Abbildung 5.67).

Abbildung 5.67: Funktionen zur Bearbeitung von Flächen

Wenn die Funktion ZUSAMMENFÜGEN zum Einsatz kommt, ist die Konstruktion im Großen und Ganzen schon abgeschlossen. Die letzten Vorbereitungen werden getroffen, um aus dem Flächenmodell ein Volumenmodell entstehen zu lassen. Im nachfolgenden Beispiel sollen die einzelnen Flächen zusammengefügt werden (▶ Abbildung 5.68).

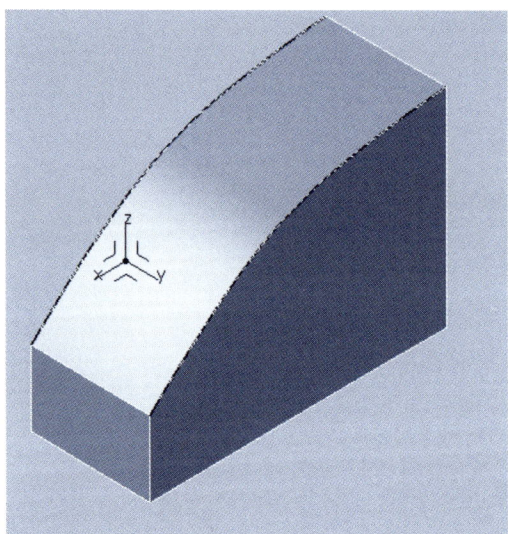

Abbildung 5.68: Flächenmodell besteht noch aus einzelnen Flächen.

5.5.1 Flächen zusammenfügen

Nach Aktivierung der Funktion ZUSAMMENFÜGEN wird das Menü mit der Bezeichnung ZUSAMMENFÜGEN DEFINITION eingeblendet und Sie sind aufgefordert, die zusammenzufügenden Elemente auszuwählen (▶ Abbildung 5.69).

5.5 Körper aus einzelnen Flächen erzeugen

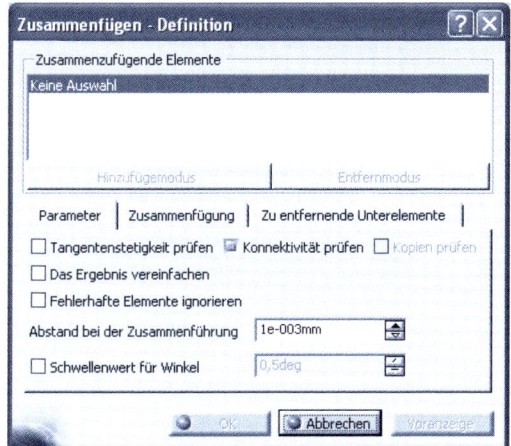

Die Option ABSTAND BEI DER ZUSAMMENFÜHRUNG zeigt einen Wert an, der trotz dieses Abstands zweier Elemente, diese als ein Element interpretieren würde.

Mittels der Option KONNEKTIVITÄT PRÜFEN werden Sie über Fehler im resultierenden Ergebnis informiert.

Abbildung 5.69: Ausgewählte Flächen werden hier gelistet.

Da sich sämtliche Funktionen und Geometrieelemente im Geometrischen Set befinden, werden diese nicht automatisch nach Bearbeitung ausgeblendet, sondern sie bleiben sichtbar. Die Auswahl der zusammenzufügenden Elemente können Sie direkt am Flächenmodell bestimmen. Es besteht auch die Möglichkeit, die Elemente im Strukturbaum zu wählen. Nach der Auswahl bestätigen Sie Ihre Eingaben mit OK (▶ Abbildung 5.70).

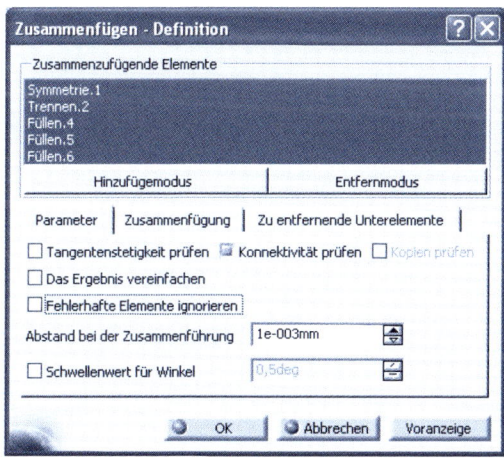

Abbildung 5.70: Ausgewählte Elemente werden im Listenfeld angezeigt.

Nach Bestätigung mit OK sollte keine Fehlermeldung angezeigt werden und am Ende des Strukturbaums sehen Sie das Icon der Funktion ZUSAMMENFÜGEN mit der Bezeichnung *Verbindung.1*.

In dem Moment werden die zuvor ausgewählten Elemente ausgeblendet, so dass nur noch das Icon *Verbindung.1* aktiv ist.

5.5.2 Wenn es Probleme gibt

Es kann natürlich immer mal vorkommen, dass das Zusammenfügen nicht funktioniert und es zu einer Fehlermeldung kommt (▶ Abbildung 5.71).

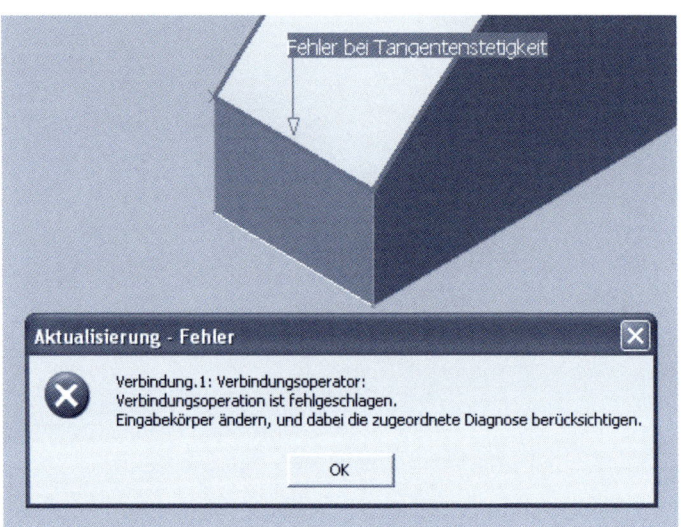

Abbildung 5.71: Probleme mit der Tangentenstetigkeit

Natürlich kann es vorkommen, dass Fehler auftreten. Lassen Sie sich durch solch eine Fehlermeldung nicht dazu verleiten, Ihr Bauteil zu löschen, in der Annahme, den Fehler sowieso nicht finden zu können.

In diesem Beispiel kann ich Sie beruhigen – es liegt kein Fehler vor. Sie löschen das Ergebnis der Zusammenführung und wiederholen den Vorgang. Die Fehlermeldung wird nicht mehr auftauchen und das Zusammenfügen der einzelnen Flächen funktioniert einwandfrei.

5.6 Erzeugen eines Volumenmodells (Solid)

Bis zu diesem Zeitpunkt haben Sie die notwendigsten Funktionen der Flächenerzeugung sowie Flächenbearbeitung kennen gelernt. Was jetzt noch fehlt, ist die Umwandlung des Flächenmodells in einen FESTKÖRPER, damit Sie mit dem erstellten Modell uneingeschränkt arbeiten können.

Diese Umwandlung findet allerdings nicht in der Arbeitsumgebung der *Flächenkonstruktion* statt, sondern in der *Einzelteilkonstruktion*. Das zuvor zusammengefügte Flächenmodell wandeln wir jetzt in einen Festkörper um (▶ Abbildung 5.72).

5.6 Erzeugen eines Volumenmodells (Solid)

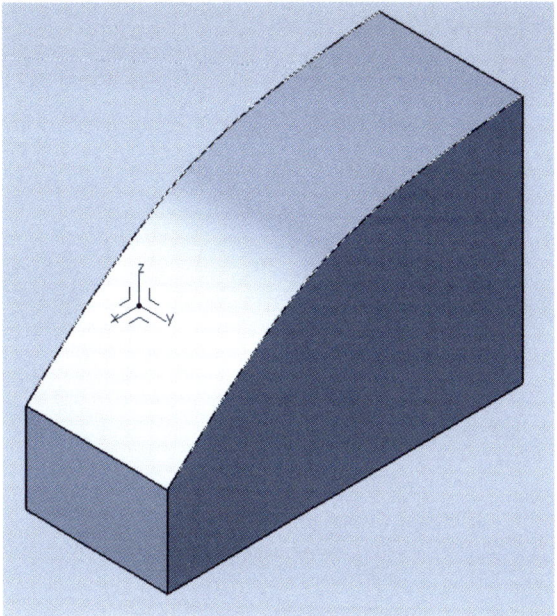

Abbildung 5.72: Flächenmodell soll in einen Festkörper umgewandelt werden.

Wechseln Sie in die Arbeitsumgebung der Einzelteilkonstruktion. Die Funktion *Fläche schließen* finden Sie auf der Symbolleiste AUF FLÄCHEN BASIERENDE KOMPONENTEN (▶ Abbildung 5.73).

Abbildung 5.73: Funktionen zum Bearbeiten von flächen basierenden Komponenten

Da die extrudierte Fläche nicht im HAUPTKÖRPER, sondern im GEOMETRISCHEN SET abgelegt wurde, erscheint nach Aktivierung der Funktion FLÄCHE SCHLIEßEN folgende Warnung (▶ Abbildung 5.74).

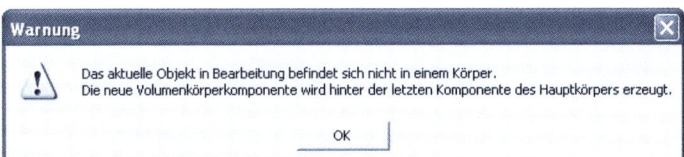

Abbildung 5.74: Warnhinweis bezüglich des zu erstellenden Volumenkörpers

Bestätigen Sie diesen Hinweis mit OK, erhalten Sie die Aufforderung, das zu schließende Objekt auszuwählen. Klicken Sie im Strukturbaum auf den Eintrag *Verbindung.1* (▶ Abbildung 5.75).

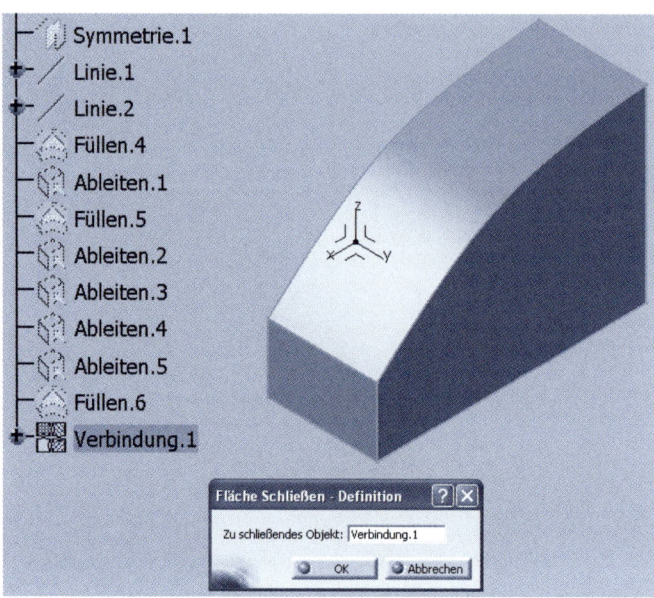

Abbildung 5.75: Zu schließendes Objekt wurde ausgewählt.

Bestätigen Sie Ihre Eingaben mit OK und Sie werden feststellen, dass sowohl die Farbe des Festkörpers als auch die Farben der Flächen zu sehen sind.

Das liegt daran, dass sowohl die Flächen als auch der Volumenkörper im Strukturbaum als sichtbar gekennzeichnet sind. Da die Umwandlung in ein Volumenmodell nun erfolgt ist, ist es ratsam, das GEOMETRISCHE SET komplett auszublenden, da das SOLID jetzt unter dem HAUPTKÖRPER angeordnet ist (▶ Abbildung 5.76).

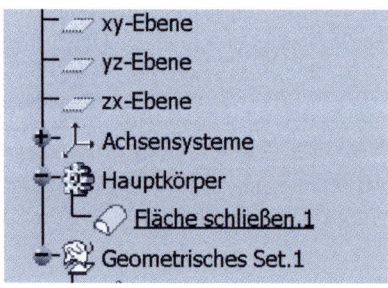
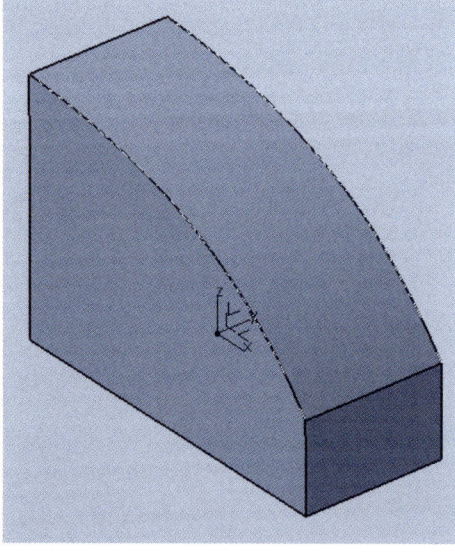

Abbildung 5.76: Auszug des Strukturbaums und das dazugehörige Volumenmodell

Baugruppenkonstruktion (Assembly Design)

6.1 Aufbau eines Produkts 183
6.2 Bauteile bewegen 195
6.3 Bauteile exakt positionieren 201
6.4 Überschneidungen prüfen 216
6.5 Daten speichern 221
6.6 Die Sicherungsverwaltung 223
6.7 Produkt öffnen 226
6.8 Produkte bearbeiten 234

6 BAUGRUPPENKONSTRUKTION (ASSEMBLY DESIGN)

Motivation

》》 Bei der Umgebung *Assembly Design* handelt es sich um einen Arbeitsbereich, der für die eigentliche Konstruktion von Bauteilen keinerlei Funktionen zur Verfügung stellt.

Die Arbeitsumgebung wird für den Zusammenbau von Produkten eingesetzt. Ein Produkt wird dann verwendet, wenn unterschiedliche Einzelteile zu einem komplexen Bauteil zusammengesetzt werden. Diese verwendeten Bauteile können beispielsweise in der Einzelteil- bzw. in der Flächenkonstruktion erzeugt worden sein. Selbstverständlich kommt es vor, dass Fehler in einem Einzelteil direkt aus der Produktumgebung heraus bearbeitet werden können. Allerdings erkennt CATIA V5, aus welcher Arbeitsumgebung das zu bearbeitende Bauteil stammt, und stellt Ihnen die passenden Menüs zur Verfügung. Im *Assembly Design* werden die Bauteile zueinander positioniert. In unterschiedlichen Analysen können beispielsweise Passgenauigkeiten, Kollisionsuntersuchungen etc. durchgeführt werden.

Sie lernen Baugruppen sinnvoll aufzubauen und zu verwalten. Außerdem erfahren Sie, wie die Daten miteinander verknüpft sind (*Link Management*) und wie CATIA V5 darauf reagiert, wenn einzelne Teile oder ganze Baugruppen verschoben, ersetzt oder gar gelöscht werden.

Außerdem werden Sie die Übungsdateien, die Sie in den einzelnen Kapiteln konstruiert und bearbeitet haben, am Ende dieses Kapitels zu einem gesamten Produkt zusammenbauen und positionieren. Das Endprodukt wird wie folgt aussehen (▶ Abbildung 6.1).

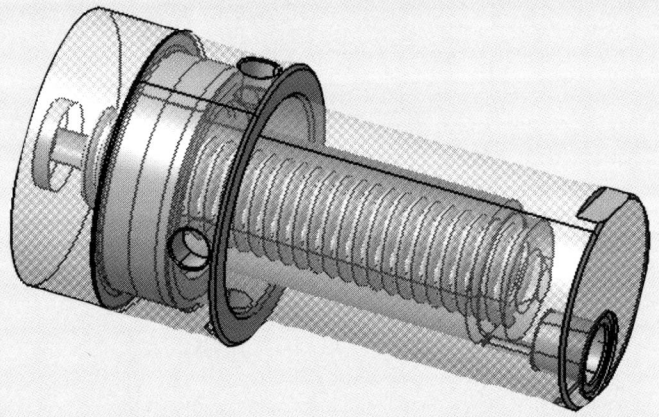

Abbildung 6.1: Zusammenbau aus den einzelnen Übungen

 Über das Menü START/MECHANISCHE KONSTRUKTION/ASSEMBLY DESIGN starten Sie die Arbeitsumgebung. Auch bei dieser Umgebung befindet sich der Arbeitsbereich in der Mitte des Bildschirms, umgeben von Menüs und Symbolleisten. Ein weiterer Unterschied gegenüber der Einzelteil- und Flächenkonstruktion ist der, dass hier keine Konstruktionsebenen zu sehen sind (▶ Abbildung 6.2).

Baugruppenkonstruktion (Assembly Design)

Abbildung 6.2: Arbeitsumgebung der Baugruppenkonstruktion

Die nachfolgenden Abbildungen zeigen die wichtigsten Bereiche der Arbeitsumgebung noch einmal vergrößert.

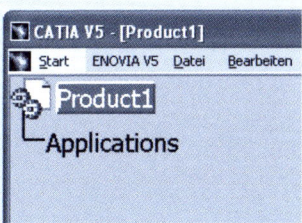

Abbildung 6.3: Strukturbaum eines neuen Produkts

Der Strukturbaum, wie Sie ihn in der Umgebung der *Einzelteilkonstruktion* kennengelernt haben, existiert in der *Baugruppenkonstruktion* nicht. Sie sehen lediglich eine leere Produktdatei, deren Strukturbaum erst durch das Einfügen einzelner Bauteile sowie Unterprodukte erweitert wird.

6 BAUGRUPPENKONSTRUKTION (ASSEMBLY DESIGN)

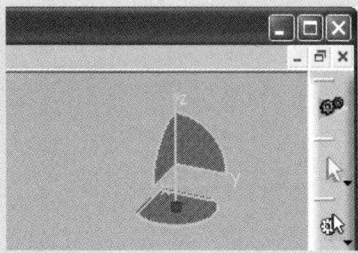

Abbildung 6.4: Der Kompass

Der oben rechts positionierte KOMPASS dient zum Verschieben und Drehen der gewählten Bauteile oder Produkte. Über das Menü ANSICHT/KOMPASS kann er aus- bzw. eingeblendet werden. Die erste Symbolleiste rechts oben zeigt Ihnen die aktuelle Arbeitsumgebung an – in diesem Bildausschnitt ist es die Baugruppenkonstruktion. Die vertikal angeordneten Symbolleisten lassen sich frei positionieren.

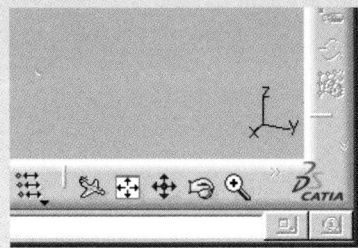

Abbildung 6.5: Achsenkreuz zeigt die aktuelle Ausrichtung

In der rechten unten Ecke des Bildschirms ist ein Achsenkreuz zu sehen, das allerdings nur die gegenwärtige Ausrichtung des Produkts anzeigt. Bauteile lassen sich auf dieses Achsensystem nicht ausrichten.

Abbildung 6.6: Statuszeile zeigt Informationen zur gewählten Funktion.

Am unteren linken Bildschirmrand befindet sich die Statuszeile, über die Sie Informationen bezüglich der aktivierten Funktion erhalten. Auch die horizontal angeordneten Symbolleisten können nach eigenen Bedürfnissen positioniert werden.

Wie Sie es auch in den anderen Arbeitsumgebungen kennengelernt haben, wird hier eine leere Datei mit einem vorläufigen Namen, in diesem Fall *Product1*, angezeigt. Als Dateikennung wird die Bezeichnung *CATProduct* verwendet.

6.1 Aufbau eines Produkts

Bezüglich einer Standardeinstellung wird CATIA V5 immer mit einem leeren *Produkt* gestartet, das seitens CATIA den vorläufigen Namen *Produkt1* bekommt (▶ Abbildung 6.7).

Abbildung 6.7: Leerer Strukturbaum

Beim Arbeiten mit Produkten existieren mehrere Möglichkeiten, wie sie aufgebaut sind und wie mit ihnen gearbeitet wird. Zum einen können Sie ein neues leeres Bauteil einfügen, um anschließend das 3D-Modell zu erzeugen. Zum anderen können bereits gespeicherte Bauteile als vorhandene Komponenten in das Produkt eingefügt werden. Die entsprechenden Funktionen befinden sich auf der Symbolleiste TOOLS FÜR PRODUKTSTRUKTUR (▶ Abbildung 6.8).

Abbildung 6.8: Funktionen für die Erstellung eines Produkts

Bevor wir mit dem Einfügen einzelner Bauteile beginnen, möchte ich Ihnen die Funktionen vorstellen, die beim Erstellen bzw. Aufbauen eines Produkts immer wieder vorkommen.

6.1.1 Komponente einfügen

Eine Komponente ist eine Struktureinheit innerhalb einer CATIA V5-Struktur. In einer Komponente werden Unterbaugruppen und Bauteile logisch zusammengefasst.

Ob eine Komponente oder ein zu speicherndes Produkt verwendet werden soll, muss jeder Konstrukteur bezogen auf die jeweilige Situation selbst festlegen. Der Vorteil eines separat gesicherten Produkts ist der, dass es auch in anderen Produkten verwendet bzw. an Dritte weitergegeben werden kann. Die Inhalte einer Komponente sind nur in dem Produkt sichtbar, in dem die Komponente eingebunden ist.

Leere Komponenten innerhalb einer Baugruppe werden allerdings in einer Stückliste als Teil ausgewiesen. Diese Variante kann dazu verwendet werden, wenn es sich um Teile handelt, für die keinerlei Geometrie vorhanden ist, wie beispielsweise fünf Kilogramm Abdichtungsmasse.

Dieses Icon wird als KOMPONENTE bezeichnet. Eine KOMPONENTE wird lediglich der Übersicht halber genutzt, um ab einer gewissen Anzahl an Einzelteilen oder Unterprodukten nicht die Übersicht zu verlieren.

6 BAUGRUPPENKONSTRUKTION (ASSEMBLY DESIGN)

Die Sicherung einer Komponente erfolgt immer nur über das nächst höher liegende Produkt. Sie erkennen eine Komponente daran, dass im Hintergrund des Icons kein weißes Blatt zu sehen ist.

Nachdem Sie die Funktion KOMPONENTE aktiviert haben, werden Sie über die Statuszeile aufgefordert eine Komponente auszuwählen, in die eine neue Komponente eingefügt werden soll.

Die Komponente, wie sie in der Statuszeile benannt wird, kann ein Produkt, „ein Einzelteil" aber auch eine weitere Komponente sein (▶ Abbildung 6.9).

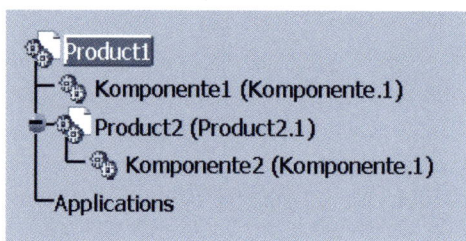

Abbildung 6.9: Produktstruktur mit Komponenten

Da eine Komponente nicht als einzelne Datei gespeichert werden kann, werden die Komponenten in ▶ Abbildung 6.9 in zwei unterschiedlichen Produkten gesichert. Die *Komponente1* wird im *Produkt1* gesichert und die *Komponente2* im *Produkt2*.

6.1.2 Produkt einfügen

Bei Aktivierung der Funktion PRODUKT wird in eine bestehende Produktstruktur ein neues leeres Produkt eingefügt. Dabei handelt es sich dann in dem Fall um ein UNTERPRODUKT oder SUB-ASSEMBLY. Es ist völlig unerheblich, wie weit unten in der Struktur ein Produkt eingefügt wird, es handelt sich dabei immer um eine zu sichernde Datei. Im Hintergrund des Symbols ist ein weißes Blatt zu sehen, welches Ihnen den Hinweis darauf gibt, dass es sich um eine Datei handelt, die gesichert werden muss (▶ Abbildung 6.10).

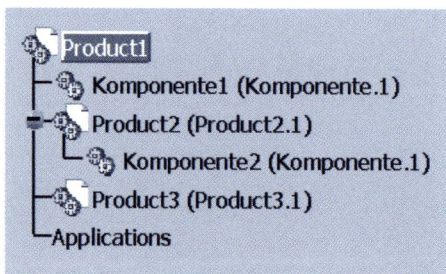

Abbildung 6.10: Die Struktur beinhaltet drei zu sichernde Dateien.

Bis auf das Hauptprodukt bestehen alle Namen aus einer Teilenummer und einem Exemplarnamen, der in Klammern geschrieben hinter der Teilenummer zu sehen ist, wie beispielsweise *Produkt1 (Produkt1.1)*. Bezogen auf die ▶ Abbildung 6.10 möchte ich Ihnen das gern einmal erläutern.

Teilenummer

Unter der TEILENUMMER versteht man die Bezeichnung bzw. den Namen des Bauteils. Der Name kann aus einer Zeichenfolge von Buchstaben oder Zahlen bestehen. Auch einer Kombination steht nichts im Wege, wie beispielsweise *Produkt2*. Die Teilenummer wird später beim ersten Speichern als Dateiname vorgeschlagen, deshalb sollte schon hier darauf geachtet werden, dass keinerlei Leerzeichen oder Umlaute verwendet werden.

Exemplarname

In der Grundeinstellung von CATIA wird der EXEMPLARNAME aus der Bezeichnung der Teilenummer und einer fortlaufenden Zahl zusammengesetzt, wie zum Beispiel *(Produkt2.1)*. Da es möglich ist, ein Bauteil innerhalb eines Produkts mehrmals zu verwenden, ist CATIA durch die fortlaufende Zahl in der Lage, diese Teile zu unterscheiden.

> **Beachten Sie** Wenn Bauteile mehrmals verwendet und Referenzen aufgebaut werden, zeigt der Link immer auf den Exemplarnamen, da nur dort aufgrund der fortlaufenden Nummerierung eine Unterscheidung möglich ist.

Damit Sie nicht die Übersicht verlieren, sollten Sie sich daran gewöhnen, die vorgegebene Bezeichnung des eingefügten Produkts sofort in „sprechende Namen" umzuwandeln.

Um den obersten Knotenpunkt *Produkt1* umzubenennen, aktivieren Sie dessen Kontextmenü und wählen den Eintrag EIGENSCHAFTEN. Im nachfolgenden Fenster können Sie den Namen ändern, der im Menü als *Teilenummer* bezeichnet wird. Nennen Sie das Produkt *Eigenes_Produkt*.

Als Nächstes benennen wir das neu eingefügte *Produkt2* um. Öffnen Sie das Kontextmenü von *Produkt2*, wählen Sie auch hier den Eintrag EIGENSCHAFTEN und ändern Sie im nachfolgenden Menü die Teilenummer und den Exemplarnamen. Achten Sie darauf, dass die Zahl am Ende des Exemplarnamens erhalten bleibt. Verwenden Sie die Bezeichnung *Eigenes_Unterprodukt (Eigenes Unterprodukt.1)* (▶ Abbildung 6.11).

6 BAUGRUPPENKONSTRUKTION (ASSEMBLY DESIGN)

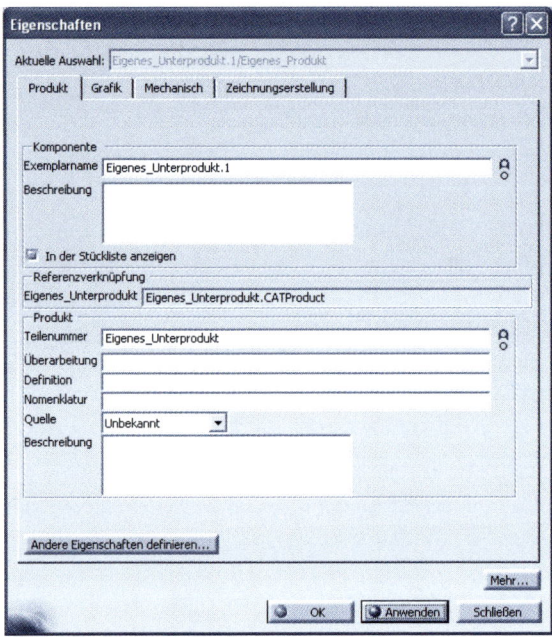

Abbildung 6.11: Eigenschaften eines Produkts ändern

Um schon im Vorfeld dafür zu sorgen, dass beim Anlegen oder Einfügen eines neuen Produkts ein anderer Name angegeben wird, öffnen Sie das Menü TOOLS/OPTIONEN.../ INFRASTRUKTUR/PRODUKT STRUKTUR/PRODUKTSTRUKTUR/TEILENUMMER. Aktvieren Sie die Option MANUELLE EINGABE (▶ Abbildung 6.12).

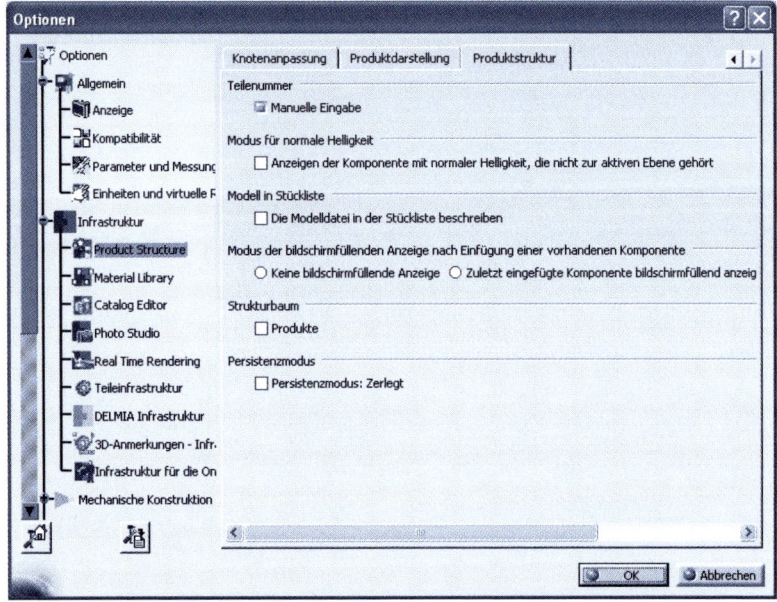

Abbildung 6.12: Beim Anlegen oder Einfügen eines neuen Produkts wird ein Name verlangt.

6.1.3 Teil einfügen

Diese Funktion wird als TEIL bezeichnet. Ein Teil (EINZELTEIL) kann direkt in das Hauptprodukt, aber auch in eine KOMPONENTE oder in ein UNTERPRODUKT eingefügt werden. Auch eine Mehrfachverwendung ist möglich, da auch Einzelteile aus einer Teilenummer und einem Exemplarnamen bestehen. Bei der Anwendung der Funktion TEIL handelt es sich um ein neues leeres Einzelteil.

Der Unterschied zwischen einem neu eingefügtem Produkt und einem neu eingefügten Einzelteil besteht darin, dass an dem vorangestellten Icon des *Parts* unten rechts ein Koordinatenkreuz angezeigt wird. Bezogen auf die jeweilige Situation wird es in unterschiedlichen Farben dargestellt. Ist das Koordinatenkreuz rot, bedeutet das, dass die Assoziativität zum Einzelteil gegeben ist (▶ Abbildung 6.13).

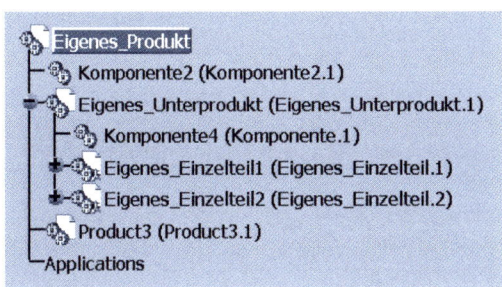

Abbildung 6.13: Assoziativität ist gegeben

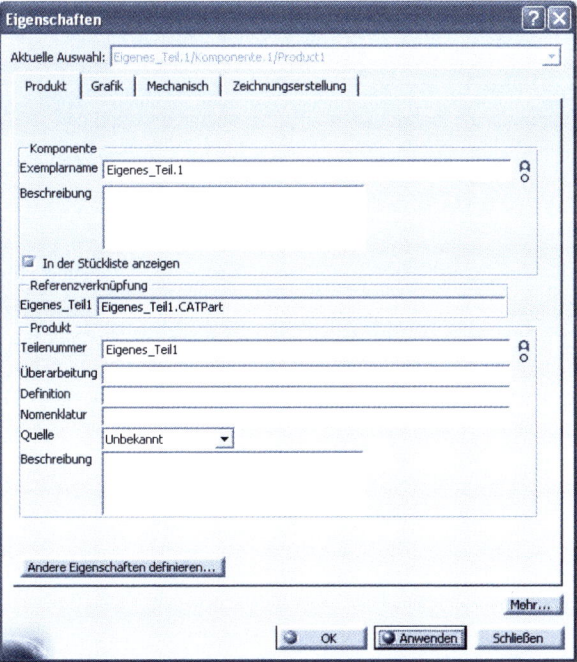

Abbildung 6.14: Teilenummer und Exemplarname geändert

6 BAUGRUPPENKONSTRUKTION (ASSEMBLY DESIGN)

Wie zuvor schon erläutert, ist es auch bei einem eingefügten Teil notwendig, die TEILE-NUMMER sowie den EXEMPLARNAMEN zu ändern. Auch hier öffnen Sie über das Kontextmenü das Fenster *Eigenschaften* und können die entsprechenden Eintragungen durchführen (▶ Abbildung 6.14).

6.1.4 Vorhandene Komponente einfügen

Mit dieser Funktion werden VORHANDENE KOMPONENTEN (Einzelteile oder Produkte) in das Produkt eingefügt. Da es sich im Gegensatz zu den vorherigen Funktionen um bereits erstellte Bauteile handelt, werden Sie über ein Menü aufgefordert, anzugeben, in welchem Verzeichnis sich das Bauteil befindet.

Bezogen auf das Beispiel in ▶ Abbildung 6.13 soll das Einzelteil mit dem Namen *AS12-2.CATPart* in das Unterprodukt mit dem noch nicht aktualisierten Namen *Produkt3* eingefügt werden.

Aktivieren Sie die Funktion VORHANDENE KOMPONENTE und klicken Sie anschließend im Strukturbaum auf das *Produkt3*. CATIA öffnet die Dialogbox DATEIAUSWAHL und zeigt Ihnen den Inhalt des zuletzt verwendeten Verzeichnisses an (▶ Abbildung 6.15).

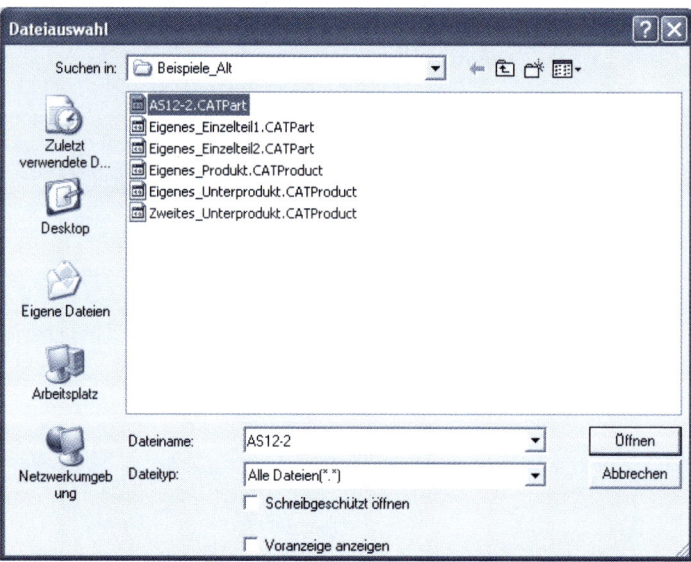

Abbildung 6.15: Einzufügende Datei auswählen

Wie Sie es in Windows gewohnt sind, suchen Sie sich das entsprechende Verzeichnis, wählen den Dateinamen und klicken auf ÖFFNEN.

Das Bauteil wird eingefügt und das sich darin befindliche Bauteil wird aufgrund der Standardeinstellungen sofort sichtbar sein (▶ Abbildung 6.16).

6.1 Aufbau eines Produkts

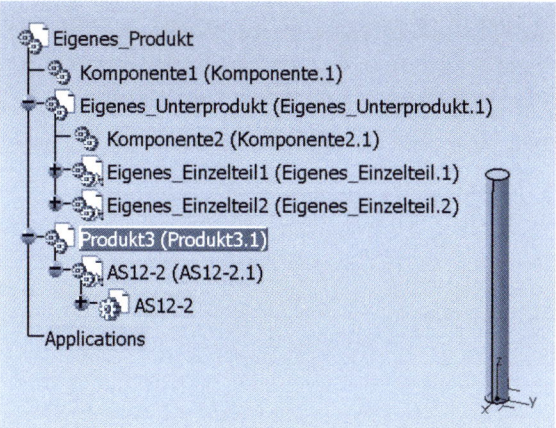

Abbildung 6.16: Vorhandene Komponente wurde in Form eines Einzelteils eingefügt.

6.1.5 Komponente ersetzen

Die Funktion KOMPONENTE ERSETZEN wird immer dann eingesetzt, wenn beispielsweise Normteile, die nicht geändert werden dürfen, aber bereits in ein Produkt eingefügt worden sind, durch verbesserte Teile ersetzt werden sollen.

Im folgenden Beispiel soll der vorhandene Bolzen durch einen anderen, etwas längeren ersetzt werden. Alle übrigen Bauteile bleiben erhalten (▶ Abbildung 6.17).

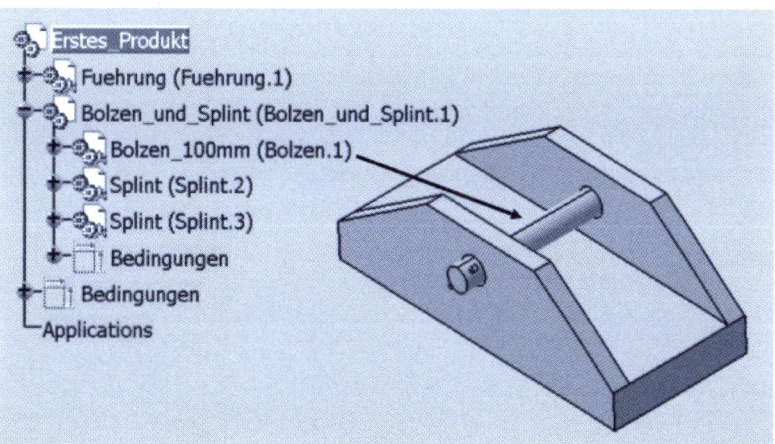

Abbildung 6.17: Der Bolzen soll durch einen anderen ersetzt werden.

Nach Aktivierung der Funktion KOMPONENTE ERSETZEN werden Sie über die Statuszeile aufgefordert, die zu ersetzende Komponente auszuwählen. Klicken Sie den zu ersetzenden Bolzen entweder im Strukturbaum an oder klicken Sie direkt auf das Modell. Nach Auswahl des Modells öffnet sich das Fenster DATEIAUSWAHL, in dem Sie das neue Bauteil auswählen müssen (▶ Abbildung 6.18).

6 BAUGRUPPENKONSTRUKTION (ASSEMBLY DESIGN)

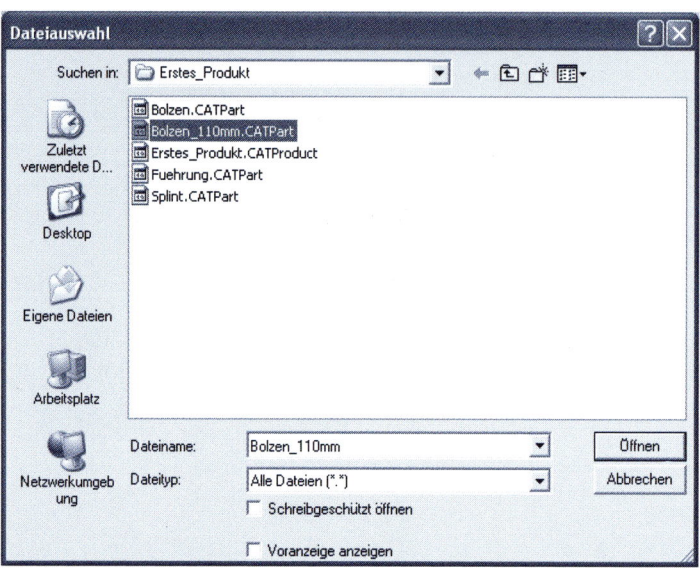

Abbildung 6.18: Neues Modell auswählen

Es ist nicht erforderlich, dass sich neue Bauteile in exakt demselben Verzeichnis befinden müssen wie das vorherige. Doch sollte gewährleistet sein, das die Teile in einen Verzeichnis abgelegt werden, das ausschließlich für aktualisierte Daten zur Verfügung gestellt worden ist, so dass Sie keine Verknüpfungen zu Dateien herstellen, die in einem von Ihnen persönlich erstellten Verzeichnis abgelegt wurden.

Nach Auswahl der neuen Datei klicken Sie auf die Schaltfläche ÖFFNEN. Anschießend werden Sie über die Auswirkungen informiert, da CATIA Verknüpfungen zu anderen Bauteilen gefunden hat (▶ Abbildung 6.19).

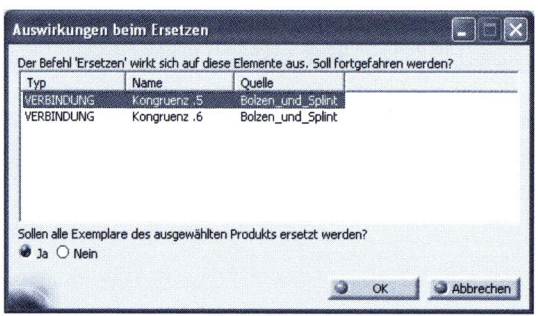

Die festgestellten Bedingungen werden auf das neue Bauteil übertragen.

Bestätigen Sie mit OK.

Abbildung 6.19: Zwei Kongruenzbedingungen wurden gefunden.

Nach der Bestätigung wird das neue Bauteil mit der geänderten Länge in das Produkt eingefügt. Die im Produkt gespeicherte Positionierung wird übernommen. Nach einem abschließenden UPDATE wird auch die *Kongruenz* zwischen dem Splint und der im Bolzen vorhandenen Bohrung wiederhergestellt (▶ Abbildung 6.20).

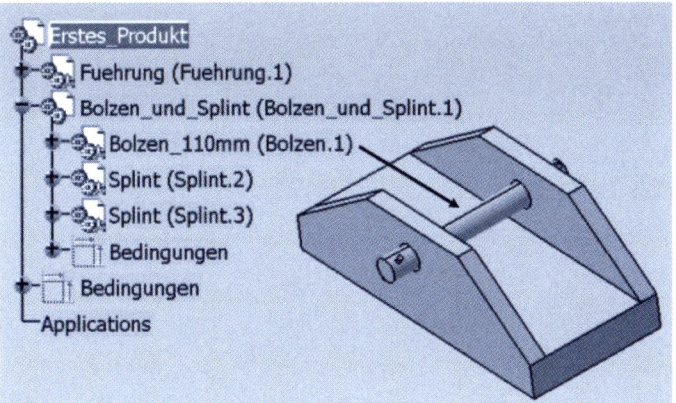

Abbildung 6.20: Die Komponente wurde ersetzt.

Würden Sie jetzt einen Fehler feststellen, hätten Sie nur die Möglichkeit, das eingefügte Bauteil erneut durch ein anderes zu ersetzen, oder Sie verlassen das Produkt ohne jegliche Speicherung. Die Funktion WIDERRUFEN (RÜCKGÄNGIG) steht in diesem Fall nicht zur Verfügung.

6.1.6 Der Strukturbaum

In der Arbeitsumgebung der *Baugruppenkonstruktion* beinhaltet der STRUKTURBAUM keinerlei Dateien. Erst durch das Einfügen neuer bzw. vorhandener Dateien wächst er und kann nahezu unbegrenzt viele Einzelteile wie auch Produkte aufnehmen. Aber auch beim Einfügen der Bauteile kann man nicht wahllos vorgehen. Um den Strukturbaum effektiv nutzen zu können, ist verstärkt darauf zu achten, dass die Teile sinnvoll strukturiert werden, damit auch andere Anwender nicht allzu viel Zeit benötigen, sich in dem Modell zurechtzufinden.

Bezogen auf die ▶ Abbildung 6.16 möchte ich Ihnen die Bedeutung der einzelnen Icons noch einmal kurz erläutern:

Tabelle 6.1

Icon	Bedeutung
	Symbol eines Produkts – wird immer in einer Datei gesichert. Dies wird durch das weiße Blatt im Hintergrund deutlich.
	Symbol einer Komponente – dient nur der Struktur innerhalb einer Datei. Eine Komponente kann nicht in einer eigenen Datei gesichert werden. Die Speicherung erfolgt immer über das nächste höher angeordnete Produkt.
	Symbol eines EINZELTEILS (Part) – es kann sich um ein neues oder vorhandenes Teil handeln. Ein Einzelteil wird in einer separaten Datei gesichert.

Beim Anlegen eines Produkts sollten Sie darauf achten, dass nur so viele Unterprodukte vorhanden sind, wie unbedingt notwendig. Oft geben diese tiefen Verzweigungen Aufschluss darüber, dass auch sehr viele unterschiedliche Verzeichnisse verwendet worden sind, aus denen die Dateien in einem Produkt eingebunden sind.

Je mehr Verzeichnisse es sind, desto länger benötigt CATIA, um die Daten zu finden und natürlich auch zu laden.

6.1.7 Der Kompass

Bevor wir dazu kommen ein komplettes Produkt aufzubauen, möchte ich Ihnen den KOMPASS vorstellen, der Ihnen am oberen rechten Bildschirmrand sicher schon aufgefallen ist. Standardmäßig wird der Kompass beim Öffnen einer Datei eingeblendet (▶ Abbildung 6.21).

Abbildung 6.21: Der Kompass

Über das Menü ANSICHT/KOMPASS besteht die Möglichkeit, den Kompass ein- bzw. auszublenden. Mit seiner Hilfe sind Sie in der Lage, Einzelteile wie auch komplexe Produkte zu positionieren.

Damit Sie beispielsweise das Bauteil *Blindstopfen* mit dem KOMPASS bearbeiten können, muss entweder das Hauptprodukt (*Eigenes_Produkt*) oder das Unterprodukt (*Erstes_Unterprodukt2*), in dem sich das zu bewegende Bauteil befindet, aktiviert werden. Das erreichen Sie mit einem Doppelklick auf den jeweiligen Eintrag im Strukturbaum (▶ Abbildung 6.22).

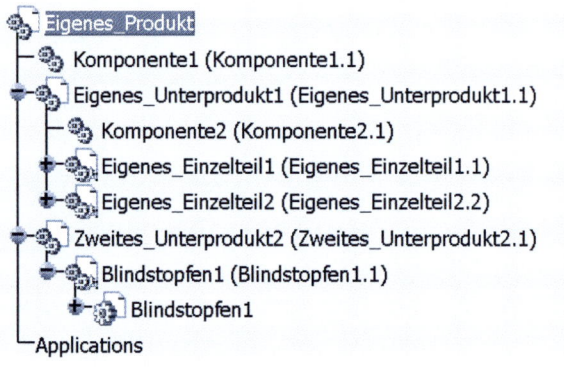

Abbildung 6.22: Zu aktivierende Produkte um das Einzelteil verschieben zu können

6.1 Aufbau eines Produkts

Soll ein Bauteil mit dem KOMPASS verschoben werden, muss der Kompass auf das betreffende Bauteil gesetzt werden. Führen Sie die Maus auf das rote Rechteck des Kompasses und schieben Sie den KOMPASS mit gedrückt gehaltener linker Maustaste auf das entsprechende Bauteil.

An der Stelle, wo Sie die linke Maustaste loslassen, wird der KOMPASS abgesetzt und in grüner Farbe dargestellt. Wird der Kompass nicht grün dargestellt, so ist höchstwahrscheinlich nicht das richtige Produkt bzw. Unterprodukt aktiviert worden.

Bauteile mithilfe des Kompasses verschieben

Möchten Sie ein Bauteil beispielsweise in Richtung der X-ACHSE schieben, so führen Sie die Maus bei grün dargestelltem Kompass auf die mit dem Buchstaben „X" gekennzeichnete Achse, drücken die linke Maustaste, halten diese gedrückt und schieben das Bauteil in die gewünschte Richtung.

Diese Art der Verschiebung wird häufig zu reinen Testzwecken verwendet, da bei dieser Art und Weise keine Maße festgelegt werden können.

Bauteile um ein exaktes Maß verschieben

Auch bei der exakten Verschiebung muss sich der Kompass auf dem Bauteil befinden, so dass er hier ebenfalls in grüner Farbe dargestellt wird. Führen Sie dazu die Maus auf das rote Rechteck, das in der Mitte des Kompasses zu sehen ist, und wählen Sie im Kontextmenü den Eintrag BEARBEITEN... (▶ Abbildung 6.23).

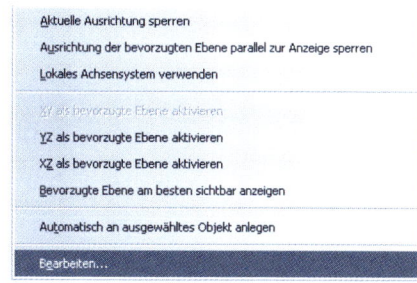
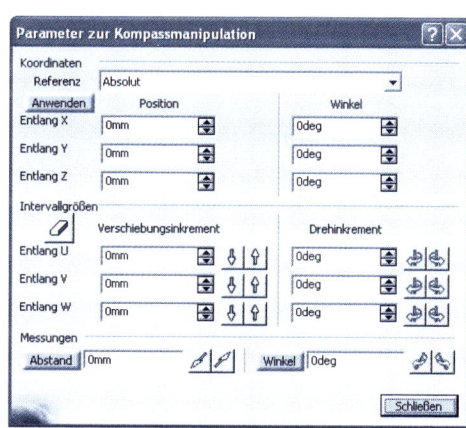

Abbildung 6.23: Parameter ermöglichen eine exakte Verschiebung.

6 BAUGRUPPENKONSTRUKTION (ASSEMBLY DESIGN)

> **Beachten Sie** Die Koordinaten „X", „Y" und „Z" beziehen sich auf die absolute Position des Bauteils, wo es innerhalb des Produkts konstruiert worden ist. Die Intervallgrößen „U", „V" und „W" geben an, um wie viele Millimeter das Bauteil innerhalb des Produkts verschoben wurde.

Parameter zur Kompassmanipulation

Sobald sich der KOMPASS auf dem Bauteil befindet, das verschoben werden soll, ändern sich die Bezeichnungen der einzelnen Achsen. Sie lauten dann wie folgt: U/X; V/Y und W/Z.

Möchten Sie ein Bauteil innerhalb eines Produkts um 100 mm in Richtung der X-ACHSE schieben, so ändern Sie nicht seine absolute Position, sondern Sie ändern lediglich den Wert des Verschiebungsinkrements. In diesem Fall ist das der Wert des Eintrags „U".

Markieren Sie den Eintrag mit einem Doppelklick und überschreiben Sie den vorgegebenen Wert mit der Zahl „100". Es ist nicht erforderlich, „mm" einzutragen. Dieser Eintrag erfolgt, nachdem Sie die ↵-Taste gedrückt haben, automatisch (▶ Abbildung 6.24).

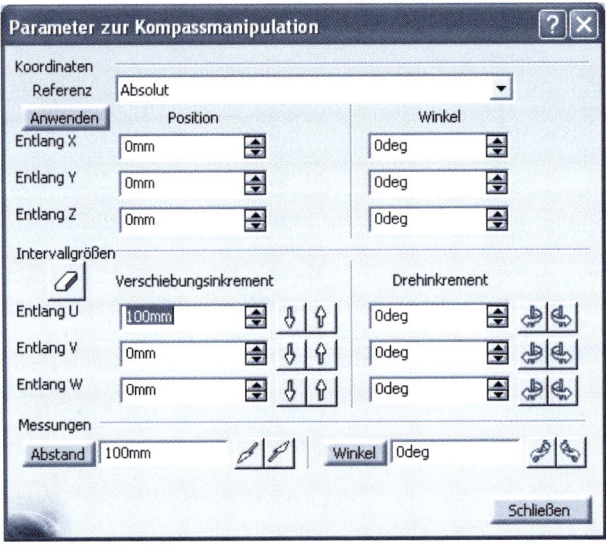

Abbildung 6.24: Bauteil wird innerhalb des Produkts verschoben.

Mittels der Pfeile rechts neben dem Eintrag wird der Kompass samt Bauteil verschoben. Der Pfeil nach unten verschiebt den Kompass um eine negative Intervallgröße.

Bauteil in Bezug auf seinen Ursprung verschieben

Um ein Bauteil bezogen auf seinen Nullpunkt verschieben zu können, muss der Kompass exakt dort abgesetzt werden. Im Kontextmenü des Kompasses aktivieren Sie die Funktion AUTOMATISCH AN AUSGEWÄHLTES OBJEKT ANLEGEN. Anschließend reicht es aus, das Modell an einer beliebigen Stelle anzuklicken und der Kompass wird auf den Ursprungspunkt des gewählten Modells gesetzt (▶ Abbildung 6.25).

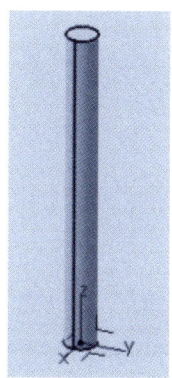 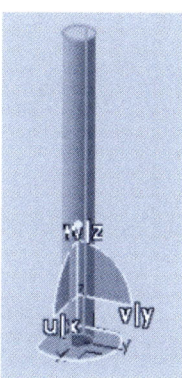

Abbildung 6.25: Der Kompass befindet sich auf dem Nullpunkt des Modells.

Im Kontextmenü des Kompasses klicken Sie auf BEARBEITEN… und gemäß der ▶ Abbildung 6.24 können Sie das Bauteil verschieben.

6.2 Bauteile bewegen

In CATIA V5 existieren neben dem Kompass vier weitere Funktionen, um Einzelteile und Produkte bewegen, das heißt verschieben zu können. Diese Funktionen befinden sich auf der Symbolleiste BEWEGEN (▶ Abbildung 6.26).

Abbildung 6.26: Symbolleiste Bewegen

Der Unterschied zum Positionieren besteht darin, dass hier keine exakten Werte angegeben werden können, um wie viele Millimeter beispielsweise ein Bauteil verschoben werden soll. Des Weiteren werden diese Arten von Manipulationen nicht im Strukturbaum abgelegt. Das bedeutet, wenn Sie ein Bauteil verschoben haben und das Produkt anschließend speichern, so lässt sich die Verschiebung nur damit rückgängig machen, indem Sie das Teil um exakt den gleichen Wert in die entgegen gesetzte Richtung schieben.

6 BAUGRUPPENKONSTRUKTION (ASSEMBLY DESIGN)

6.2.1 Funktion Manipulieren

Nach der Aktivierung der Funktion MANIPULATION öffnet sich ein kleines Fenster mit der Bezeichnung MANIPULATIONSPARAMETER, in dem sämtliche Funktionen zu sehen sind, die Ihnen einzig und allein für das Schieben und Drehen von Bauteilen zur Verfügung stehen (▶ Abbildung 6.27).

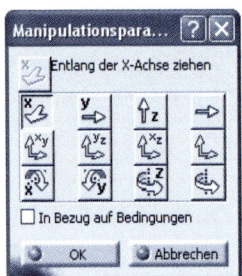

Die Funktion, die Sie durch Anklicken der einzelnen Icons aktivieren, kann anschließend auf einem ausgewählten Bauteil angewendet werden. Mit OK bestätigen Sie die Verschiebung.

Abbildung 6.27: Manipulationsparameter

In dem folgenden Beispiel soll der Bolzen in X-Richtung verschoben werden. Aktivieren Sie im Menü MANIPULATIONSPARAMETER die Funktion *Entlang der X-Achse ziehen* (▶ Abbildung 6.28).

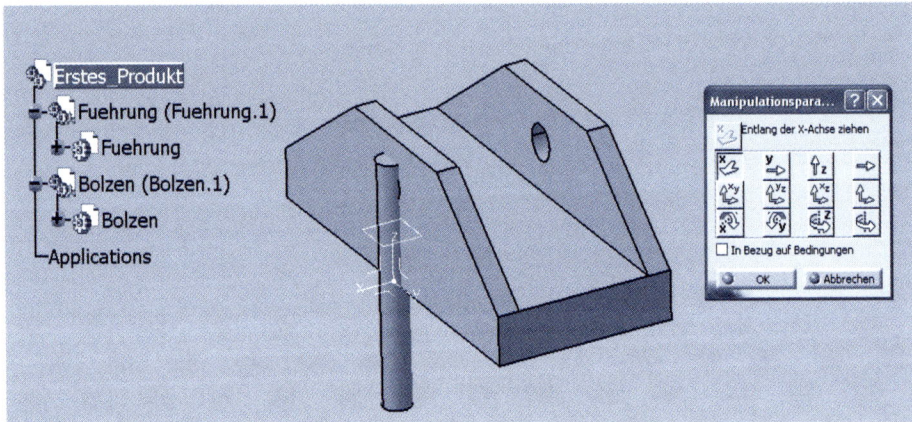

Abbildung 6.28: Bauteile können über die Manipulationsparameter bewegt werden.

Damit die Funktion nur auf den Bolzen bezogen ausgeführt wird, klicken Sie auf das Modell, halten die linke Maustaste gedrückt und schieben die Maus in Richtung der X-ACHSE. Mit dem Loslassen der Maustaste und durch das Bestätigen mit OK, nimmt der Bolzen die neue Position an (▶ Abbildung 6.29).

6.2 Bauteile bewegen

Bei der Funktion MANIPULATION geht es nicht um die exakte Positionierung der Bauteile. Zum einen können Sie die Entfernung nicht bestimmen und zum anderen werden diese Informationen nicht im Strukturbaum abgelegt.

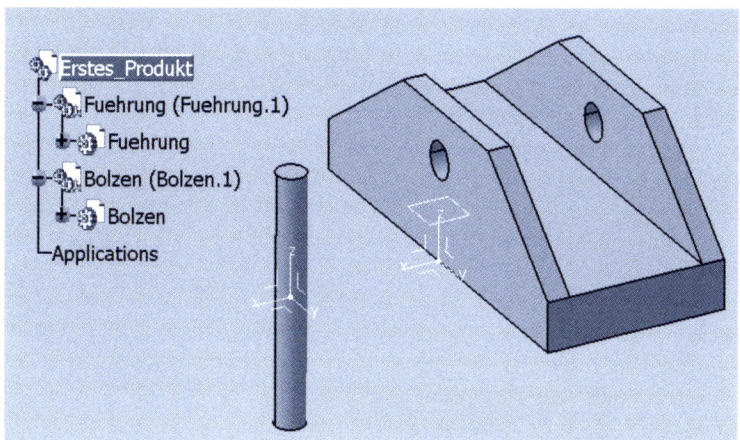

Abbildung 6.29: Bolzen wurde in X-Richtung geschoben.

6.2.2 Funktion Versetzen

Bei der Funktion VERSETZEN handelt es sich nicht um das reine Verschieben eines gewählten Bauteils, sondern bei Anwendung dieser Funktion sind zwei Bauteile betroffen, die in Bezug gesetzt werden. Nach Aktivierung der Funktion VERSETZEN werden Sie lediglich über die Statuszeile aufgefordert, die Objekte zu wählen.

Um bei dem vorherigen Beispiel zu bleiben, sollen der Bolzen und die Bohrung in Bezug gesetzt werden, so dass eine Kongruenz zwischen den Mittelachsen beider Bauteile entsteht (▶ Abbildung 6.29).

Aktivieren Sie die Funktion VERSETZEN. In der Statuszeile erscheint die Aufforderung: „Auf einer Komponente das erste geometrische Element auswählen". Führen Sie die Maus an den Bolzen heran und sobald die Mittelachse zu sehen ist, klicken Sie einmal mit der linken Maustaste.

Über die Statuszeile werden Sie erneut aufgefordert, das zweite geometrische Element auf einer Komponente zu wählen und somit führen Sie die Maus an die Bohrung des Bauteils *Führung*. Auch hier klicken Sie mit der linken Maustaste einmal, sobald die Mittelachse zu sehen ist.

Die Achsen sind jetzt kongruent zu einander und somit wurde der Bolzen in Bezug auf die Bohrung ausgerichtet und kann jetzt entsprechend verschoben werden (▶ Abbildung 6.30).

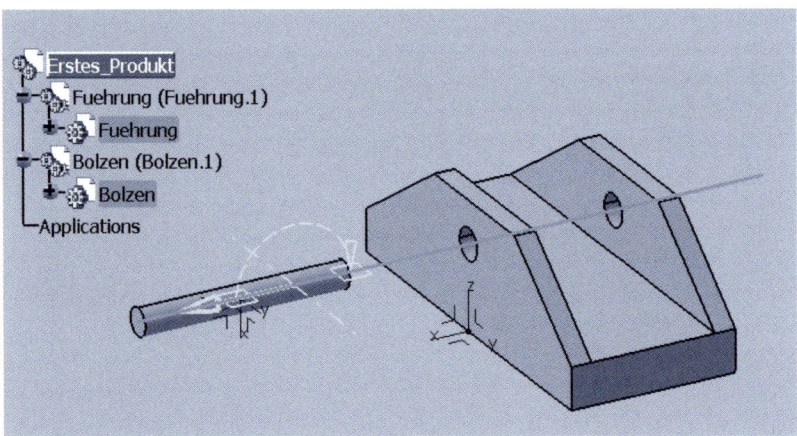

Abbildung 6.30: Mittelachsen beider Bauteile sind kongruent.

6.2.3 Funktion Zerlegen

Sie möchten beispielsweise aufzeigen, wie einzelne Bauteile innerhalb eines Zusammenbaus positioniert sein müssen. Das nachfolgende Beispiel soll das verdeutlichen (▶ Abbildung 6.31).

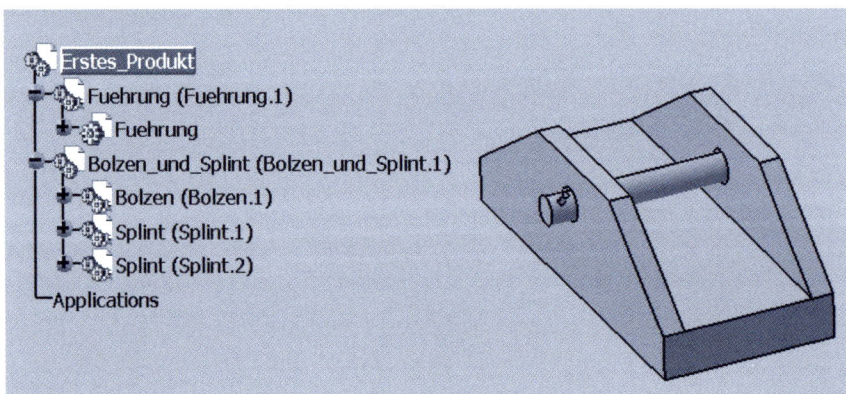

Abbildung 6.31: Produkt mit entsprechend positionierten Einzelteilen

Mithilfe der Funktion ZERLEGEN (EXPLODE) werden sämtliche Bauteile, die in einem Produkt verbaut und positioniert sind, in einem gewissen Abstand zum fixierten Objekt angeordnet.

Nach Aktivierung der Funktion ZERLEGEN werden Sie über eine Dialogbox aufgefordert, anzugeben, inwieweit das Produkt zerlegt werden soll (▶ Abbildung 6.32).

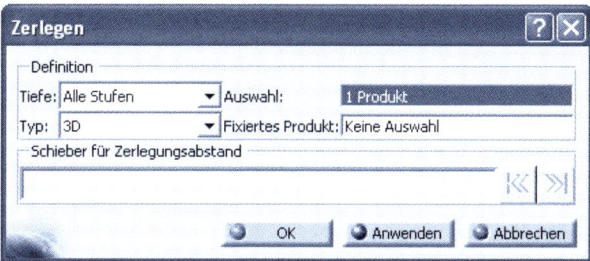

Abbildung 6.32: Vorbereitung für das Zerlegen treffen

In der nachfolgenden Tabelle werden die einzelnen Definitionen kurz erläutert.

Tabelle 6.2

Definition	Bedeutung
Tiefe	Die Auswahlmöglichkeiten beschränken sich auf *Erste Stufe* und *Alle Stufen*. Bezogen auf die ▶ Abbildung 6.31 bedeutet der Eintrag *Erste Stufe*, dass sich lediglich das Bauteil *Fuehrung* aus seiner Position herausbewegt. Alle anderen Bauteile würden nicht berücksichtigt. Die Berücksichtigung aller Bauteile findet nur bei dem Eintrag *Alle Stufen* statt.
Typ	Hier ist zwar die Einstellung *3D* vorgegeben, aber die wohl am häufigsten verwendete wird die Auswahl *bedingt* sein. Die Einstellung berücksichtigt die Bedingungen, mit denen Sie Bauteile in Beziehung gesetzt haben, wie beispielsweise die *Kongruenzbedingung*.
Auswahl	Hier können Sie die Produkte oder Gruppen auswählen, bei denen die Funktion ZERLEGEN angewendet werden soll.
Fixiertes Produkt	Damit die EXPLOSION nicht auf alle Bauteile des Produkts angewendet wird, ist es sinnvoll, ein Ausgangsprodukt festzulegen und dieses zu fixieren. Das bedeutet, dass es bei Anwendung der Funktion ZERLEGEN seine Position nicht ändert.

Anschließend klicken Sie zunächst auf ANWENDEN, um in einer Vorschau das zu erwartende Ergebnis anzuschauen. Mit OK bestätigen Sie endgültig und werden mittels eines Informationsfensters darauf hingewiesen, dass die Produkte anschließend mit dem Kompass verschoben werden können (▶ Abbildung 6.33).

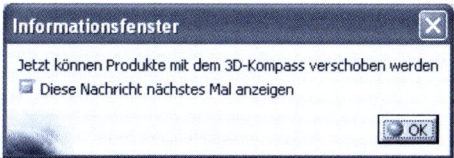

Abbildung 6.33: Hinweis, das der Kompass eingesetzt werden kann

Zeitgleich wird Ihnen das endgültige Ergebnis angezeigt (▶ Abbildung 6.34).

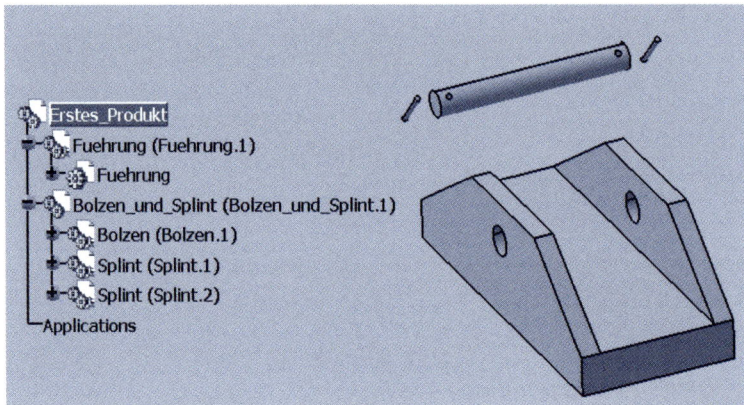

Abbildung 6.34: Funktion Zerlegen bestätigt

Auch bei Anwendung der Funktion *ZerlEgen*, werden diesbezüglich keine Informationen im Strukturbaum abgelegt.

6.2.4 Funktion Manipulation bei Kollision stoppen

Bei der Funktion MANIPULATION BEI KOLLISION STOPPEN besteht die Möglichkeit, dass die Verschiebung mittels des Kompasses gestoppt wird, sobald das zu schiebende Einzelteil oder Produkt mit anderen Teilen in Berührung kommt, also kollidiert. Sie wird in Verbindung mit der Funktion MANIPULATION eingesetzt.

Um es an einem Beispiel zu verdeutlichen, wurde der Bolzen an eine Position geschoben, wo Bohrung und Bolzen nicht mehr kongruent sind. Wird der Bolzen in Z-RICHTUNG verschoben, wird er mit dem anderen Bauteil zwangsläufig kollidieren (▶ Abbildung 6.35).

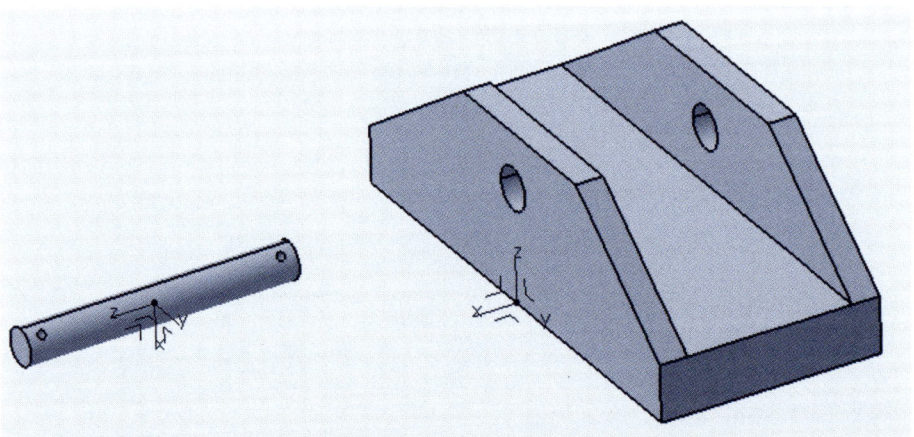

Abbildung 6.35: Verschiebung soll bei Kollision stoppen

6.3 Bauteile exakt positionieren

Nach Aktivierung der Funktion MANIPULATION BEI KOLLISION STOPPEN werden Sie über die Statuszeile lediglich auf die Auswirkung aufmerksam gemacht. Zusätzlich aktivieren Sie die Funktion MANIPULATION auf derselben Symbolleiste und aktivieren Sie im nachfolgenden Menü MANIPULATIONSPARAMETER die Funktion ENTLANG DER X-ACHSE ZIEHEN (▶ Abbildung 6.36).

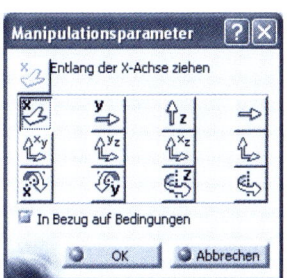

Klicken Sie auf den Bolzen, halten Sie die linke Maustaste gedrückt und schieben Sie das Bauteil entlang der X-Achse. Achten Sie darauf, dass die Option IN BEZUG AUF BEDINGUNGEN aktiviert ist, da sonst die Aktion bei Kollision nicht gestoppt wird.

Abbildung 6.36: Bauteil wird in Richtung der X-Achse verschoben.

Führen Sie die Maus auf den Bolzen, drücken Sie die linke Maustaste, halten Sie sie gedrückt und schieben Sie die Maus in Richtung des anderen Bauteils. Sobald es zu einer Berührung kommt, werden beide Bauteile im Strukturbaum, als auch im Arbeitsbereich markiert und es ist Ihnen nicht mehr möglich, den Bolzen weiter zu schieben (▶ Abbildung 6.37).

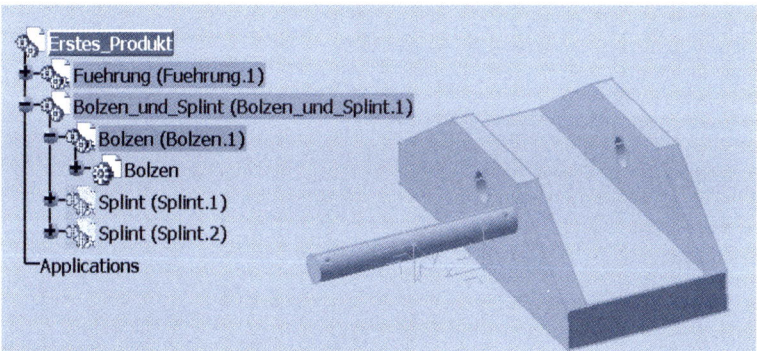

Abbildung 6.37: Bei der Kollision wird die Verschiebung gestoppt.

6.3 Bauteile exakt positionieren

Beim Aufbau eines neuen Produkts kommt es immer darauf an, wie die Einzelteile, die in das Produkt eingefügt werden, konstruiert worden sind.

In CATIA V5 existieren zwei Möglichkeiten, Einzelteile zu konstruieren. Zum einen kann ein Einzelteil mit Bezug zum absoluten Nullpunkt konstruiert werden. Diese Teile werden dann als unabhängige Bauteile gespeichert und als vorhandene Komponenten in ein Produkt eingefügt. Diese Art und Weise der Konstruktion kennen Sie bereits aus dem Kapitel der *Einzelteilkonstruktion*.

6 BAUGRUPPENKONSTRUKTION (ASSEMBLY DESIGN)

Zum anderen besteht die Möglichkeit, ein Einzelteil direkt in Einbaulage zu erstellen, das heißt, es wird direkt innerhalb des Produkts konstruiert, so dass es sich später bereits in der richtigen Lage und auf der richtigen Position befindet.

Die entsprechenden Funktionen, die Ihnen zur Positionierung innerhalb eines Produkts zur Verfügung stehen, finden Sie auf der Symbolleiste BEDINGUNGEN (▶ Abbildung 6.38).

Abbildung 6.38: Funktionen zur exakten Positionierung

6.3.1 Komponente Fixieren

Die KOMPONENTE FIXIEREN möchte ich Ihnen zuallererst vorstellen, da sie eine der wichtigsten Funktionen bei der Positionierung von Einzelteilen und Produkten darstellt. Damit Sie die nachfolgend beschriebenen Funktionen ohne große Überraschungen ausführen können, habe ich die KOMPONENTE *FixiEren* an die oberste Stelle der zu erklärenden Funktionen gestellt.

Wie der Name es schon andeutet, dient diese Funktion einzig und allein dazu, um Einzelteile oder komplette Baugruppen zu fixieren und zwar an der Stelle, wo sie positioniert worden sind. Diese Positionierung bezieht sich auf das Nullachsensystem, das sich in jedem Produkt befindet.

Sobald zwischen zwei Bauteilen BEDINGUNGEN erzeugt werden, sind Sie aufgefordert, beide Bauteile nacheinander auszuwählen. Welches Bauteil sich dann auf das andere zu bewegt, ist nicht eindeutig definiert.

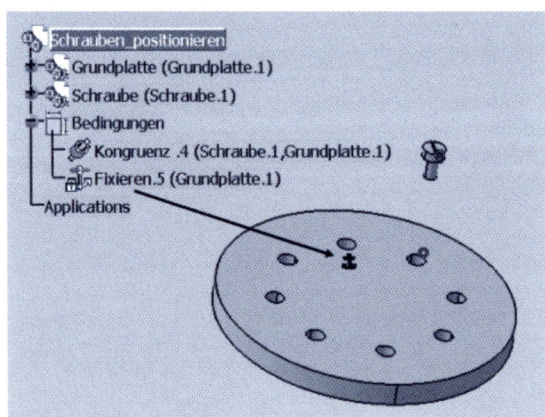

An dem vorangestellten Symbol im Strukturbaum ist nach Anwendung der KOMPONENTE FIXIEREN ein Schloss zu sehen. Das bedeutet, dass das Bauteil im 3D-Raum verankert ist und zwar so lange, bis Sie diese Fixierung aufheben.

Abbildung 6.39: Bauteil fixiert

6.3 Bauteile exakt positionieren

Nach Aktivierung der KOMPONENTE FIXIEREN werden Sie über die Statuszeile aufgefordert, die zu fixierende Komponente auszuwählen. Klicken Sie auf das Bauteil und es wird mit einem kleinen Symbol in Form eines *Ankers* gekennzeichnet. Im Strukturbaum ist die KOMPONENTE FIXIEREN ebenfalls unter dem Eintrag BEDINGUNG zu sehen (▶ Abbildung 6.39).

Wenn Sie Einzelteile oder Baugruppen fixieren, ist es unerheblich, welche Teile Sie zuerst auswählen.

Fixierung löschen

Grundsätzlich ist es überhaupt kein Problem, eine Fixierung aufzuheben bzw. zu löschen. Klicken Sie im Strukturbaum auf die Fixierung und öffnen Sie das Kontextmenü. Klicken Sie auf den Eintrag LÖSCHEN, wird die Fixierung ohne eine weitere Abfrage gelöscht.

Sie brauchen keinerlei Bedenken zu haben, dass sich die zuvor fixierten Teile aufgrund der gelöschten Fixierung bewegen. Wenn die Bedingung jedoch einmal gelöscht ist, kann sie nicht wiederhergestellt werden. Die Fixierung müsste dann neu erstellt werden.

Fixierung aufheben

Wird die Fixierung dagegen aufgehoben, ist sie zwar nicht mehr gegeben, aber sie kann jederzeit wieder aktiviert werden. Klicken Sie doppelt auf den Eintrag im Strukturbaum und in der nachfolgenden BEDINGUNGSDEFINITION klicken Sie auf die Schaltfläche MEHR>> (▶ Abbildung 6.40).

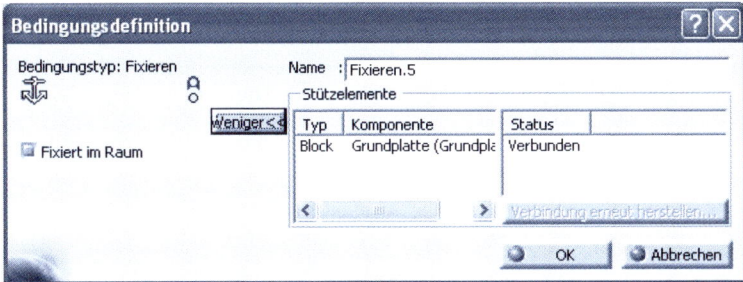

Abbildung 6.40: Bedingungsdefinition der Komponente Fixieren

Trotz Fixierung ist es möglich, das Bauteil mittels Kompass zu bewegen. Sobald das Teil bewegt wird, ist allerdings die Funktion ALLES AKTUALISIEREN (UPDATE) aktiviert und führt bei Ausführung dazu, dass das Bauteil wieder an die Position zurückspringt, wo die Fixierung erfolgt ist.

Durch das Deaktivieren der Option FIXIEREN IM RAUM wird zwar nicht der Eintrag im Strukturbaum gelöscht, aber das Bauteil kann verschoben werden, ohne anschließende Möglichkeit des UPDATE.

> **Beachten Sie** Wird ein Bauteil nach Aufhebung der Fixierung im Raum verschoben und das Bauteil wird anschließend wieder fixiert, so bezieht sich die Fixierung auf die neue Position.

6.3.2 Funktion Kongruenzbedingung

Eine Kongruenzbedingung bedeutet das Ausrichten von Achsen, Kanten und Flächen. Mittels der Funktion KONGRUENZBEDINGUNG stellen Sie beispielsweise eine Beziehung zwischen zwei Bauteilen her, deren Mittelachsen anschließend kongruent verlaufen. Auf diese Art und Weise lassen sich sehr einfach Schrauben positionieren.

Als Beispiel nehmen wir eine Schraube, die in einer Bohrung positioniert werden soll. Die Mittelachsen beider Bauteile sollen in Beziehung gesetzt werden (▶ Abbildung 6.41).

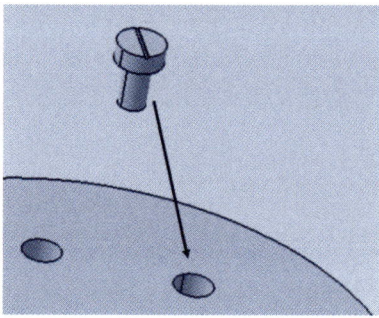

Abbildung 6.41: Die Schraube gilt es zu positionieren.

Nach Aktivierung der Funktion KONGRUENZBEDINGUNG führen Sie die Maus an die Schraube heran und sobald Sie die Mittelachse des Bauteils sehen können, klicken Sie einmal mit der linken Maustaste. Anschließend führen Sie die Maus an die Bohrung heran und machen das Gleiche noch einmal (▶ Abbildung 6.42).

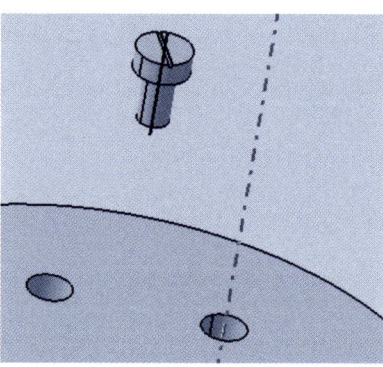

Abbildung 6.42: Die Mittelachsen beider Bauteile werden angezeigt.

6.3 Bauteile exakt positionieren

Nachdem Sie die Bohrung angeklickt haben, wird die Schraube ohne jegliche Abfrage platziert und deren Mittelachsen verlaufen kongruent, was auch im Strukturbaum unter BEDINGUNGEN zu sehen ist (▶ Abbildung 6.43).

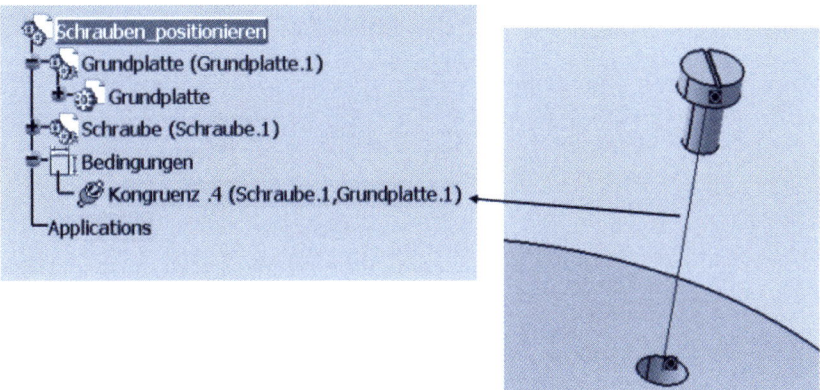

Abbildung 6.43: Schraube und Bohrung sind exakt zueinander positioniert.

Kongruenz von Kanten

Da Sie nach der Aktivierung der Funktion KONGRUENZBEDINGUNG über die Statuszeile aufgefordert sind, einen Punkt, eine Linie oder eine Ebene auszuwählen, besteht die Möglichkeit, diese Funktion beispielsweise auch bei Kanten einzusetzen.

Im nachfolgenden Beispiel soll die Außenkante des oberen Bauteils in Kongruenz mit der inneren Kante des unteren Körpers gebracht werden (▶ Abbildung 6.44).

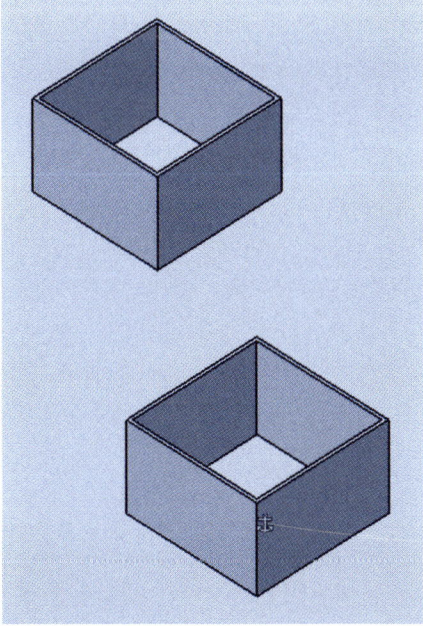

Abbildung 6.44: Kanten sollen in Kongruenz gebracht werden.

Nach Aktivierung der Funktion KONGRUENZBEDINGUNG klicken Sie die untere Kante des oberen Modells an und anschließend wählen Sie mit der Maus die innere Kante des unteren Bauteils. Nach einem Update sind die Kanten deckungsgleich. Da das untere Bauteil fixiert wurde, wird sich nur das obere Teil bewegen (▶ Abbildung 6.45).

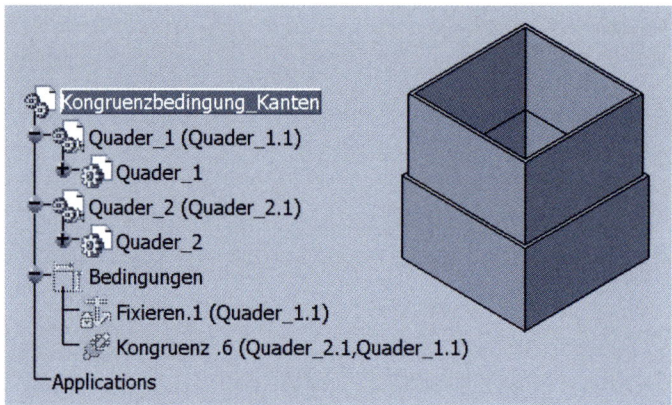

Abbildung 6.45: Die Kanten beider Körper sind deckungsgleich.

In Verbindung mit den nachfolgend beschriebenen Funktionen werden wir jetzt damit beginnen, anhand der Bauteile, die Sie in den einzelnen Kapiteln konstruiert haben, ein Produkt zu erstellen. Innerhalb dieses Kapitels werden Sie noch mehrmals die Gelegenheit haben, in den Arbeitsumgebungen der Einzelteil- bzw. Flächenkonstruktion Bauteile zu konstruieren, die dann anschließend in das Produkt eingefügt werden.

Um die Übungen durchführen zu können, haben Sie zum einen die Möglichkeit, die Modelle zu verwenden, die Sie selbst erstellt haben bzw. noch erstellen werden, und zum anderen können Sie selbstverständlich auch die im Internet zur Verfügung gestellten Lösungsdateien dazu verwenden.

Übung 6.1 Legen Sie ein neues Produkt mit dem Namen *Filtergehaeuse* an und fügen Sie das Einzelteil *Druckzylinder.CATPart* ein.

6.3.3 Funktion Offsetbedingung

Bei der Funktion OFFSETBEDINGUNG werden Sie zunächst auch nur über die Statuszeile informiert, welche geometrischen Elemente für die Nutzung dieser Funktion zur Verfügung stehen. Zur Auswahl stehen die Linie, der Punkt oder eine Ebene.

Wir bleiben bei dem Beispiel der beiden Zylinder, die mittels der Funktion OFFSETBEDINGUNG in einem Abstand von 15 mm positioniert werden sollen.

6.3 Bauteile exakt positionieren

Nach Aktivierung der Funktion OFFSETBEDINGUNG klicken Sie die entsprechenden Flächen nacheinander an. Nachdem Sie eine Fläche des zweiten Bauteils angeklickt haben, wird die Dialogbox EIGENSCHAFTEN DER BEDINGUNG eingeblendet (▶ Abbildung 6.46).

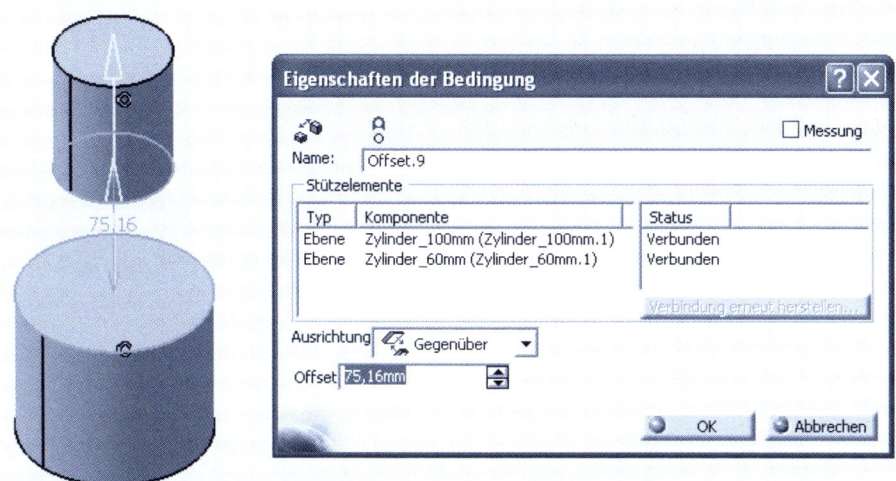

Abbildung 6.46: Eigenschaften der Offsetbedingung

Der angezeigte Name *Offset.6* ist ein von CATIA vergebener Parameter, wobei es auch hier gilt, ihn schnellstmöglich zu ändern. Der hier eingetragene Name erscheint im Strukturbaum.

In der Tabelle STÜTZELEMENTE werden die Bauteile aufgeführt, die für das OFFSET gewählt worden sind.

Bei der Ausrichtung heißt die Standardeinstellung GEGENÜBER, was auch bedeuten kann, dass die Teile versetzt angeordnet sind. Die Funktion OFFSET besagt nur, dass ein bestimmter Abstand zwischen den geometrischen Elementen herrscht, mit der Kontaktbedingung hat das nichts zu tun.

Das OFFSET beträgt im Beispiel 75,16 mm und kann auch im Nachhinein noch geändert werden. Bestätigen Sie mit OK und das OFFSET wird gemäß der Einstellungen ausgeführt (▶ Abbildung 6.47).

Sobald das OFFSET erstellt ist, wird das entsprechende Maß im 3D-Modell angezeigt. Bei einem einzigen stellt es sicher kein Problem dar. Bei umfangreichen Produkten kommt es jedoch oft vor, dass 50 und mehr Bedingungen vorhanden sind.

6 BAUGRUPPENKONSTRUKTION (ASSEMBLY DESIGN)

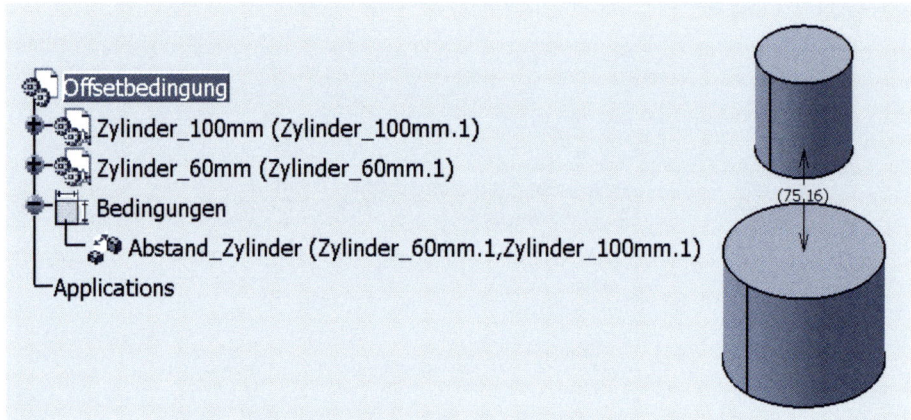

Abbildung 6.47: Funktion Offsetbedingung ausgeführt

Möchten Sie die Bedingungen nicht im 3D-Modell sehen, klicken Sie auf den Eintrag BEDINGUNGEN, öffnen Sie das Kontextmenü und stellen Sie sämtliche Einträge in den NICHT SICHTBAREN BEREICH (NO SHOW), indem Sie auf den Eintrag VERDECKEN/ANZEIGEN klicken.

Offsetbedingung ändern

Die Offsetbedingungen lassen sich mittels eines Doppelklicks auf die entsprechende Bedingung im Strukturbaum jederzeit überprüfen bzw. ändern (▶ Abbildung 6.48).

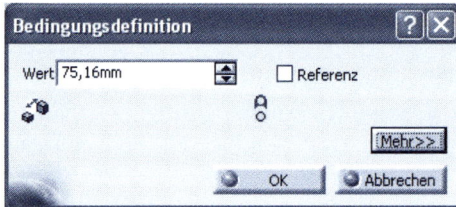

Abbildung 6.48: Angegebenes Maß kann geändert werden.

Über die Schaltfläche MEHR>> gelangen Sie an die Informationen, wie sie in ▶ Abbildung 6.46 zu sehen sind.

Bedingungen deaktivieren

Eine Bedingung zu deaktivieren, bedeutet nicht, sie zu löschen. Das bedeutet, dass sie ab dem Zeitpunkt der Deaktivierung beim Bearbeiten des Modells nicht mehr berücksichtigt wird. Selbst das Verschieben des Bauteils ist ohne Probleme möglich.

6.3 Bauteile exakt positionieren

Nehmen wir als Beispiel die KONGRUENZBEDINGUNG, wo die Mittelachsen von Bohrung und Schraube kongruent sind. Die Schraube soll zu Testzwecken neu positioniert werden. Klicken Sie im Strukturbaum auf die Bedingung KONGRUENZ, öffnen Sie das Kontextmenü und wählen Sie den Eintrag OBJEKT KONGRUENZ/INAKTIVIEREN (▶ Abbildung 6.49).

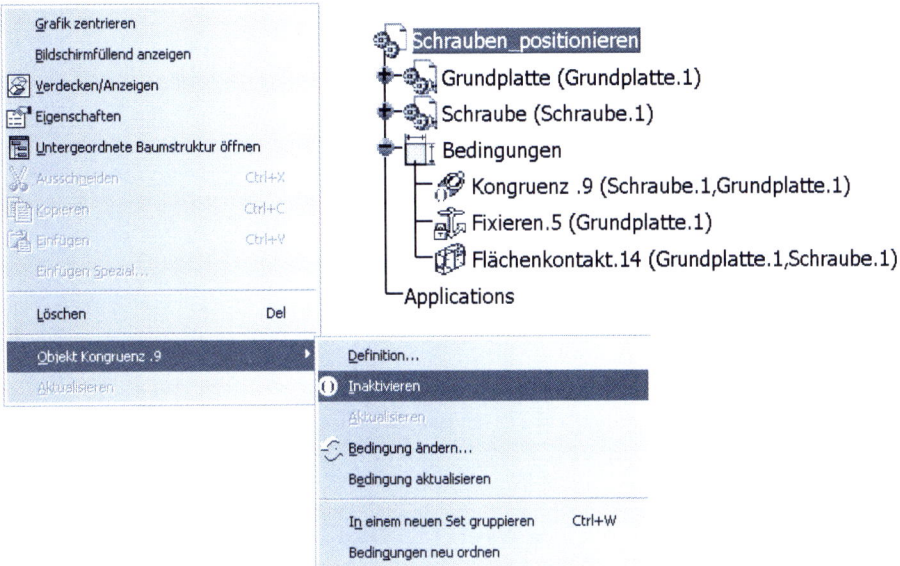

Abbildung 6.49: Kongruenzbedingung wurde deaktiviert.

Nach Deaktivierung der Bedingung können Sie die entsprechenden Bauteile verschieben. Sie können das Produkt auch ohne Bedenken speichern. Erst nach der Aktivierung der Kongruenzbedingung wird das Bauteil wieder die zuvor festgelegte Position einnehmen.

6.3.4 Funktion Kontaktbedingung

Bei der Funktion KONTAKTBEDINGUNG geht es einzig und allein darum, dass Sie zwei Bauteile auswählen müssen, die sich anschließend berühren. Am häufigsten wird diese Funktion angewendet, wenn es sich um Flächen handelt. Als Beispiel nehmen wir zwei Zylinder, die in einem Abstand von 80 Millimeter positioniert sind (▶ Abbildung 6.50).

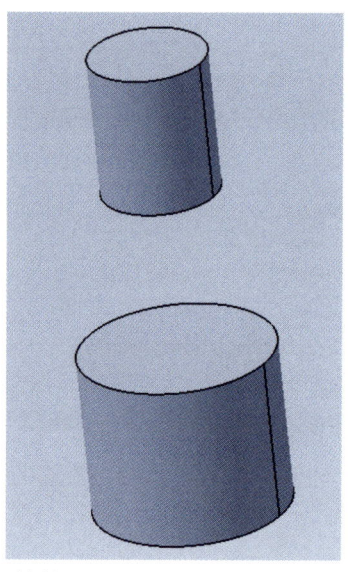

Nach der Anwendung der Funktion KONTAKTBE-DINGUNG soll die obere Fläche des einen Zylinders die untere Fläche des anderen Zylinders berühren.

Die Funktion KONTAKTBEDINGUNG hat nichts mit der Positionierung zu tun. Die exakte Positionierung muss entweder vorher oder nachher erfolgen.

Abbildung 6.50: Die Funktion Kontaktbedingung soll angewendet werden.

Nach Aktivierung der Funktion KONTAKTBEDINGUNG werden Sie lediglich über die Statuszeile informiert, was als Nächstes zu tun ist.

Bei der Wahl werden auch nicht alle Geometrien akzeptiert. Es stehen zur Auswahl: eine Ebene, ein Zylinder, eine Kugel, ein Kreis oder ein Kegel.

Sie klicken die Flächen, die sich berühren sollen, nacheinander an. Das Bauteil, dessen Fläche Sie zuerst gewählt haben, wird sich auf das andere Bauteil zu bewegen. Um welchen Kontakt es sich definitiv handelt, ist unter dem Eintrag BEDINGUNGEN im Strukturbaum aufgeführt (▶ Abbildung 6.51).

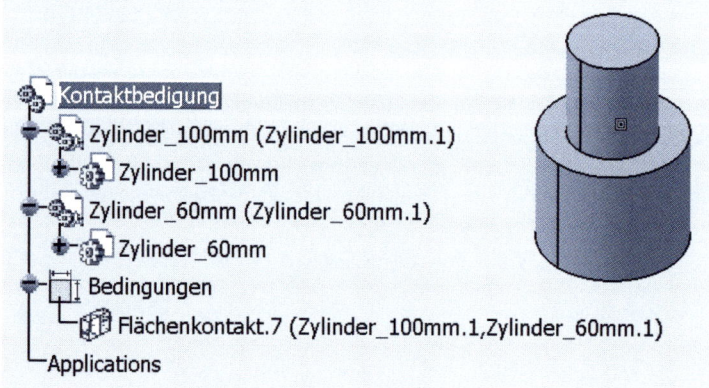

Abbildung 6.51: Die Funktion Kontaktbedingung wurde angewendet.

6.3 Bauteile exakt positionieren

Übung 6.2 Am Produkt *Filtergehaeuse.CATProdukt*, das Sie in der ersten Übung angelegt haben, befindet sich an der Unterseite des Gehäuses eine Öffnung. An exakt dieser Position konstruieren Sie einen Blindstopfen, dessen Zeichnung Sie der Datei *Blindstopfen_Skizze.bmp* entnehmen können. Speichern Sie das Produkt anschließend unter dem vorgegebenen Namen.

Alternative zur Übung 6.2 Möchten Sie die Konstruktionsübung nicht durchführen, haben Sie auch die Möglichkeit, die Datei *Blindstopfen.CATPart* als vorhandene Komponente in das Produkt *Filtergehaeuse.CATProdukt* einzufügen und sie an entsprechender Stelle zu positionieren.

Ein paar Seiten zuvor haben Sie bereits lesen können, dass es noch eine andere Möglichkeit gibt, Einzelteile mit einem Produkt zu verknüpfen.

Sie konstruieren das Einzelteil direkt im Produkt und zwar an exakt der Position, an der es später auch benötigt wird, und können somit vorhandene Bauteile als Referenz nutzen. Anhand des folgenden Beispiels zeige ich Ihnen, wie es funktioniert.

6.3.5 Konstruieren in Einbaulage

Bei dieser Konstruktionsvariante besteht die Möglichkeit, ein Einzelteil in Einbaulage innerhalb einer Baugruppe zu erstellen. Somit konstruieren Sie im Baugruppenhintergrund.

Bei der Konstruktion in Einbaulage ist es wichtig, dass Sie exakt an der Position konstruieren, an der das neue Bauteil auch wirklich liegen soll. An dieser Stelle gilt es eine neue Ebene zu positionieren, damit der *Sketcher* aufgrund dieser Ebene ausgerichtet wird.

Als Beispiel nehmen wir ein Produkt mit dem Namen *Behaelter*. In dieses Produkt wurde das Bauteil *Gehaeuse* eingefügt. Jetzt soll der Deckel innerhalb des Produkts konstruiert werden.

Fügen Sie ein leeres *Teil* ein und aktivieren Sie es im Strukturbaum mit einem Doppelklick. CATIA V5 wechselt in die Arbeitsumgebung der *Einzelteilkonstruktion* (▶ Abbildung 6.52).

6 BAUGRUPPENKONSTRUKTION (ASSEMBLY DESIGN)

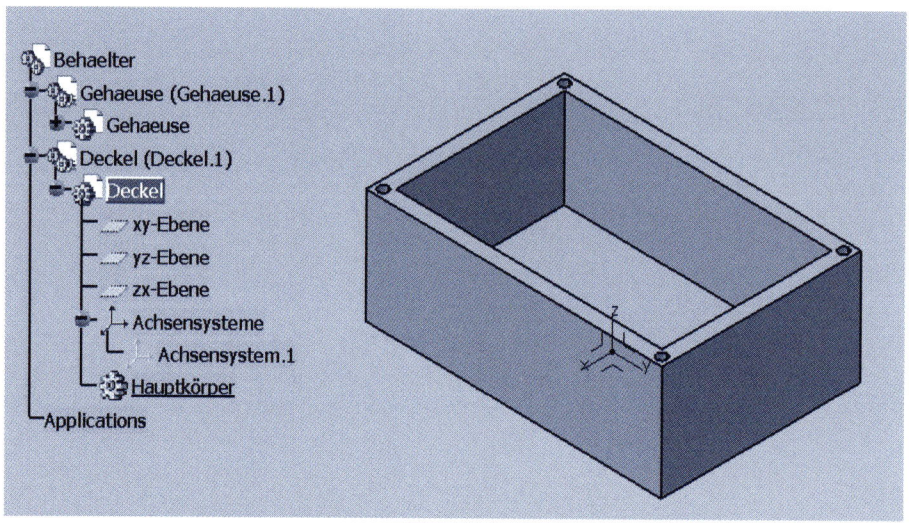

Abbildung 6.52: Der entsprechende Deckel soll in Einbaulage konstruiert werden.

Da der Hauptkörper des zu erstellenden Deckels aktiviert (unterstrichen) ist, werden alle Aktionen innerhalb dieses Teils abgelegt. Da in Einbaulage konstruiert werden soll, muss der *Sketcher* so ausgerichtet werden, dass Sie mit der Konstruktion auf der Oberkante des Gehäuses beginnen können.

Aktivieren Sie die Funktion des SKETCHERS und klicken Sie auf die obere Fläche, wo die Bohrungen zu sehen sind. Anschließend wird der *Sketcher* dahingehend ausgerichtet, dass Sie direkt mit der Skizze des Deckels beginnen können. Das darunter liegende Gehäuse wird im Hintergrund dargestellt und dient somit der Orientierung (▶ Abbildung 6.53).

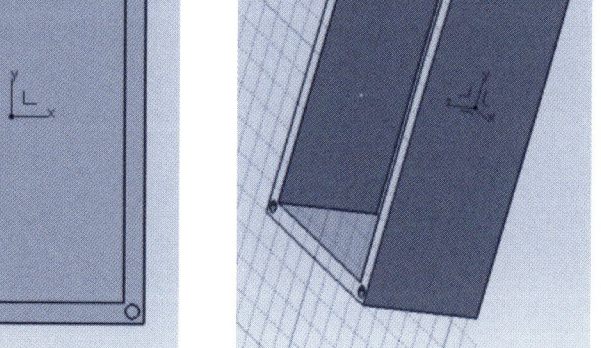

Abbildung 6.53: Ausrichtung des Sketchers in 2D und 3D

6.3 Bauteile exakt positionieren

Das Gehäuse ist 120mm lang und 80mm breit. Der Deckel soll exakt die gleiche Größe haben. Somit erstellen Sie ein Rechteck mit Bezug auf das Achsenkreuz (▶ Abbildung 6.54).

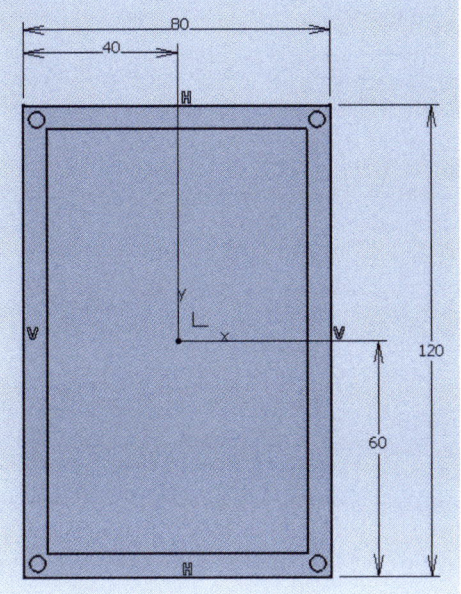

Abbildung 6.54: Exakt bestimmte Skizze in Einbaulage

Nachdem Sie die Skizze erstellt und eindeutig bestimmt haben, verlassen Sie den *Sketcher* und kehren Sie in die Arbeitsumgebung der *Einzelteilkonstruktion* zurück.

Auf der Außenkante des Gehäuses ist jetzt die soeben erstellte Skizze zu erkennen, die Sie jetzt um beispielsweise 5mm extrudieren können. Somit ist der Deckel in Einbaulage konstruiert worden (▶ Abbildung 6.55).

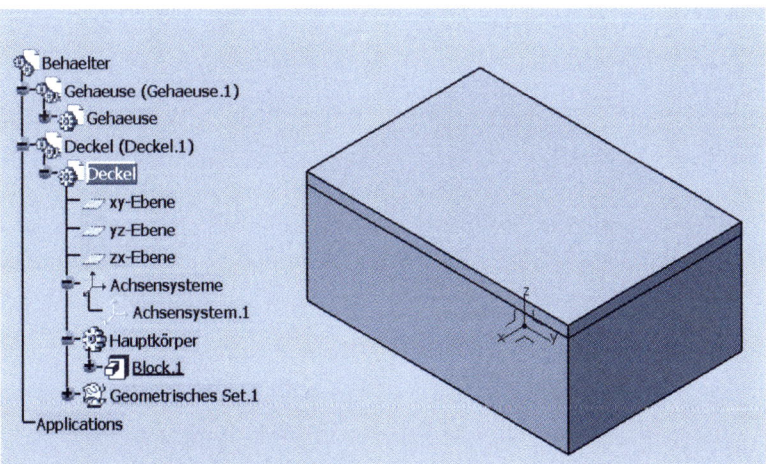

Abbildung 6.55: Gehäusedeckel in Einbaulage konstruiert

6 BAUGRUPPENKONSTRUKTION (ASSEMBLY DESIGN)

Die Konstruktion in Einbaulage hat zwar den Vorteil, dass Sie das Bauteil nicht mehr positionieren müssen, allerdings können Sie diesen Vorteil nur dann nutzen, wenn es nur in einem einzigen Produkt verwendet wird oder sich innerhalb eines anderen Produkts an exakt der gleichen Stelle befindet.

6.3.6 Bauteile gruppieren

Beim GRUPPIEREN werden Bauteile, die zusammengehören, zu einer Gruppe zusammengefasst. Dies macht das Arbeiten leichter, falls diese Teile gleichzeitig bewegt werden müssen, wie beispielsweise für Kollisionsuntersuchungen.

Nachdem Sie die Funktion GRUPPIEREN aktiviert haben, wird das Fenster mit der gleichnamigen Bezeichnung geöffnet. Wenn innerhalb des Produkts noch keine Gruppierung vorgenommen worden ist, ist das Listenfeld leer (▶ Abbildung 6.56).

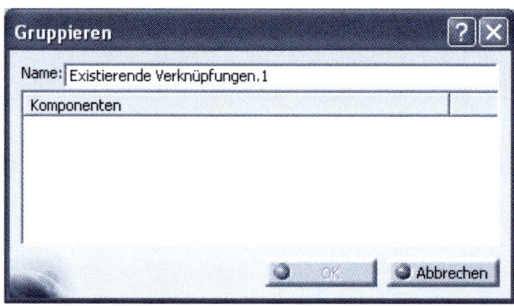

Abbildung 6.56: Keine Gruppierungen vorhanden

Die vorläufige Bezeichnung dieser Gruppierung lautet *Existierende Verknüpfungen.1*. Eine Namensänderung ist eigentlich nicht erforderlich, da die ausgewählten Bauteile namentlich in Strukturbaum angegeben werden.

Um beim vorherigen Beispiel zu bleiben, sind dem Produkt *Behaelter* für die Fixierung des Deckels Sicherungsstifte hinzugefügt worden. Diese Sicherungsstifte sowie das Gehäuse sollen jetzt gruppiert werden (▶ Abbildung 6.57).

Klicken Sie entweder die Einträge im Strukturbaum nacheinander an oder Sie wählen direkt die 3D-Modelle. Ihre Auswahl erscheint im Fenster GRUPPIEREN (▶ Abbildung 6.58).

Mit nochmaligem Anklicken der ausgewählten Teile innerhalb des Fensters GRUPPIEREN werden die Einträge wieder gelöscht. Mit OK bestätigen Sie die Gruppierung, die anschließend als Bedingung im Strukturbaum zu sehen ist (▶ Abbildung 6.59).

6.3 Bauteile exakt positionieren

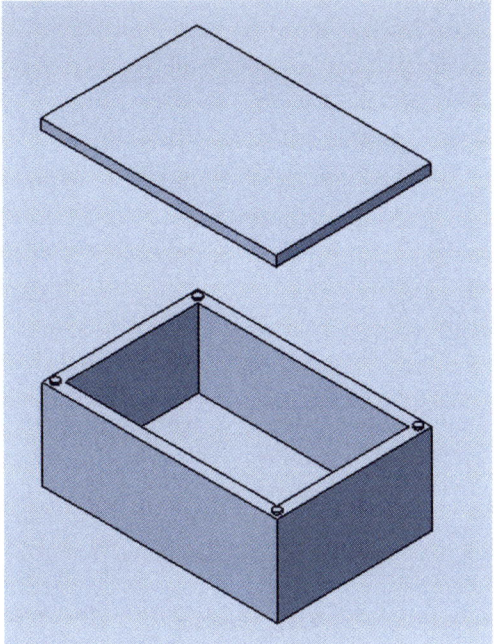

Abbildung 6.57: Sicherungsstifte und das Gehäuse sollen gruppiert werden.

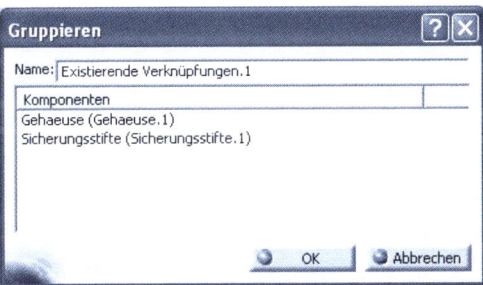

Abbildung 6.58: Zu gruppierende Teile ausgewählt

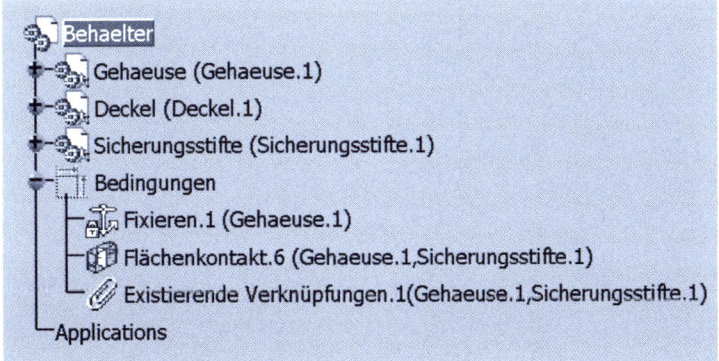

Abbildung 6.59: Gruppierung innerhalb eines Produkts

6 BAUGRUPPENKONSTRUKTION (ASSEMBLY DESIGN)

Übung 6.3 Positionieren Sie im Produkt *Filtergehaeuse* das Einzelteil der *Ueberwurfmutter*. Es existiert nur eine Möglichkeit, wie diese Mutter auf dem Gehäuse positioniert werden kann. Gruppieren Sie die Bauteile *Druckzylinder* und *Blindstopfen* und speichern Sie das Produkt unter dem vorgegebenen Dateinamen.

6.4 Überschneidungen prüfen

Mit der Funktion ÜBERSCHNEIDUNG (CLASH) können Sie überprüfen, ob sich Bauteile innerhalb eines Produkts berühren oder gar durchdringen. Wird seitens der Funktion eine Durchdringung festgestellt, wird Ihnen zum einen die entsprechende Stelle angezeigt, wo das Problem auftritt und zum anderen wird die Durchdringungstiefe in Form eines Maßes dargestellt. Die Funktion *Überschneidung* befindet sich auf der Symbolleiste 3D-ANALYSE (▶ Abbildung 6.60).

Abbildung 6.60: Dient zur Überprüfung von 3D-Modellen innerhalb eines Produkts

Im nachfolgenden Beispiel wurde ein Zylinder positioniert und mittels der Funktion ÜBERSCHNEIDUNG auf Probleme hin analysiert. Damit das Problem erkennbar ist, habe ich den Quader transparent dargestellt (▶ Abbildung 6.61).

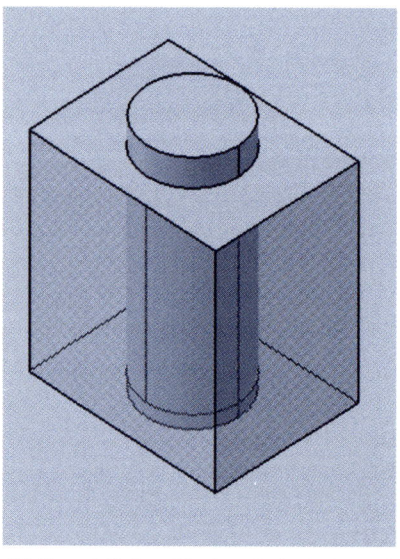

Der Quader hat eine Höhe von 80mm, die Bohrung ist allerdings nur 75mm tief. Sie weist einen Durchmesser von 40mm auf.

Der positionierte Zylinder ist 90mm hoch und hat einen Durchmesser von 38mm.

Abbildung 6.61: Zu prüfender Zylinder in einer Bohrung

6.4 Überschneidungen prüfen

Nach der Aktivierung der Funktion UNTERSCHNEIDUNG öffnet sich das Fenster ÜBERSCHNEIDUNG PRÜFEN (▶ Abbildung 6.62).

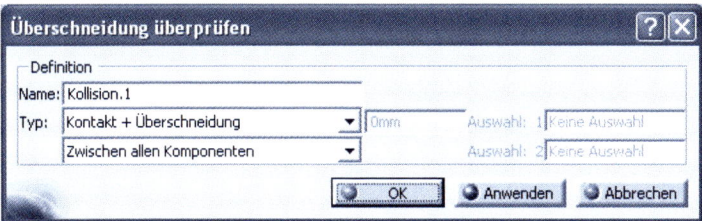

Abbildung 6.62: Einstellungen zur Überprüfung der Bauteile

Der von CATIA V5 vorgegebene Name für die Kollisionsuntersuchung lautet *Kollision.1*. Sie haben die Möglichkeit, den Namen jetzt zu ändern oder aber auch später in den Eigenschaften der einzelnen Untersuchung. Nach Abschluss der Analyse wird das Ergebnis im Strukturbaum unter dem Eintrag APPLICATIONS zu sehen sein.

Bei der Definition TYP können Sie in dem Listenfeld zwischen mehreren Einträgen wählen, wobei die Vorgabe wohl die am häufigsten verwendete sein wird. Zu guter Letzt müssen Sie noch festlegen, welche Bauteile analysiert werden sollen.

Da sich die zu untersuchenden Bauteile innerhalb eines Produkts befinden, wählen Sie den Eintrag INNERHALB EINER AUSWAHL und klicken beide Bauteile nacheinander an. Anschließend sehen Sie im Feld AUSWAHL: 1, dass Sie *2 Produkte* gewählt haben (▶ Abbildung 6.63).

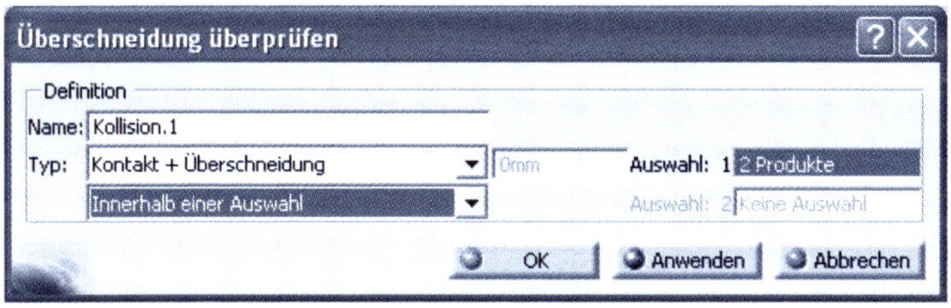

Abbildung 6.63: Zwei Bauteile zur Überprüfung gewählt

Klicken Sie jetzt nur auf OK, so wird das Ergebnis gespeichert und im Strukturbaum abgelegt. Es wird aber nicht angezeigt. Klicken Sie auf die Schaltfläche ANWENDEN und das Ergebnis der Untersuchung wird angezeigt (▶ Abbildung 6.64).

Wenn Sie bereits auf OK geklickt haben, müssen Sie den entsprechenden Eintrag im Strukturbaum aktivieren, um das Fenster, wie es in ▶ Abbildung 6.63 zu sehen ist, erneut zu öffnen.

6 BAUGRUPPENKONSTRUKTION (ASSEMBLY DESIGN)

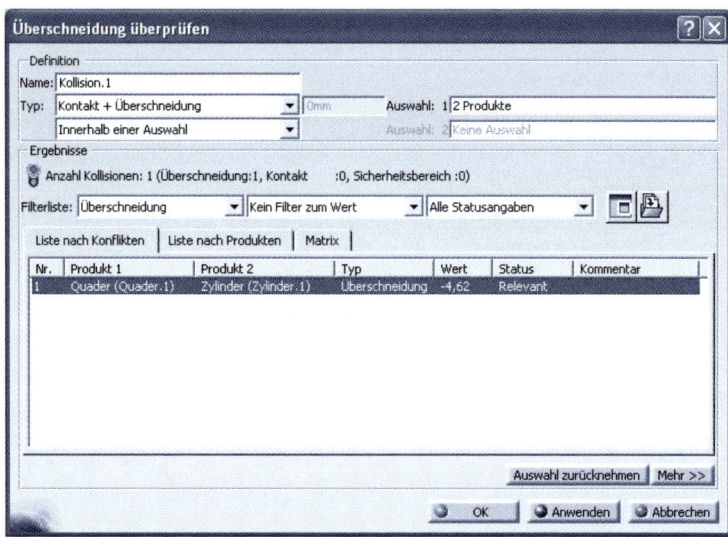

Abbildung 6.64: Ergebnis der 3D-Analyse

Ihnen wird angezeigt, welche Bauteile gegeneinander geprüft worden sind, und es wurde ein Überschneidungswert von „-4,62mm" festgestellt. Das bedeutet, dass der Zylinder das Material des Quaders um dieses Maß durchdringt.

In etwas anderer und ausführlicher Form erhalten Sie diese Informationen noch einmal, wenn Sie die Schaltfläche MEHR>> anklicken (▶ Abbildung 6.65).

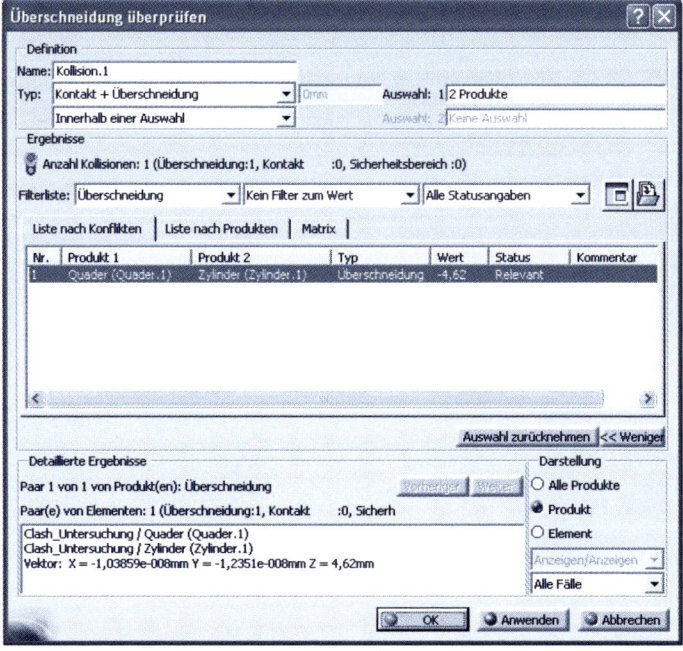

Abbildung 6.65: Überschneidung noch einmal detailliert dargestellt

6.4 Überschneidungen prüfen

Zeitgleich wird Ihnen das Ergebnis in einer Voranzeige visuell dargestellt, deren Inhalt mit den Funktionen der Maus gezoomt und gedreht werden kann (▶ Abbildung 6.66).

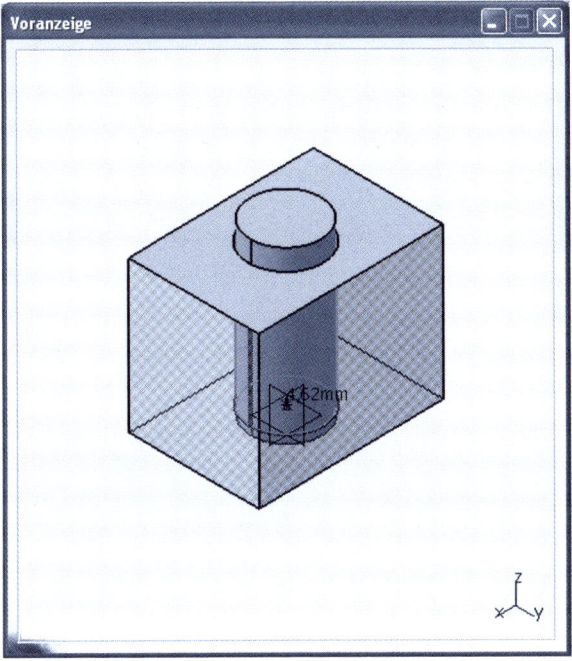

Abbildung 6.66: Das Maß der Durchdringung ist ebenfalls zu sehen.

6.4.1 Clash beseitigen

Zunächst einmal gilt es, eventuelle Vorgaben zu prüfen, bevor der Fehler behoben werden kann. Sollen sich die Bauteile an der Bodenfläche berühren oder sollen sie in einem gewissen Abstand zueinander stehen?

Für die Beseitigung dieser Fehler gibt es keine Funktion, die dem Konstrukteur diese Arbeit abnimmt, sondern hier gilt es, die Bauteile entsprechend neu zu positionieren.

6.4.2 Bauteile sollen sich berühren

Wenn sich die beiden Teile berühren sollen, ist es sinnvoll, die Funktion KONTAKTBEDINGUNG zu verwenden. Mit dem Kompass können Sie den Zylinder aus dem Quader herausschieben und nach Aktivierung der Funktion KONTAKTBEDINGUNG klicken Sie die zu verbindenden Flächen nacheinander an. Nach einem Update und erneuter Überschneidungsprüfung wird zwar ein Kontakt festgestellt, der sich allerdings auf 0,0mm beläuft (▶ Abbildung 6.67).

Der Wert wird mit „0" angezeigt und die Ergebnisampel zeigt grün, so dass Sie davon ausgehen können, dass alles in Ordnung ist. Auch über die Schaltfläche MEHR>> werden keine weiteren Informationen angezeigt, da keine Überschneidung vorhanden ist.

6 BAUGRUPPENKONSTRUKTION (ASSEMBLY DESIGN)

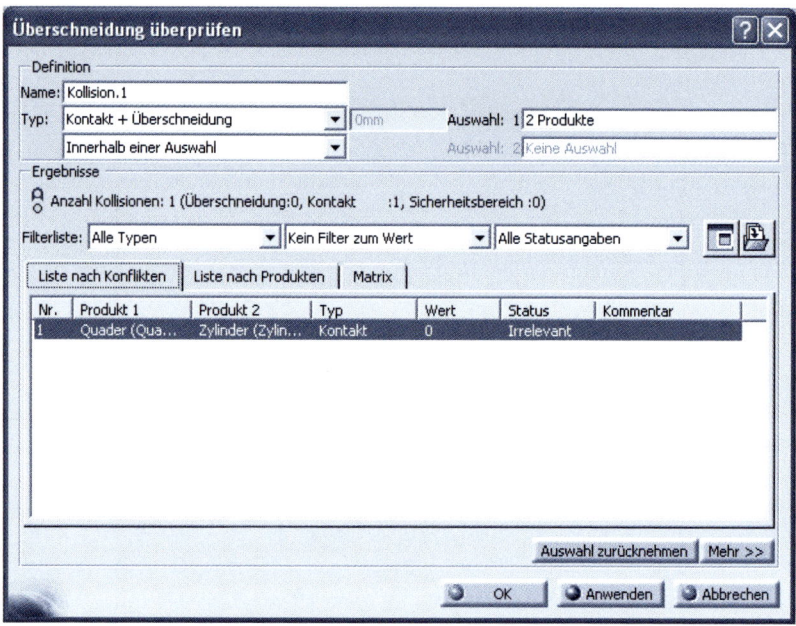

Abbildung 6.67: Kontakt wird mit dem Wert „0" angegeben.

6.4.3 Bauteile sollen einen Abstand aufweisen

Sollen die Bauteile beispielsweise einen Abstand von „0,5mm" aufweisen, ist es angebracht, die Funktion OFFSETBEDINGUNG anzuwenden und dort den entsprechenden Wert zu verwenden.

Auch hierbei verschieben Sie zunächst den Zylinder mit dem Kompass, sodass die Flächen beider Teile gut zugänglich sind, und stellen nach Aktivierung der Funktion OFFSETBEDINGUNG einen Abstand von „0,5mm" ein und bestätigen die Eingaben mit OK (▶ Abbildung 6.68).

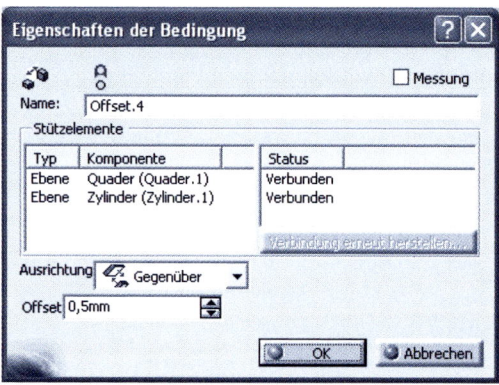

Abbildung 6.68: Offset mit 0,5mm erstellt

6.5 Daten speichern

Nach erneuter ÜBERSCHNEIDUNGSPRÜFUNG ist die Liste leer, da weder ein Kontakt noch eine Überschneidung vorhanden ist (▶ Abbildung 6.69).

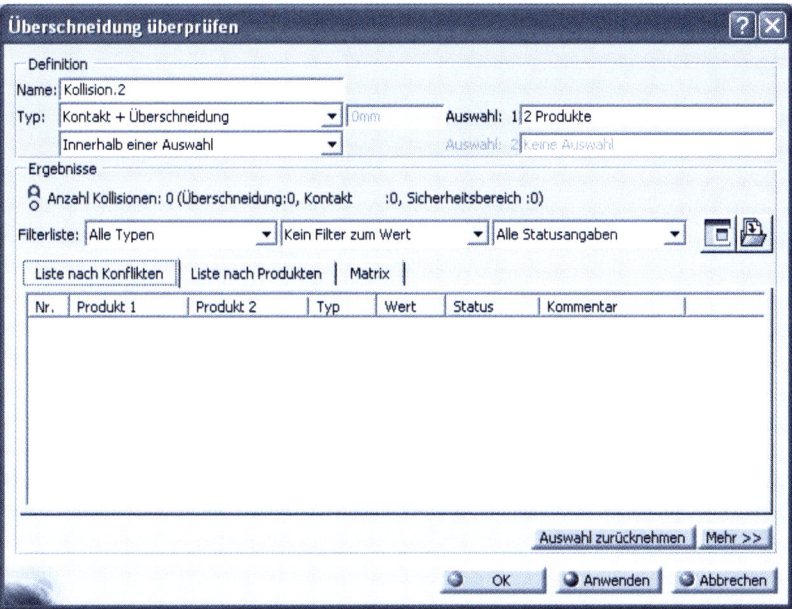

Abbildung 6.69: Ergebnisliste ist leer, da alle Fehler beseitigt worden sind

6.5 Daten speichern

Um Daten in CATIA V5 zu speichern, gibt es mehrere Möglichkeiten. Im Menü DATEI stehen Ihnen gleich vier Möglichkeiten zur Auswahl: SICHERN, SICHERN UNTER..., ALLES SICHERN und die SICHERUNGSVERWALTUNG, wobei ich nur davon abraten kann, zumindest die nachfolgenden zwei Funktionen in der Produktumgebung zu nutzen. Die Erklärung erfolgt beim Thema SICHERUNGSVERWALTUNG.

6.5.1 Funktion Sichern

Die Funktion SICHERN sollten Sie einzig und allein dazu verwenden, um Einzelteile innerhalb der entsprechenden Arbeitsumgebungen zu speichern, wie beispielsweise in der Einzelteil- bzw. Flächenkonstruktion.

6.5.2 Funktion Sichern unter...

Die Funktion SICHERN UNTER... dient in erster Linie dazu, dass bereits gespeicherte Dateien unter einem neuen Namen und wenn zusätzlich gewünscht, auch in einem anderen Verzeichnis gespeichert werden können. Wird beim ersten Speichern einer neuen Datei die Funktion SICHERN aktiviert, wird automatisch die Funktion SICHERN UNTER... gestartet, da die vorläufigen Dateinamen wie PART1 nicht als Dateinamen verwendet werden sollen.

6.5.3 Funktion Alles sichern

Diese Funktion kann nur dann angewendet werden, wenn die Dateien sei es Produkt oder Einzelteil, zuvor mindestens einmal gesichert worden sind. Sollten Sie dennoch versuchen, eine noch nicht gesicherte Datei mittels der Funktion ALLES SICHERN speichern zu wollen, wird folgender Hinweis eingeblendet (▶ Abbildung 6.70).

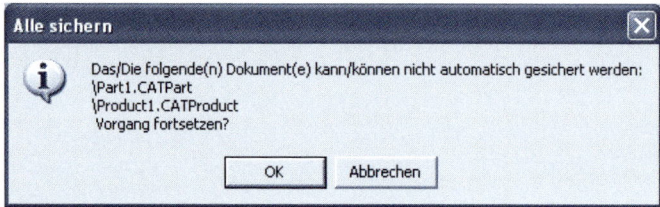

Abbildung 6.70: Hinweis, dass die Funktion nicht automatisch ausgeführt werden kann

Sind die Dateinamen erst einmal vergeben, werden sämtliche Dateien, die zum Zeitpunkt des Speicherns geöffnet sind, in dem entsprechenden Verzeichnis ohne jegliche Rückfrage gesichert.

6.5.4 Wahl des Dateinamens

Auch bei der Wahl des Dateinamens ist besondere Vorsicht geboten. Wie im Kapitel *Part Design* schon erwähnt, müssen Sie bei Produkten noch vorsichtiger sein, da Verknüpfungen zu anderen Einzelteilen oder Produkten hergestellt werden können. Nachfolgend sind noch einmal die wichtigsten Punkte aufgeführt, auf die Sie bei der Wahl des Dateinamens achten sollten. Wenn Dateien nicht geöffnet oder gespeichert werden können, kann das folgende Gründe haben:

- Der Dateiname beinhaltet die Umlaute „ä", „ö" oder „ü".
- Der Produktname besteht aus mehreren Worten, die durch Leerzeichen getrennt sind.
- Der Dateiname ist länger als 255 Zeichen.
- Im Dateinamen wurden Sonderzeichen wie „/", „\", „%", „$" etc. verwendet.

Normalerweise wird beim Versuch, Dateinamen mit Sonderzeichen zu speichern, die Sicherung verweigert. Aber es gibt hin und wieder Ausnahmen, so dass Dateien zwar gesichert, aber später nicht mehr geöffnet werden können. Auch an die Verwendung von „sprechenden Namen" sollten Sie sich gewöhnen.

6.6 Die Sicherungsverwaltung

Die Sicherung eines Produkts ist bei weitem nicht so einfach, wie das Speichern eines Einzelteils. Im Kapitel zur *Zeichnungsableitung* habe ich bereits darauf hingewiesen, dass die Nutzung der Sicherungsverwaltung bei verknüpften Dateien ganz besonders wichtig ist.

Das Verwenden der SICHERUNGSVERWALTUNG (SAVE MANAGEMENT) erhält ab jetzt noch mehr Bedeutung und ich kann nur davon abraten, eine andere Art der Speicherung zu wählen.

Nur die SICHERUNGSVERWALTUNG kann gewährleisten, dass die VERKNÜPFUNGEN (LINKS) übernommen und im Produkt gesichert werden.

Sie haben zum Beispiel ein Produkt angelegt und innerhalb des Produkts ein Einzelteil erzeugt (▶ Abbildung 6.71).

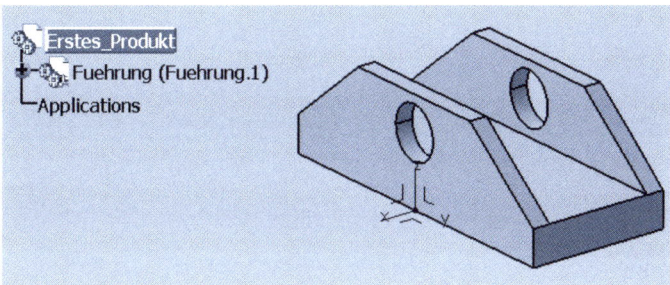

Abbildung 6.71: Produkt mit einem Einzelteil

Dieses Produkt und das darin enthaltene Einzelteil gilt es jetzt zu speichern, denn die entsprechenden Dateien gibt es noch nicht. Achten Sie darauf, dass das Produkt, das gespeichert werden soll markiert (blau unterlegt) ist. Wenn es nicht so sein sollte, erreichen Sie das mit einem Doppelklick auf den Eintrag im Strukturbaum.

Klicken Sie auf das Menü DATEI/SICHERUNGSVERWALTUNG.... Die gleichnamige Dialogbox wird geöffnet (▶ Abbildung 6.72).

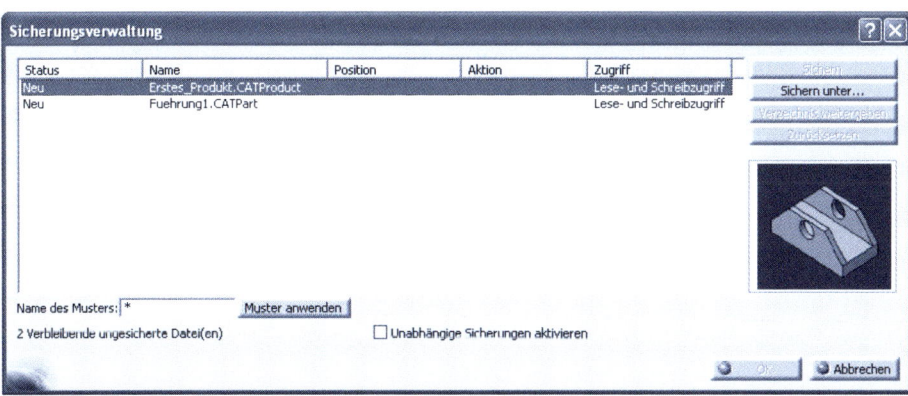

Abbildung 6.72: Die Sicherung der Dateien wird vorbereitet.

Die SICHERUNGSVERWALTUNG ist in mehrere Spalten unterteilt. Da es sich hier um ein komplett neues Produkt und um ein neues Einzelteil handelt, ist in der Spalte *Status* jeweils der Eintrag *Neu* zu sehen.

In der Spalte *Name* sind die Eintragungen zu sehen, die Sie beim Anlegen der einzelnen Dateien vergeben haben. In der Spalte *Zugriff* ist angegeben, dass für beide Dateien ein Lese- und Schreibzugriff besteht.

Bei den Namen handelt es sich nur um Vorschläge, die zum einen bestätigt werden müssen und zum anderen haben Sie noch keine Gelegenheit gehabt, anzugeben, in welchem Verzeichnis das Produkt und das Einzelteil gespeichert werden sollen. Aus diesem Grund sind die Schaltflächen SICHERN und OK nicht aktiv.

Klicken Sie auf die Schaltfläche SICHERN UNTER.... Das gleichnamige Fenster wird geöffnet und Sie können einen Ordner angeben, in dem die Dateien gespeichert werden sollen, wie beispielsweise das Verzeichnis *C:\Eigene Dateien\CATIA V5\Beispieldaten*. Als Dateinamen wird *Erstes_Produkt* vorgegeben. Als Dateityp wird die Kennung *CATProduct* verwendet (▶ Abbildung 6.73).

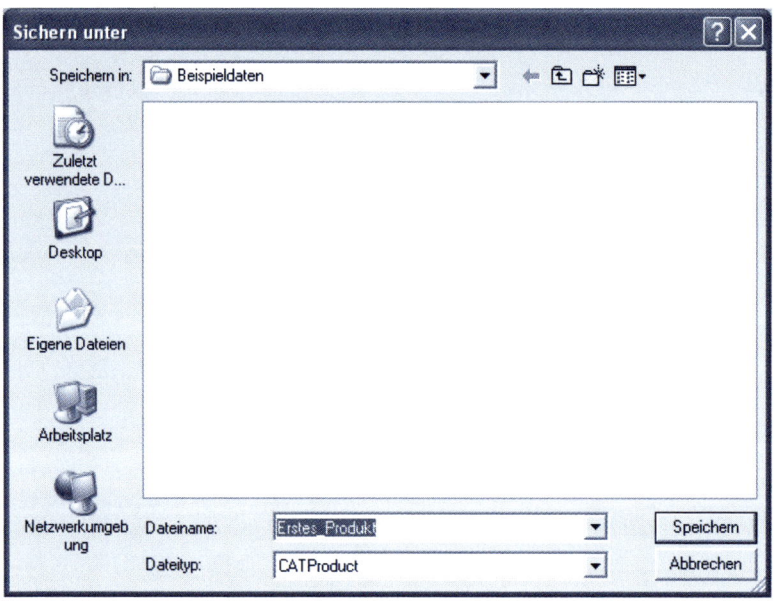

Abbildung 6.73: Zu sicherndes Produkt

Um die Vorgabe des Dateinamens zu übernehmen, klicken Sie auf SPEICHERN und kehren anschließend zur SICHERUNGSVERWALTUNG zurück. Die Speicherung ist aber immer noch nicht erfolgt (▶ Abbildung 6.74).

6.6 Die Sicherungsverwaltung

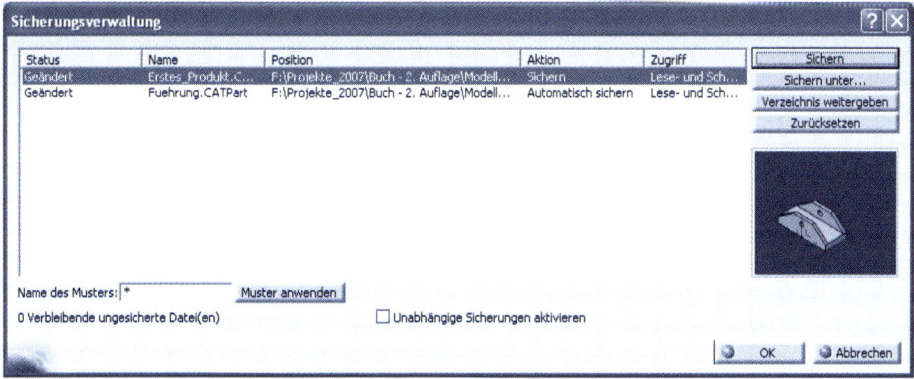

Abbildung 6.74: Speicherort und Dateinamen wurden festgelegt.

Obwohl Sie für das zu sichernde Einzelteil noch keinen Ordner angegeben haben, wird seitens CATIA vorgeschlagen, das Einzelteil im Verzeichnis des Produkts abzulegen. Klicken Sie auf OK, um den Vorschlag zu akzeptieren.

In dem Moment, wo Sie in der Titelleiste den Namen und die Dateikennung des Produkts sehen können, ist das Produkt gespeichert.

6.6.1 Was geschieht beim Speichern?

Zunächst einmal stellen wir fest, dass nicht nur das Produkt sondern auch das Einzelteil in einer separaten Datei gespeichert wird und es muss auch nicht zwingend in demselben Verzeichnis abgelegt sein. Demnach werden auch die eingefügten Einzelteile oder Produkte, wie so oft angenommen, nicht im Produkt gespeichert.

Die nachfolgenden Informationen werden beim Speichern innerhalb eines Produkts gesichert:

- der Name des Einzelteils bzw. des UnterProdukts,
- die Position (der Pfad), wo sich die eingefügten Daten physikalisch befinden, und
- die Ausrichtung des Bauteils innerhalb des Produkts.

In einem Produkt befindet sich keinerlei Geometrie, sondern einzig und allein Informationen über die eingefügten Bauteile. Aufgrund der Dateigröße eines Produkts lässt sich niemals feststellen, wie viele Daten letztendlich beim Öffnen angezogen werden.

Ein Produkt mit einer Dateigröße von nur 16 Kbyte kann durchaus auf Daten verweisen, die mehrere Mbyte groß sind.

6.7 Produkt öffnen

Das Öffnen eines Produkts stellt viele Anwender vor größere Probleme. Warum, werden Sie jetzt sicher fragen. „Ich wähle das gespeicherte Produkt und nutze die Funktion ÖFFNEN."

Das ist schon richtig, dennoch sollten Sie sich ein wenig damit vertraut machen, welche Einstellungen notwendig sind, damit auch wirklich Ihre zuletzt gesicherten Daten geladen werden. In der Praxis kommt es oft vor, dass der Anwender sich nach dem Öffnen seines Produkts sicher ist, dass das nicht der zuletzt von ihm gesicherte Datenstand ist.

In den Optionen haben Sie einmal die Möglichkeit, auf die Dokumentumgebung und zum anderen auf die Dokumentlokalisierung Einfluss zu nehmen.

6.7.1 Dokumentumgebungen

Die Standardeinstellung in der Dokumentumgebung bezieht sich darauf, dass Sie berechtigt sind, Ihre Daten in Ordnern zu speichern. Über die Dokumentlokalisierung können Sie dann ganz speziell festlegen, welche Ordner zur Verfügung stehen.

DL-Name

Mittels eines DL-NAME (LOGISCHES DATEISYSTEM) haben Sie die Möglichkeit, komplette Pfade für die Speicherung von Daten festzulegen und diese unter einem einzelnen Begriff abzulegen. Dieser DL-NAME wird mit einem entsprechenden Namen versehen und der Anwender speichert seine Daten, indem er den entsprechenden DL-NAME auswählt.

Der Anwender ist zwar sehr eingeschränkt und darauf angewiesen, dass die richtigen Verzeichnisse zur Verfügung stehen, aber er kann sicher sein, dass seine Daten immer im richtigen Verzeichnis gesichert werden. Bei der Verwendung eines DL-NAME ist das Zielverzeichnis nicht zu sehen.

Sie möchten beispielsweise alle Einzelteile, die auf ein spezielles Projekt bezogen sind, unter Verwendung eines DL-NAME speichern. Einmal, um Fehler auszuschließen und zum anderen, um Zeit zu sparen.

Zunächst einmal ist es erforderlich, über das Menü TOOLS/OPTIONEN/ALLGEMEIN/ DOKUMENT festzulegen, dass der DL-NAME überhaupt verwendet werden darf. Aktivieren Sie zunächst den *DL-Name* über die Schaltfläche ZULÄSSIG und wählen Sie im Anschluss AKTUELL (▶ Abbildung 6.75).

6.7 Produkt öffnen

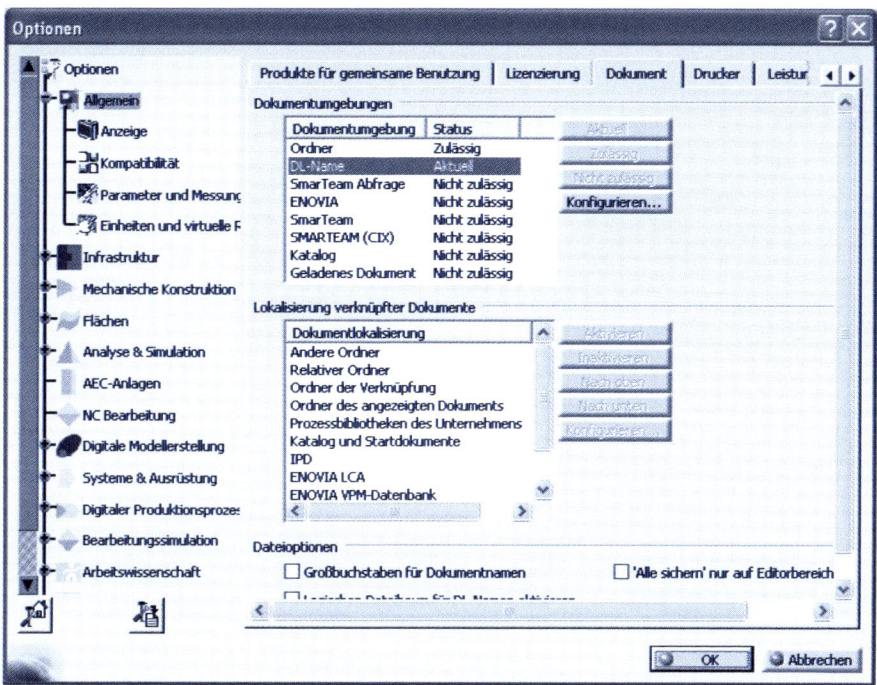

Abbildung 6.75: Nutzung des DL-Name aktiviert

Nachdem die Möglichkeit gegeben ist, einen DL-NAME zu nutzen, muss dieser jetzt konfiguriert werden. Klicken Sie auf die Schaltfläche KONFIGURIEREN…. Im nachfolgenden Fenster legen Sie zum einen den Namen und zum anderen das Verzeichnis fest, wo die Daten später abgelegt werden. Nach Aktivierung der Funktion DEFINIERT EINEN DL-NAMEN wird der Ordner zunächst *C:\DL-Name1* heißen.

Klicken Sie auf den vorläufigen Namen und wählen Sie im Kontextmenü den Eintrag DURCHSUCHEN. Suchen Sie das Verzeichnis, das unter dem Namen DL-NAME1 gespeichert werden soll, und bestätigen Sie die Auswahl mit OK (▶ Abbildung 6.76).

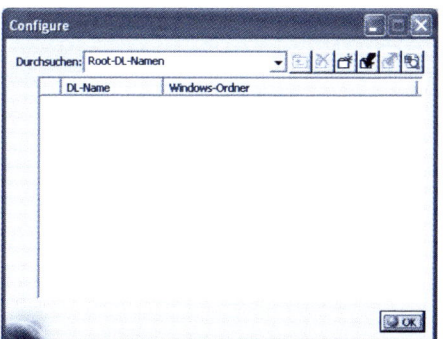 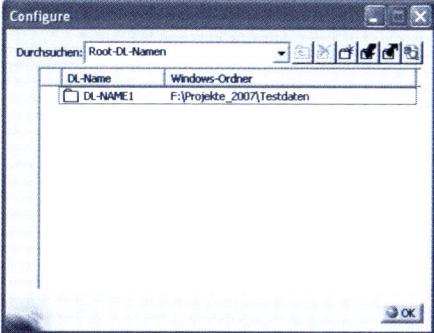

Abbildung 6.76: DL-Name und das entsprechende Verzeichnis sind definiert.

6 BAUGRUPPENKONSTRUKTION (ASSEMBLY DESIGN)

Um nur zu überprüfen, ob der DL-NAME beim Speichern genutzt werden kann, klicken Sie auf das Menü DATEI/SICHERN UNTER.... Sie werden nur die Möglichkeit haben, unter dem DL-NAME1 zu speichern. Eine andere Möglichkeit gibt es nicht mehr (▶ Abbildung 6.77).

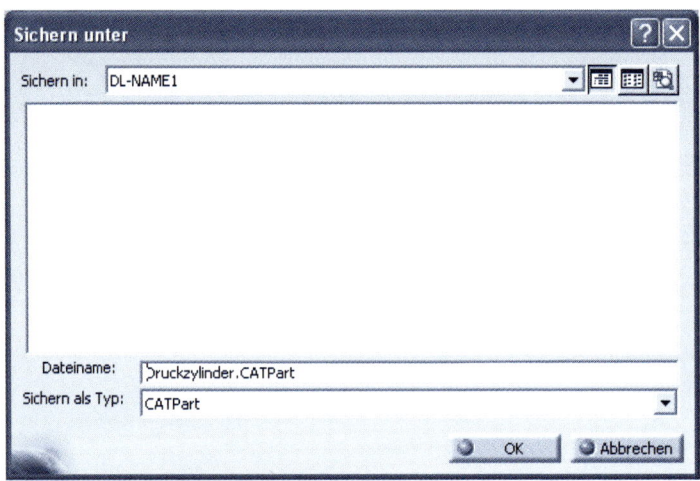

Abbildung 6.77: Speichern unter Verwendung eines DL-Name

Die normale Verzeichnisstruktur können Sie erst dann wieder nutzen, wenn Sie den Eintrag ORDNER in den *Dokumentumgebungen* auf AKTUELL setzen.

6.7.2 Die Dokumentlokalisierung

Damit Sie Ihre erstellten Produkte und Einzelteile sowie deren Zeichnungsableitungen öffnen können, sind einige Voreinstellungen notwendig. In der Liste der Dokumentlokalisierung können Sie festlegen, welche Möglichkeiten Sie favorisieren und welche gar nicht berücksichtigt werden sollen, um nach zu öffnenden Dateien zu suchen.

Relativer Ordner

Ist es beispielsweise gewünscht, dass Sie sämtliche Laufwerke und somit auch deren gesamte Verzeichnisstruktur nutzen können, so ist darauf zu achten, dass folgende Eintragungen aktiviert werden. Im Menü TOOLS/OPTIONEN/ALLGEMEIN/DOKUMENT aktivieren Sie die Optionen RELATIVER ORDNER, ORDNER DER VERKNÜPFUNG sowie ORDNER DES ANGEZEIGTEN DOKUMENTS (▶ Abbildung 6.78).

6.7 Produkt öffnen

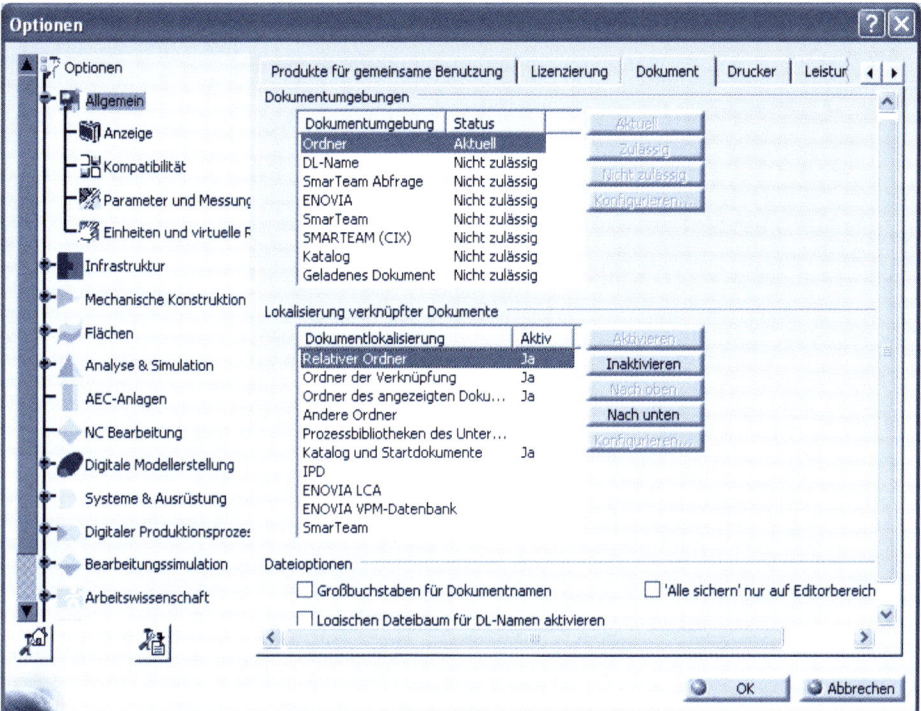

Abbildung 6.78: Daten können aus jedem Verzeichnis heraus geöffnet werden.

Die Einstellung RELATIVER ORDNER bedeutet, dass beim Öffnen eines Produkts, relativ von der Position, wo das Produkt geöffnet wird, in der Verzeichnisstruktur abwärts nach den entsprechenden Daten gesucht wird.

Andere Ordner

Bei der Aktivierung dieser Option legen Sie von vornherein fest, in welchen Ordnern beim Öffnen eines Produkts gesucht werden kann. Sie stellen eine Liste zusammen, die vorgibt, in welchen Verzeichnissen CATIA nach Ihren Daten sucht. Pfade, die sich nicht in der Liste befinden, werden nicht berücksichtigt.

Welche Verzeichnisse bei der Suche nach Daten eine höhere Priorität haben als andere, können Sie dadurch steuern, dass Sie die einzelnen Dokumentlokalisierungen über die Schaltflächen NACH OBEN bzw. NACH UNTEN in die für Sie favorisierte Reihenfolge setzen (▶ Abbildung 6.79).

Klicken Sie auf die Schaltfläche KONFIGURIEREN..., um die Liste erstellen zu können. Die Liste wird umgangssprachlich auch SEARCH-ORDER genannt und kann jederzeit erweitert bzw. verkleinert werden.

6 BAUGRUPPENKONSTRUKTION (ASSEMBLY DESIGN)

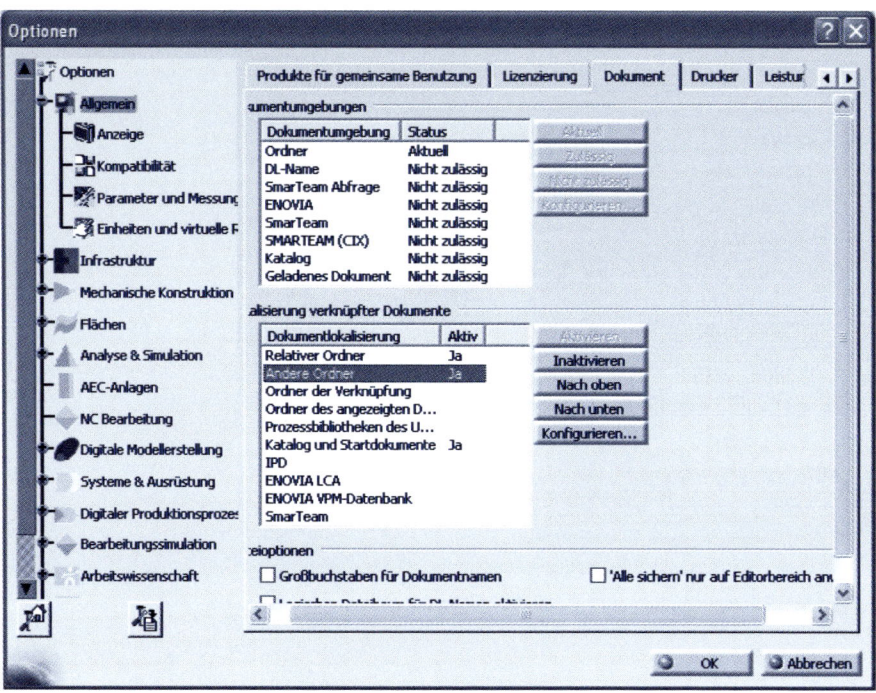

Abbildung 6.79: Diese Option setzt das Konfigurieren einer Suchliste voraus.

Die nachfolgende Dialogbox ist horizontal geteilt. Im oberen Bereich sehen Sie sämtliche Laufwerke, die Ihnen zur Verfügung stehen und im unteren Bereich werden die fertigen Suchpfade aufgelistet.

Suchen Sie sich die Verzeichnisse, in denen Ihre Daten gespeichert wurden, und klicken Sie anschließend auf die Schaltfläche HINZUFÜGEN (▶ Abbildung 6.80).

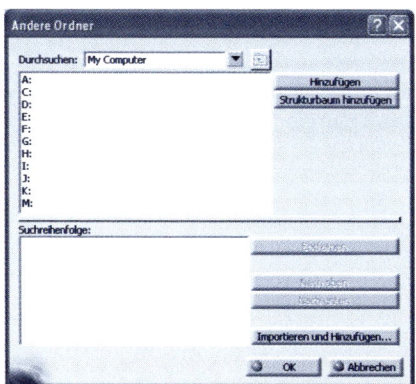 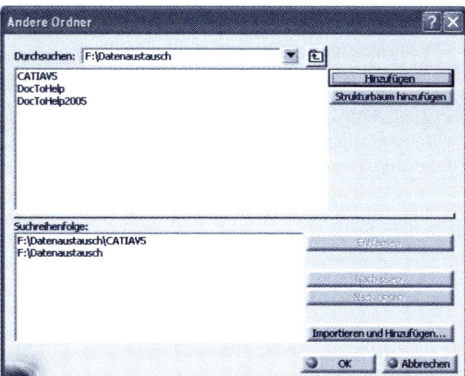

Abbildung 6.80: Die Suchreihenfolge (Search-Order) wurde erstellt.

Die festgelegte Suchreihenfolge besagt, dass nur in diesen beiden Verzeichnissen nach Daten gesucht wird. Andere Verzeichnisse werden nicht mit einbezogen.

6.7.3 Modelle können nicht geladen werden

Beim Laden von Einzelteilen tritt dieser Fall sehr selten auf, es sei denn, die Datei ist aus irgendeinem Grund beschädigt oder gar in einer höheren CATIA-V5-Version erstellt und mit Funktionen bearbeitet worden, die es in der gegenwärtigen Version nicht gibt.

Beim Laden von Produkten kann diese Situation häufiger auftreten, was aber mit einer Beschädigung der Dateien oder mit Versionsunterschieden nichts zu tun haben muss.

Am nachfolgenden Beispiel möchte ich Ihnen zeigen, welche Ursache es haben kann, wenn solch eine Situation eintritt.

Jemand bittet Sie, sich ein Produkt anzuschauen, das Ihnen in einem extra für Testzwecke eingerichteten Ordner zur Verfügung gestellt wird. Über das Menü DATEI/ÖFFNEN wechseln Sie in das entsprechende Verzeichnis und versuchen das Produkt zu öffnen.

Sie sehen lediglich einen Teil des Strukturbaums und erhalten außerdem folgende Meldung (▶ Abbildung 6.81).

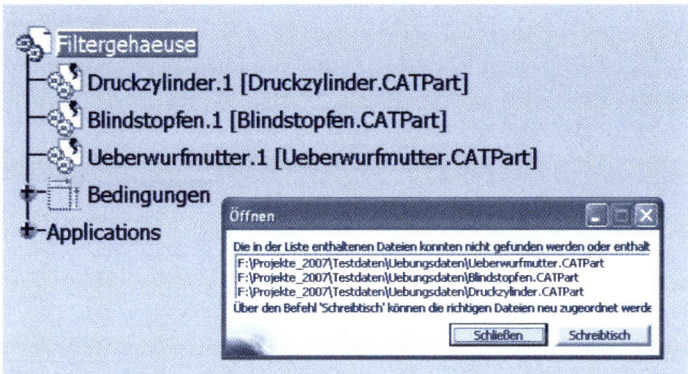

Abbildung 6.81: Daten können nicht gefunden werden.

Dieser Hinweis ist im eigentlichen Sinne kein Fehler. Als das Produkt zum allerersten Mal gesichert wurde, befanden sich die im Produkt enthaltenen Dateien in den in ▶ Abbildung 6.81 aufgelisteten Verzeichnissen. Nach diesen Verzeichnissen wird jetzt gesucht, unabhängig davon, aus welchem Verzeichnis das Produkt geöffnet wird.

Im Strukturbaum wird Ihnen dieses Problem ebenfalls verdeutlicht. In diesem Fall spricht man auch von BROKEN LINKS.

Über die Schaltfläche SCHREIBTISCH wird die Produktstruktur nochmals in einer etwas anderen Form dargestellt (▶ Abbildung 6.82).

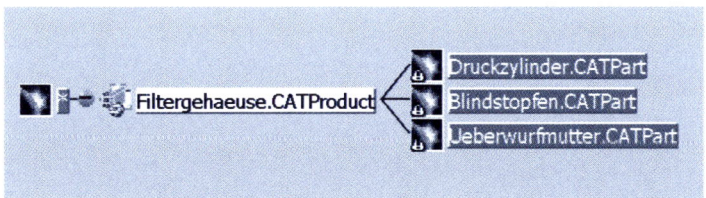

Abbildung 6.82: Eine etwas andere Darstellung des Strukturbaums

6 BAUGRUPPENKONSTRUKTION (ASSEMBLY DESIGN)

Wenn Sie sich den Inhalt des Schreibtisches in CATIA ansehen, stellen Sie fest, dass die Namen der einzelnen Bauteile mit roter Farbe hinterlegt sind. Das bedeutet, sie wurden nicht gefunden.

In der Schreibtischansicht wird zwischen folgenden Farben unterschieden:

Tabelle 6.3

Farbe	Bedeutung
Weiß	Das Einzelteil oder das Produkt wurde gefunden und geladen.
Schwarz	Das Einzelteil oder das Produkt wurde gefunden, aber nicht geladen.
Rot	Das Einzelteil oder das Produkt wurde nicht gefunden.

Um die Verknüpfungen zu den sich im Produkt befindenden Teile wiederherzustellen, öffnen Sie das Kontextmenüs eines Bauteils und wählen Sie den Eintrag SUCHEN.

Im Anschluss wird CATIA das Fenster DATEIAUSWAHL öffnen, damit Sie nach dem entsprechenden Verzeichnis suchen können (▶ Abbildung 6.83).

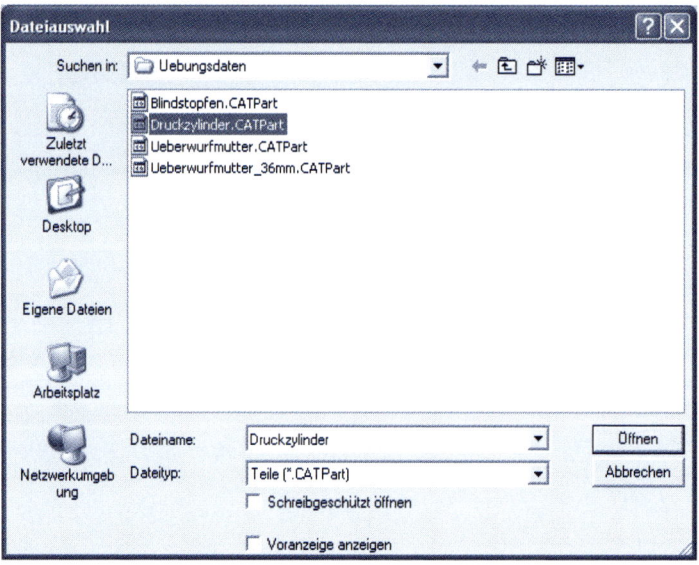

Abbildung 6.83: Verknüpfung zu ausgewählter Datei wiederherstellen

Bestätigen Sie die Wahl mit ÖFFNEN. Sie erhalten wiederum eine Meldung, die in diesem Fall ganz konkret auf das Problem hinweist (▶ Abbildung 6.84).

Die Lösung des Problems ist in den Optionen der Dokumentlokalisierung zu suchen. In der *Search-Order* ist der entsprechende Pfad nicht angegeben, in dem sich die Einzelteile befinden.

6.7 Produkt öffnen

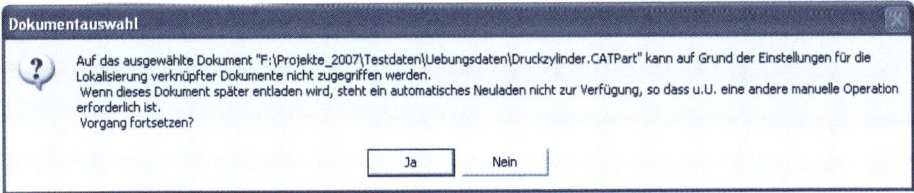

Abbildung 6.84: Konkreter Hinweis darauf, warum die Daten nicht gefunden werden

Klicken Sie trotzdem auf JA, denn da Sie jetzt die Ursache kennen, können Sie die SEARCH-ORDER jederzeit anpassen.

In der Anzeige des Schreibtischs hat sich ebenfalls etwas verändert. Die Datei des Druckzylinders ist weiß unterlegt und ist somit gefunden und geladen worden.

Die beiden anderen Bauteile werden auf die gleiche Art und Weise geladen, so dass die Struktur im Schreibtisch wie folgt aussehen muss (▶ Abbildung 6.85).

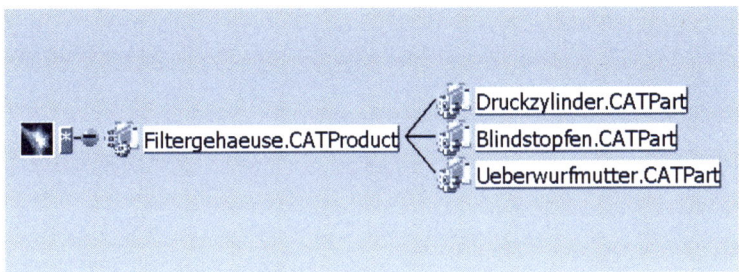

Abbildung 6.85: Produkt und Einzelteile sind geladen.

Im Menü FENSTER wählen Sie den Eintrag *Filtergehaeuse* und kehren in die Produktumgebung zurück, wo Sie das komplett geladene Produkt sehen können (▶ Abbildung 6.86).

Abbildung 6.86: Verknüpfungen wurden aktualisiert.

6.7.4 Verknüpfungen überprüfen

Bei der Arbeit mit Produkten kann es immer mal zu Problemen kommen und wenn sie rechtzeitig erkannt werden, lassen sie sich auch relativ schnell beheben. Deshalb sollten sie regelmäßig überprüft werden.

Verknüpfungen lassen sich über das Menü BEARBEITEN/VERKNÜPFUNGEN überprüfen und gegebenenfalls bearbeiten (▶ Abbildung 6.87).

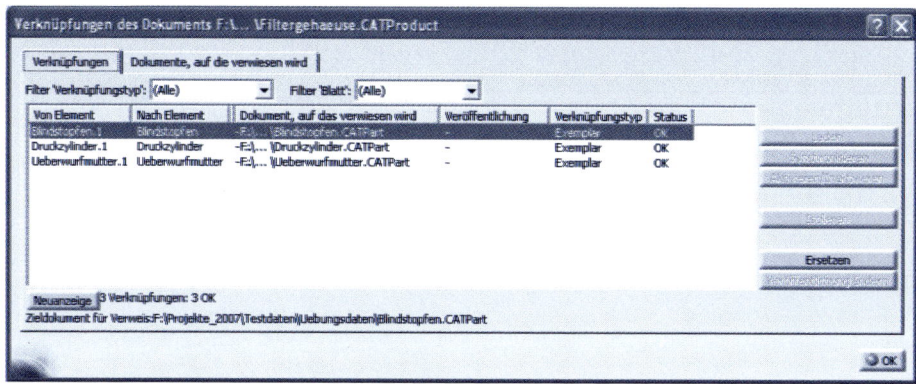

Abbildung 6.87: Verknüpfungen innerhalb eines Produkts

6.8 Produkte bearbeiten

Bis jetzt haben Sie gelernt, neue Produkte anzulegen, leere und vorhandene Teile einzufügen, sie zu sichern und gegebenenfalls wieder zu öffnen.

Bei der täglichen Arbeit mit Produkten bedarf es höchster Konzentration und Aufmerksamkeit, da es immer häufiger zu beobachten ist, dass Produkte unüberschaubar groß werden. Einzelteile werden gelöscht, innerhalb des Produkts umbenannt, durch andere Teile ersetzt etc.

Hinweise und Fehlermeldungen werden sehr oft ignoriert, bei jedem Speichervorgang immer wieder übernommen und können letztendlich dazu führen, dass Produkte im schlimmsten Fall weder geöffnet noch gespeichert werden können.

In den nachfolgenden Beispielen lernen Sie mit Produkten zu arbeiten und auf Fehler zu reagieren, so dass Probleme zum größten Teil auszuschließen sind.

6.8.1 Darstellung eines Produkts

Bei der Darstellung eines Produkts wird in CATIA V5 zwischen dem Entwurfs- und dem Visualisierungsmodus unterschieden. Die Darstellung auf dem Bildschirm ist nahezu die gleiche – es hat mehr damit zu tun, in welchem Umfang die einzelnen Bauteile innerhalb des Produkts geladen werden.

Allerdings bedarf es hier einer Voreinstellung in den Optionen, damit Sie zwischen dem Darstellungs- und dem Entwurfsmodus hin- und herschalten können (▶ Abbildung 6.88).

Abbildung 6.88: Ein Wechsel zwischen Entwurf- bzw. Darstellungsmodus ist noch nicht möglich.

Das Cachemanagement

Das CACHESYSTEM sorgt dafür, dass die Daten Ihres geöffneten Produkts in tessilierte Daten umgewandelt werden. Das bedeutet, die dargestellten Daten werden mit einer minimalen Abweichung von den exakten Daten dargestellt und nehmen somit wesentlich weniger Speicherplatz in Anspruch. Dieses Format, in das die Daten umgewandelt werden, wird CGR-Format (**C**atia **G**raphical **R**epresentation) genannt. Die Dateikennung der umgewandelten Daten lautet ebenfalls „cgr".

Die Oberflächen der Bauteile werden in Dreiecke umgewandelt und somit lässt sich mit ganz geringer Abweichung jegliche Art von Oberfläche darstellen. Da die Historie der Bauteile nicht vorhanden ist, ist der Speicherbedarf um ein Vielfaches geringer als bei den Originaldaten.

Im Menü TOOLS/OPTIONEN/INFRASTRUKTUR/PRODUKT STRUKTUR/CACHEVERWALTUNG aktivieren Sie die Option MIT DEM CACHESYSTEM ARBEITEN. Mit Aktivierung des CACHESYSTEMS erhalten Sie den Hinweis, dass diese Einstellung erst nach einem Neustart von CATIA V5 aktiviert ist.

Nach dem Neustart und erneuter Überprüfung der Einstellung sehen Sie das nachfolgende Menü (▶ Abbildung 6.89).

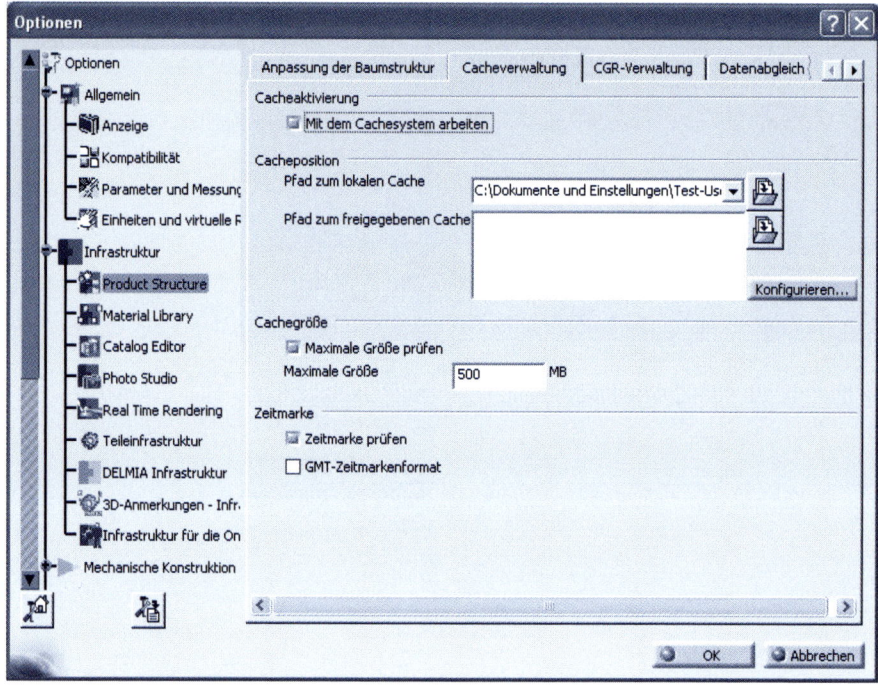

Abbildung 6.89: Das Cachesystem ist aktiviert.

Mit der AKTIVIERUNG DES CACHESYSTEMS sind weitere Optionen gesetzt worden. Es wurde ein Verzeichnis angelegt, in dem die umgewandelten Daten abgelegt werden.

Standardmäßig wird das Verzeichnis *C:\Dokumente und Einstellungen*\Benutzername*Lokale Einstellungen\Anwendungsdaten\DassaultSystemes\CATCache* ausgewählt, das Sie aber über die rechts angeordnete Schaltfläche jederzeit ändern können.

Die CACHEGRÖSSE ist mit 500 Mbyte vorgegeben. Je nachdem, wie groß Ihre Produkte sind, lässt sich dieser Eintrag jederzeit erhöhen.

Die Zeitmarke bedeutet: Wenn ein Produkt zum ersten Mal mit eingeschaltetem Cachesystem geladen wird, werden die *cgr-Dateien* in dem lokalen CACHEVERZEICHNIS abgelegt und bleiben so lange erhalten, bis sie seitens des Anwenders gelöscht werden. Die Zeitmarke, also praktisch das Speicherdatum dieser *cgr-Daten*, werden mit den Originaldaten verglichen und stehen in ständiger Verbindung.

Wird eine Originaldatei geändert, für die schon eine *cgr-Datei* existiert, wird seitens CATIA festgestellt, dass das Speicherdatum beider Dateien nicht mehr übereinstimmt, und automatisch die vorhandene *cgr-Datei* aktualisiert.

Somit ist gewährleistet, dass die *cgr-Daten* immer aktuell sind.

Sobald Sie das Cachesystem aktiviert haben, besteht die Möglichkeit, zwischen den beiden Modi zu wechseln. Laden Sie bei aktiviertem CACHESYSTEM ein Produkt, so werden automatisch *cgr-Daten* erstellt und anschließend geladen.

Der Darstellungsmodus

Ist der DARSTELLUNGSMODUS aktiviert, so wird das geladene Produkt in Form von *cgr-Daten* dargestellt. Das erkennen Sie daran, dass die komplette Historie im Strukturbaum fehlt und Sie in diesem Modus nicht in der Lage sind, beispielsweise ein einzelnes Bauteil zu bearbeiten (▶ Abbildung 6.90).

Abbildung 6.90: Produkt wird anhand von cgr-Daten dargestellt.

Das Produkt, das Sie ein paar Seiten zuvor aufgebaut haben, ist jetzt Bestandteil für ein Beispiel.

Sie haben zwar die Möglichkeit, die einzelnen Bauteile innerhalb des Produkts zu bewegen, aber die Geometrie lässt sich nicht verändern.

Beim Laden von Produkten ist es von Vorteil, die Daten zunächst im DARSTELLUNGSMODUS zu laden, um dann später gezielt für die entsprechenden Teile in den ENTWURFSMODUS zu wechseln.

Der Entwurfsmodus

Als Beispiel nehmen wir die *Ueberwurfmutter*, wie sie in Abbildung 6.90 dargestellt wird. Der Durchmesser der Bohrungen soll auf 9 mm verkleinert werden.

Um sie bearbeiten zu können, ist es unbedingt erforderlich, dieses Bauteil in den ENTWURFSMODUS zu setzen, damit Sie auf die Historie des Bauteils zugreifen können.

Führen Sie die Maus auf den Eintrag der *Ueberwurfmutter* im Strukturbaum und wählen Sie im Kontextmenü den Eintrag DARSTELLUNGEN/ENTWURFSMODUS (▶ Abbildung 6.91).

6 BAUGRUPPENKONSTRUKTION (ASSEMBLY DESIGN)

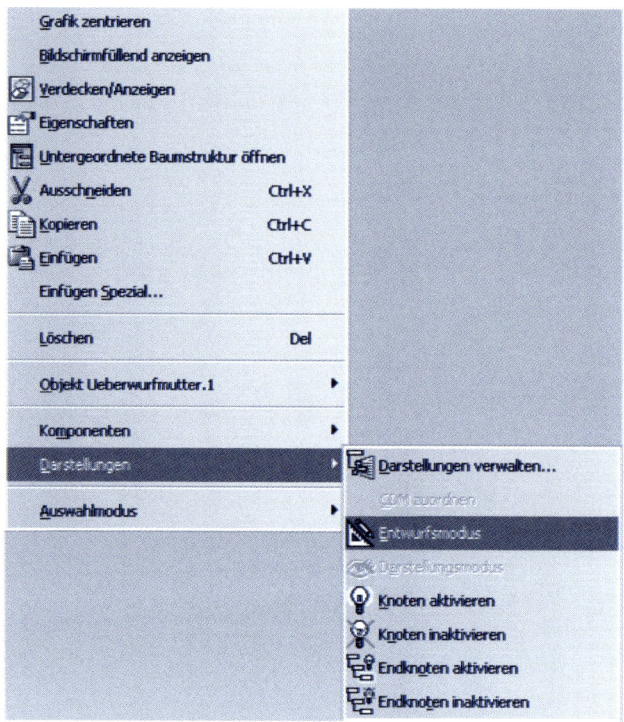

Abbildung 6.91: Umschaltung in den Entwurfsmodus

Nach der Umschaltung wird sich die Anzeige im Strukturbaum ebenfalls ändern. Zum einen haben Sie die Möglichkeit, die *Ueberwurfmutter* zu bearbeiten, und zum anderen sehen Sie innerhalb des Bauteils das aktivierte *Achsensystem* (▶ Abbildung 6.92).

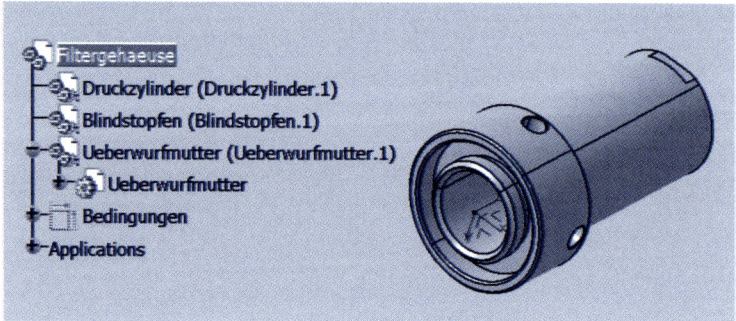

Abbildung 6.92: Das zu bearbeitende Bauteil befindet sich im Entwurfsmodus.

6.8.2 Bauteil innerhalb eines Produkts bearbeiten

Da Sie, wie in ▶ Abbildung 6.92 zu sehen ist, das Einzelteil bearbeiten können, wäre es sehr umständlich, dies in der Produktumgebung zu erledigen, zumal die beiden anderen Bauteile bei der Bearbeitung unter Umständen im Weg sein könnten.

Deshalb ist es an dieser Stelle sinnvoll, das zu bearbeitende Bauteil in einem separaten Fenster erneut zu öffnen. Dazu öffnen Sie das Kontextmenü der *Ueberwurfmutter* und wählen den Eintrag OBJEKT UEBERWURFMUTTER/IN NEUEM FENSTER ÖFFNEN (▶ Abbildung 6.93).

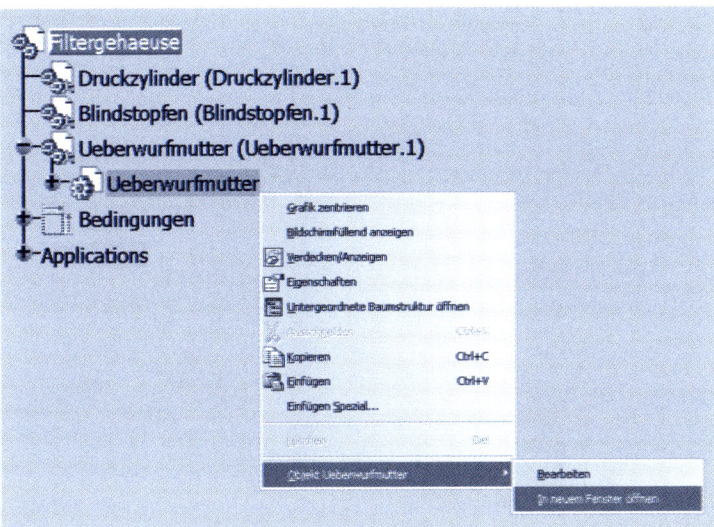

Abbildung 6.93: Das Einzelteil wird in einem separaten Fenster geöffnet.

Das Einzelteil der *Ueberwurfmutter* wird geöffnet und entsprechend der Konstruktion dargestellt (▶ Abbildung 6.94).

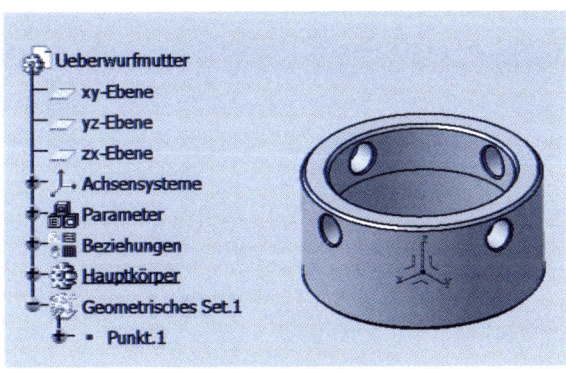

Jetzt können Sie die *Bohrung* auf den Durchmesser von 9 mm ändern, das Bauteil speichern und das Fenster wieder schließen.

Abbildung 6.94: Bauteil zur Bearbeitung geladen

Das aktualisierte Einzelteil wird anschließend im Produkt zu sehen sein.

Ob die Änderungen übernommen worden sind, können Sie mit einer Messung des Bohrungsdurchmessers überprüfen (▶ Abbildung 6.95).

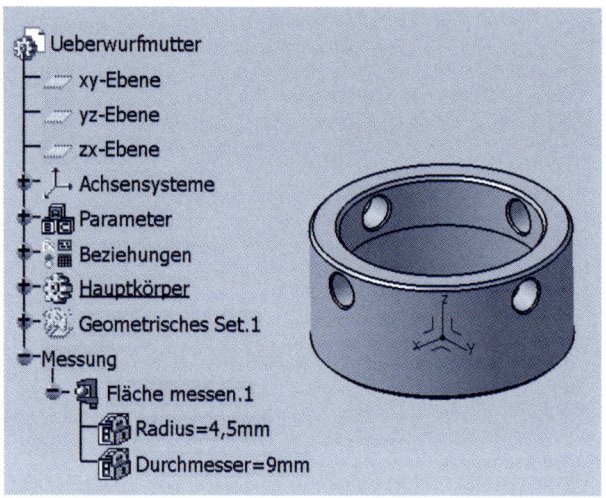

Abbildung 6.95: Durchmesser der Bohrungen auf 9 mm geändert

6.8.3 Bauteile löschen

Einzelteile oder ganze Baugruppen zu löschen, stellt eigentlich kein allzu großes Problem dar, nur immer vorausgesetzt, Sie gehen dabei richtig vor.

Möchten Sie ein Bauteil aus einem Produkt entfernen, so klicken Sie mit der rechten Maustaste auf den Eintrag im Strukturbaum und wählen Sie im Kontextmenü den Eintrag LÖSCHEN.

Handelt es sich um ein einzelnes Bauteil, das auf kein anderes Bauteil oder auf eine Ebene etc. referenziert, so wird es ohne jegliche Rückfrage gelöscht.

Möchten Sie beispielsweise auf die gleiche Art und Weise den Druckzylinder löschen, erscheint eine Abfrage, ob das auch wirklich so sein soll (▶ Abbildung 6.96).

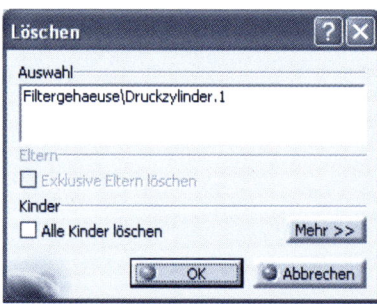

Abbildung 6.96: Abfrage, ob tatsächlich gelöscht werden soll

6.8 Produkte bearbeiten

Eigentlich sieht alles ganz harmlos aus. Klicken Sie auf die Schaltfläche MEHR>> und Sie stellen fest, dass doch mehr dahinter steckt (▶ Abbildung 6.97).

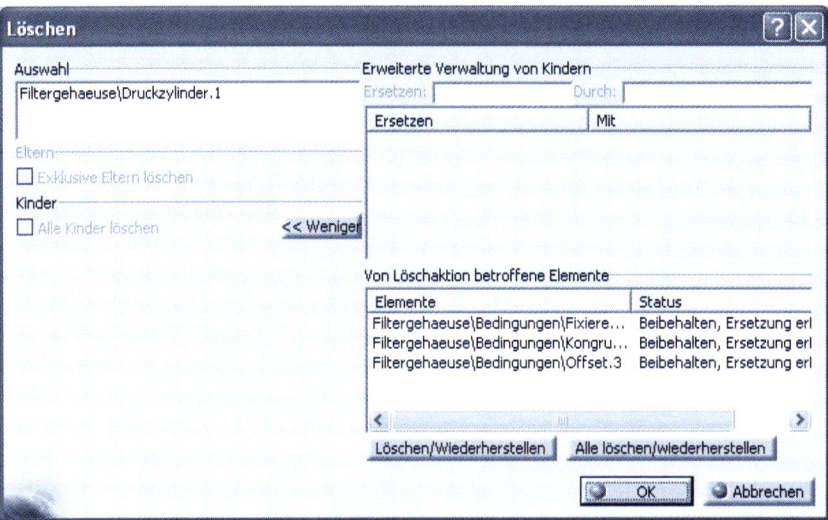

Abbildung 6.97: Alle Bedingungen würden beim Löschen verloren gehen.

Bestätigen Sie den Vorgang mit OK. Der Eintrag im Strukturbaum sowie das 3D-Modell werden gelöscht und Sie sehen lediglich noch die *Ueberwurfmutter* und den in Einbaulage konstruierten *Blindstopfen* (▶ Abbildung 6.98).

Abbildung 6.98: Filtergehäuse ohne Druckzylinder

> **Beachten Sie** Löschen Sie **nie** eine Datei von der Festplatte, während dieselbe Datei in CATIA V5 geöffnet ist. Die Speicherung dieser Datei wird verweigert – sowohl unter einem anderen Namen als auch in einem anderen Verzeichnis.

6 BAUGRUPPENKONSTRUKTION (ASSEMBLY DESIGN)

Was geschieht mit den ausgeblendeten Bedingungen?

Da die Bedingungen, wie beispielsweise das Fixieren von Bauteilen in Form eines Ankers, im 3D-Modell störend wirken können, hatte ich sie zuvor ausgeblendet. Deaktivierte Bauteile, die als Referenz genutzt werden, sowie ausgeblendete Bedingungen werden beim Löschen der Bauteile nicht automatisch mit gelöscht.

Wenn wir jetzt die Bedingungen im Kontextmenü mittels des Eintrags VERDECKEN/ANZEIGEN sichtbar machen und aufklappen, sind die Einträge zwar noch vorhanden, jedoch mit einem Ausrufezeichen auf gelbem Hintergrund gekennzeichnet, was so viel bedeutet wie: „Hier stimmt etwas nicht" (▶ Abbildung 6.99).

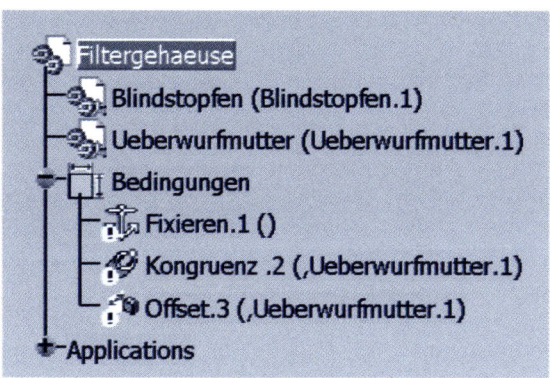

Abbildung 6.99: Ausrufezeichen sind Hinweis für einen Fehler.

Da das Bauteil gelöscht wurde, können Sie die Bedingungen gefahrlos löschen.

Wenn Sie dieses Beispiel anhand des Produkts in CATIA nachvollzogen haben, schließen Sie das Produkt, ohne die Änderungen zu speichern, so dass das Produkt in seinem Urzustand erhalten bleibt.

Haben Sie die Änderungen zwischenzeitlich gesichert, so können Sie natürlich auch mit der entsprechenden Lösungsdatei weiterarbeiten.

Übung 6.4 Als Abschlussübung legen Sie ein Produkt mit dem Namen *Filtergehäuse.CATProduct* an und positionieren die nachfolgenden Bauteile. Bei diesen Bauteilen handelt es sich um Teile, die Sie in den vorherigen Übungen selbst erstellt und bearbeitet haben. Die Einzelteile sind unter den folgenden Namen gespeichert: *Druckzylinder.CATPart*, *Ueberwurfmutter.CATPart*, *Verschluss.CATPart*, *Zylinderfeder.CATPart* und *Blindstopfen.CATPart*.

Die Feder ist so zu positionieren, dass ihre xy-Ebene 117,3mm vom inneren Boden des Druckzylinders entfernt ist. Führen Sie abschließend eine CLASH-ANALYSE durch.

Register

Numerisch

3D 20
3D-Modell
    ändern 111
    aufbereiten 70
    bearbeiten 61

A

Abhängigkeit
    von Maßen 49
    zur Referenzansicht 101
Achsenkreuz 140
Aktualisieren einer Zeichnungs-
    ableitung 113
Andere Ordner
    Dokumentlokalisierung 229
Anordnung der Symbolleisten 23
Ansichten
    aufbereiten 114
    erzeugen 119
    positionieren 101
    sperren 116
Ansichtsrahmen 100
Arbeitsansichten 105
Arbeitsbereich 22
Arbeitsumgebung 21, 139, 180
    laden 180
Assembly Design 180
Aufbau
    eines Einzelteils 56
    eines Flächenmodells 138
Ausgeblendete Bedingungen
    Bauteile löschen 242
Auswahl 1
    Kollisionsuntersuchung 217
Automatisches Layout 96

B

Baugruppenkonstruktion 179
    Strukturbaum 191
Bauteil
    bewegen 195
    exakt positionieren 201
    gruppieren 214
    in einem neuen Fenster öffnen 239
    innerhalb eines Produkts bearbeiten 238
    löschen 240
    mit dem Kompass verschieben 193
    sollen sich berühren
        Clash beseitigen 219
    um ein exaktes Maß verschieben 193
Bedeutung
    von CATIA 18
    von Farben 25
Bedingungen
    deaktivieren 208
    definieren 47
Beizubehaltende Kante(n) 71
Benutzerparameter 84, 91
Beziehungen 87
Bidirektional 94
Blattgröße 103
Bögen und Kurven zeichnen
    Profil 32
Broken Links 231

C

Cachemanagement 235
CAD-System 18
CATPart 57
CATSettings 25
    löschen 27
Clash beseitigen
    Kollisionsuntersuchung 219
Clippingansicht 126

D

Darstellung
    eines Produkts 235
    von Schnitten 121
Darstellungsmodus
    Cachesystem 237
Datei
    aktualisieren 80
    sichern 80
Dateigröße eines Produkts 225
Dateikennung 57
Daten speichern 221
Definition Typ
    Kollisionsuntersuchung 217
Dialogbox
    Bohrungsdefinition 62
    Definition einer Rippe 68
    Element messen 83
    Messen zwischen 82

Dickes Profil 68
DL-Name 226
Dokumentlokalisierung 228
Dokumentumgebungen 226
Download von CATSettings 27
Drahtgeometrie 142

E

Ebenen 24, 30
Eigenschaften
    einer Ansicht 114
    Produkt 185
Einsatzmöglichkeiten 19
Einzelteile 56
Einzelteilkonstruktion 55
Entwurfsmodus
    Cachesystem 237
Erzeugen eines Volumenmodells
    Solid erzeugen 176
Erzeugen von Flächen 157
Exemplarname
    Teilenummer 185
Existierende Verknüpfungen 214

F

Farbunterscheidungen im Schreibtisch 232
Fehler beheben 43
Fixierung
    aufheben 203
    löschen 203
Flächen
    bearbeiten 170
    zusammenfügen 174
Flächenkonstruktion
    Generative Shape Design 137
Format ISO 103
Formel 83, 87
    bearbeiten 47
Formeleditor 86
    Formel bearbeiten 47
Führungselemente 168
Funktion
    3D-Elemente projizieren 51
    Abgesetzten Schnitt
        Offset Section View 121
    Achse 34
    Alles einpassen 81
    An Punkt anlegen 31
    Anzeigen/Verdecken 82
    Assistent für Ansichtserzeugung 98
    Aufbrechen 38
    Ausgerichteten Schnitt
        Aligned Section View 121
    Bedingung
        Skizze bemaßen 44
    Bedingungen verdecken 43
    Bemaßungen generieren 128
    Bemaßungsbedingungen 31
    Blatthintergrund 103
    Block 57
    Bohrung 62
    Detailansicht 125
    Detailansichtsprofil 126
    Drehen 40, 158
    Durchmesser bemaßen 130
    Ebene 148
    Element messen 83
    Ellipse 36
    Ergänzen 39
    Erweiterten Vorderansicht 120
    Extrudieren 157
    Fase 71
    Fase bemaßen 131
    Formel 84
    Füllen 164
    Geometrische Bedingungen 31
    Gewinde 73
    Gitter 31
    Helix, Schraubenkurve 152
    Hilfsgeometrien aus- und
        einzublenden 43
    Im Konstruktionsmodus festlegen 43
    Isometrische Ansicht 121
    Kantenverrundung 70
    Komponente einfügen 183
    Komponente ersetzen 189
    Komponente Fixieren 202
    Kongruenzbedingung 204
    Konstruktions-/Standardelemente 31
    Konstruktionstabelle 89
    Kontaktbedingung 209
    Kreis 33
    Kreismuster 78
    Kugel 159
    Linie 33, 146
    Loft 165
    Manipulation
        bei Kollision stoppen 200
    Manipulieren 196
    Messen zwischen 82
    Neue Zeichnung anlegen 95
    Nut 66
    Offset 41, 162
    Offsetbedingung 206

Produkt einfügen 184
Profil 31
Profil für Clipping-Ansicht 127
Profil löschen 44
Profil schließen 43
Profilrichtung umkehren 123
Projektion 151
Projizierte Ansicht 124
Punkt 36, 142
Radius bemaßen 129
Rahmenerzeugung 104
Rechteck 33
Rechteckmuster 76
Rille 69
Rippe 67
Schalenelement 73
Schließen 38
Schnelles Trimmen 37
Seite einrichten... 102
Senkrechte Ansicht 81
Sichern 79, 106
Sichern unter... 80, 106
Sichtbaren Raum umschalten 82
Skalieren 40
Skizze 30
Spiegeln 39, 75
Spline 34
Symmetrie 40
Tasche 65
Teil einfügen 187
Translation (Sweep) 163
Trennen 170
Trimmen 37, 172
Übergang 169
Verschieben 40
Verschneidung 156
Versetzen 197
Volumenkörper mit Mehrfach-
    schnitten 60
Vorderansicht 120
Vorhandene Komponente einfügen 188
Welle 58
Winkel bemaßen 130
Winkel der Auszugsschräge 72
Zerlegen 198
Zylinder 160
Funktionstaste F3 56

G

Geöffneter Körper 140
Geometrisches Set 64, 139

H

Hauptkörper 56

I

Icon
    Strukturbaum 191
Innerhalb einer Auswahl
    Kollisionsuntersuchung 217

K

Kollisionsuntersuchung 217
Kompass 140, 182, 192
Kongruenz 190
    von Kanten 205
Konstruieren in Einbaulage 211
Konstruktionsebene 19, 56
Konstruktionstabelle
    anlegen 90
    erweitern 92
Kontextmenü einer Ansicht 114
Kontrollpunkte
    Spline 34
Koordinatenkreuz 187
Körper aus einzelnen Flächen erzeugen 174

L

Lifecycle Management 18
Linienart
    Punkt-Richtung 147

M

Manipulationsparameter 196
Maßbereiche festlegen 49
Maße ändern 46
Mehrere Bauteile ableiten 132
Menü
    Start 21
    Tools 186
    Tools/Optionen 114
Merkmale exakt beschriebener Skizzen 31
Modelle können nicht geladen werden 231

N

Neues Modell anlegen 57
Neutrales Element 72
No Show 59

O

Öffnen einer Zeichnungsableitung 108
Offset von Ebene 148
Offsetbedingung ändern 208
Option Referenzdokumente laden 108
Ordner Eigene Dateien 80

P

Parallel durch Punkt 149
Parameter 83
    erzeugen 84
    sperren, Bemaßung 50
    zur Kompassmanipulation 194
    zuweisen 86
Produkt
    bearbeiten 234
    öffnen 226
Produktaufbau 183
Profilrichtung 123
Punkttyp
    Auf Ebene 143
    Auf Fläche 145
    Koordinaten 143
    Zwischen 145

R

Rechteckmuster 87
Referenzdokumente 108
Referenzelement 99, 140
Referenzpunkt 63
Regeln beim Skizzieren 31
Relativer Ordner 81, 228

S

Sackloch 62
Save Management 223
Schaltfläche Mehr>>
    Kollisionsuntersuchung 218
Schnittlinie erzeugen 121
Schreibtisch 231
Search-Order 232
Sichern unter UNIX 79
Sicherungsverwaltung 223
    Link 106
Sketcher 56
Skizze 56
    analysieren 41
    bemaßen 44

Skizzierer
    Sketcher 30
Skizziertools 30
Speichern 106, 225
Statuszeile 140
Struktur eines Modells 19
Strukturbaum 24, 59, 114, 141, 150, 181, 191
Strukturbaumeintrag Constraints 31
Stückliste 183
Symbolleiste
    3D-Analyse, Clash-Analyse 216
    Ansicht 81
    Ansichten 98
    Auf Skizzen basierende Komponenten 57, 61
    Aufbereitungskomponenten 70
    Bedingungen 202
    Bewegen 195
    Erzeugung, Bemaßung generieren 128
    Messung 82
    Muster 76
    Ratgeber 84
    Referenzelemente 63
    Zeichnung 103
Systematische Fehlersuche 42

T

Tangentenstetigkeit 70
Tastenbelegung der Maus 23
Teilenummer 185
Titelzeile 57
Titleblock 104

U

Überschneidungen prüfen
    Clash-Analyse 216
Unterprodukt
    Sub-Assembly 184
Unterschiede zum Part Design 140
Unterschneidung
    Durchdringung 217
Update ausführen 112
UUID 132

V

Variantenkonstruktionen 89
Verknüpfung
    ändern, Links ändern 132
    bearbeiten 133

Link 106
    überprüfen 109, 234
Verwendung
    einer Leitkurve 166
    von Führungselementen 167
Verwendungszweck eines Produkts 180

W

Was ist beim Speichern zu beachten? 107

Z

Zeichnungsableitung 93
Zeichnungsrahmen erstellen 103
Zentralkurve 67
Zusammenfügen von Flächen
        Probleme 176

Maschinenelemente 1 & 2
das Komplettpaket

Maschinenelemente 1
Berthold Schlecht
ISBN 978-3-8273-7145-4
39.95 EUR [D]

Maschinenelemente 2
Berthold Schlecht
ISBN 978-3-8273-7146-1
39.95 EUR [D]

Maschinenelemente gehören bis auf den heutigen Tag zum Basiswissen jeden Ingenieurs. In diesem neuen auf drei Bände angelegten Lehrwerk vermittelt der Autor neben der Theorie auch das nötige Hnitergrundwissen und führt den Leser so zu einem tieferen Verständnis der Zusammenhänge. Schlecht bietet zugleich auch alle Daten und Verfahren, um im Alltagsgeschäft eines Ingenieurs und Konstrukteurs gewappnet zu sein. Band eins beschäftigt sich mit der Festigkeitsberechnung. Der Schwerpunkt des zweiten Bandes (ET: Mai 2008) liegt auf der Getriebe- und Zahnradberechnung.

Pearson-Studium-Produkte erhalten Sie im Buchhandel und Fachhandel
Pearson Education Deutschland GmbH
Martin-Kollar-Str. 10-12 • D-81829 München
Tel. (089) 46 00 3 - 222 • Fax (089) 46 00 3 -100 • www.pearson-studium.de

Mathematica 6
einfach und verständlich

Suchen Sie ein deutschsprachiges Buch, welches Sie bei der Arbeit mit Mathematica als Referenz und Beispielgeber begleitet? Dann ist dieses Buch perfekt geeignet, grundsätzliche Fragestellungen, Konzepte und Techniken des symbolischen Rechnens (nicht nur Mathematica-spezifisch) systematisch darzustellen. Anhand einer Vielzahl von Beispielen werden auch auf speziellere Fragestellungen wie Grafik und Programmierung ausführlich eingegangen. In seiner bereits 5. Auflage ist es das meistgekaufte deutschsprachige Mathematica-Buch und aktuell auf die neueste Version Mathematica 6 abgestimmt.

Mathematica 6
Hans-Gert Gräbe; Michael Kofler
ISBN 978-3-8273-7202-4
44.95 EUR [D]

Pearson-Studium-Produkte erhalten Sie im Buchhandel und Fachhandel
Pearson Education Deutschland GmbH
Martin-Kollar-Str. 10-12 • D-81829 München
Tel. (089) 46 00 3 - 222 • Fax (089) 46 00 3 -100 • www.pearson-studium.de

Verständliche Einführung in MATLAB und Simulink

Ottmar Beucher bietet eine in Studium und Industriepraxis gleichermaßen beliebte und verständliche Einführung in MATLAB und Simulink, den zentralen Ingenieurwerkzeugen. Praxisbezogene Übungen - mit Lösungen im Buch - unterstützen den Lernerfolg. Mit diesem Lernpaket macht Arbeiten unter MATLAB und Simulink wirklich Spaß!

MATLAB und Simulink
Ottmar Beucher
ISBN 978-3-8273-7206-2
19.95 EUR [D]

Pearson-Studium-Produkte erhalten Sie im Buchhandel und Fachhandel
Pearson Education Deutschland GmbH
Martin-Kollar-Str. 10-12 • D-81829 München
Tel. (089) 46 00 3 - 222 • Fax (089) 46 00 3 -100 • www.pearson-studium.de

Einführung in die Grundlagen von Pro/ENGINEER®

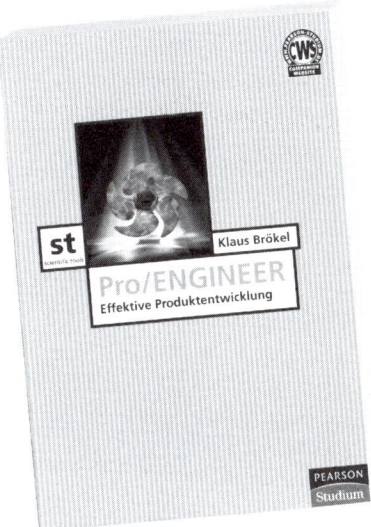

Das Buch führt Sie in die Grundlagen von Pro/ENGINEER® ein. Sowohl studienbegleitend als auch in Ihrer beruflichen Tätigkeit als Ingenieur werden Sie von den Vorteilen profitieren, die Sie durch die Kenntnis der Grundfunktionen und der prinzipiellen Zusammenhänge bei der Arbeit mit den erweiterten Techniken in Pro/ENGINEER® erlangen. Auch als Anfänger werden Sie schnell Spaß daran haben, ingenieurtypische Konstruktionen und Simulationen auf dem Computer durchzuführen.

Dieses Buch basiert auf der Version Pro/ENGINEER® Wildfire 3.0. Es ist eines von wenigen, das neben den grundlegenden und weiterführenden Funktionen von Pro/ENGI-

Pro/ENGINEER
Klaus Brökel
ISBN 978-3-8273-7294-9
29.95 EUR [D]

Pearson-Studium-Produkte erhalten Sie im Buchhandel und Fachhandel
Pearson Education Deutschland GmbH
Martin-Kollar-Str. 10-12 • D-81829 München
Tel. (089) 46 00 3 - 222 • Fax (089) 46 00 3 -100 • www.pearson-studium.de